KfW-Publikationen zu Gründung und Mittelstand
Reihenherausgeber: KfW Bankengruppe

Alle bisher erschienenen Bände der **KfW Bankengruppe**

Chefinnensache
Frauen in der unternehmerischen Praxis
2004, IX, 135 Seiten
ISBN 3-7908-0143-7

KfW Bankengruppe
Herausgeber

Was erfolgreiche Unternehmen ausmacht

Erkenntnisse aus Wissenschaft und Praxis

Mit 25 Abbildungen
und 37 Tabellen

Physica-Verlag
Ein Unternehmen
des Springer-Verlags

BANKENGRUPPE

KfW Bankengruppe
Palmengartenstraße 5–9
60325 Frankfurt am Main
www.kfw.de

Ansprechpartner:
Dipl.-Volkswirt Armin Bindewald
Dr. Jochen Struck

KfW Bankengruppe
Niederlassung Bonn
Ludwig-Erhard-Platz 1–3
53179 Bonn

armin.bindewald@kfw.de
jochen.struck@kfw.de

ISSN 1613-0820
ISBN 3-7908-0147-X Physica-Verlag Heidelberg

Bibliografische Information Der Deutschen Bibliothek
Die Deutsche Bibliothek verzeichnet diese Publikation in der Deutschen Nationalbibliografie; detaillierte bibliografische Daten sind im Internet über <http://dnb.ddb.de> abrufbar.

Physica-Verlag
ist ein Unternehmen von Springer Science+Business Media

springer.de

Printed in Germany

Umschlaggestaltung: Erich Kirchner, Heidelberg

SPIN 10972960 88/3130/DK-5 4 3 2 1 0 – Gedruckt auf säurefreiem Papier

Inhaltsverzeichnis

1 Unternehmensinsolvenzen in Deutschland und ihre Bedeutung für die volkswirtschaftliche Entwicklung

Armin Bindewald

1.1 Begriffsbestimmung Insolvenzen

Unternehmensinsolvenzen können im weiten Sinn unter dem Begriff Unternehmensschließung subsumiert werden (Woywode, 1998, S. 19 ff.), wobei zwischen unternehmerbezogenen und unternehmensbezogenen Unternehmensschließungen unterschieden werden kann. Erstere liegen z.B. dann vor, wenn der Unternehmer durch einen Unternehmensverkauf oder aus anderen Gründen am Marktprozess nicht mehr teilnimmt. Von einer unternehmensbezogenen Schließung des Betriebes hingegen kann gesprochen werden, wenn das Unternehmen in keiner Weise und endgültig nicht mehr am Markt tätig ist.

Im Gegensatz zur freiwilligen Aufgabe wird als Unternehmensinsolvenz eine zwangsweise durch Gerichtsverfahren angeordnete Unternehmensschließung bezeichnet. Die Anzahl der Unternehmensinsolvenzen betrifft nur einen geringen Teil aller Marktaustritte in Deutschland und macht etwa 3 – 5 % pro Jahr aus. Die häufigste Form von Unternehmensschließungen sind stille Liquidationen (Friedrich et al., 1997, S. 8). Die Unternehmensinsolvenz kann unter rechtlichen oder betriebswirtschaftlichen Gesichtpunkten betrachtet werden (Friedrich et al., 1997, S. 50 ff.). Aus rechtlicher Sicht und in der amtlichen Statistik des Statistischen Bundesamtes liegt einer Insolvenz ein Vergleichs- oder Konkursverfahren zugrunde. Im Gegensatz zur Betriebswirtschaftslehre, die der Insolvenzprognose, -vorsorge und -abwehr größere Aufmerksamkeit widmet, orientiert sich die juristische Sichtweise nur an den Folgen der Insolvenz und am Gläubigerschutz. Der Insolvenztatbestand ist dann erfüllt, wenn eine dauerhafte Zahlungsunfähigkeit und Überschuldung des Unternehmens vorliegt.

1.2 Insolvenzentwicklung in Deutschland

Die amtliche Statistik bietet derzeit nur begrenzte Möglichkeiten, sich ein umfassendes Bild über die Entwicklung und Auswirkungen von Unternehmensschließungen zu machen, da sich die Angaben ausschließlich auf die von Gerichten erzwungenen Unternehmensaufgaben beziehen und andere Formen der Unternehmensschließungen eher vernachlässigt (Woywode, 1998, S. 32). Die in Deutschland zuverlässigste Insolvenzstatistik wird vom Statistischen Bundesamt erstellt und bildet die Grundlage der nachfolgenden Aussagen.

Die Insolvenzstatistik wird vom Statistischen Bundesamt jährlich detailliert nach den Kriterien Branche, Rechtsform, Höhe der voraussichtlichen Forderungen Beschäftigtengrößenklassen, Unternehmensalter sowie Bundesland erhoben (Angele, 2002, S. 460 ff.). Die Datengrundlage bilden die Auskünfte der Insolvenzgerichte. Im Jahr 1999 ist die neue Insolvenzordnung in Kraft getreten. Neben der Einführung eines Verfahrens für sogenannte „Verbraucherinsolvenzen" ist das Hauptanliegen der neuen Insolvenzordnung jedoch nicht die Neuregelung der Durchführung und Verteilung des Schuldnervermögens; das neue Recht soll vor allem die Sanierung von insolventen Unternehmen erleichtern.

Als Vergleichszeitraum für die Insolvenzentwicklung wurden die Jahre seit 1991 herangezogen, um vergleichbare Angaben sowohl für West- als auch Ostdeutschland zu haben. Die geringste Anzahl an Unternehmensinsolvenzen in dieser Zeit mit rund 8.800 Insolvenzen war im Jahr 1991 zu verzeichnen. Seit der deutschen Vereinigung haben die Unternehmensinsolvenzen bis Mitte der 90er Jahre stark zugenommen, wenngleich der Anstieg in Ostdeutschland erheblich höher als in den alten Bundesländern ausfiel. In der zweiten Hälfte der 90er Jahre reduzierten sich die Zuwachsraten von Insolvenzen und stagnierten dann 1998 (vgl. Abb. 1). Nach einem absoluten Rückgang der Insolvenzen im Jahr 1999, stiegen sie jedoch im Jahr 2000 erneut um 7 % auf rund 28.400 Fälle. Diese Aufwärtsbewegung setzte sich im Jahr 2001 weiter mit wachsender Rate fort (+14 %).

Der vorläufige Rekord bei insolventen Unternehmen in Höhe von rund 32.300 Firmen in 2001 ist auch im Jahr 2002 mit etwa 37.600 Insolvenzen nochmals übertroffen worden (+16 %). Eine Schätzung der weltgrößten Kreditversicherung Euler-Hermes geht für 2003 von einem weiteren erheblichen Anstieg auf etwa 44.000 Unternehmensinsolvenzen in Deutschland aus (Nicolai, 2003).

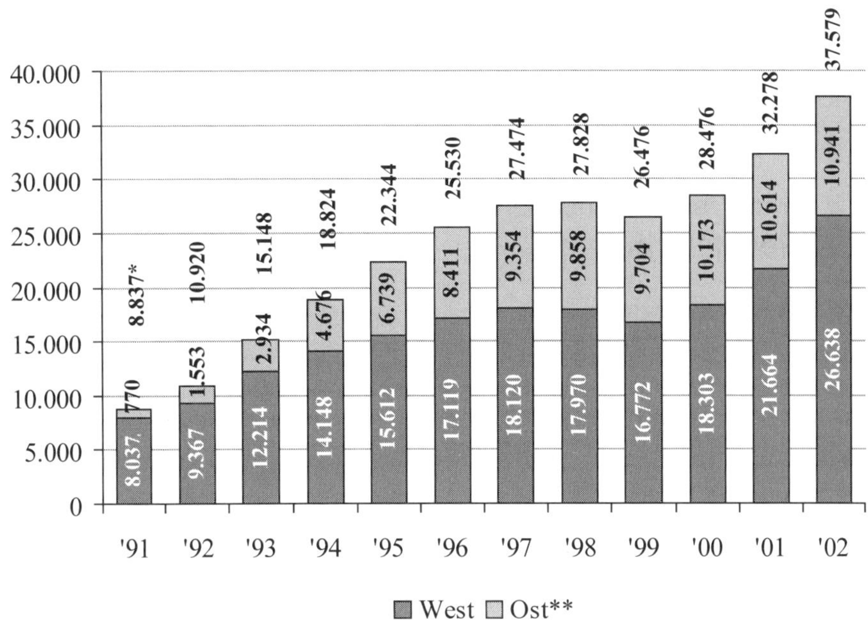

Abbildung 1. Entwicklung der Anzahl von Insolvenzen in Gesamtdeutschland von 1991 bis 2002

Quelle: Angele (2002, S. 464)

* Deutschland gesamt, ** Berlin insgesamt zu „Ost" gerechnet.

Volkswirtschaftlich gesehen steigt die Häufigkeit von Insolvenzen traditionell in der Spätphase einer Rezession und gilt als Spätindikator eines konjunkturellen Abschwungs. Insofern sind Unternehmensschließungen im Allgemeinen und Unternehmensinsolvenzen im Speziellen für marktwirtschaftliche Wirtschaftssysteme grundsätzlich nichts Außergewöhnliches und gehören zu einer Volkswirtschaft genauso wie die Gründung von neuen Unternehmen. Über die wirtschaftspolitische Bewertung solcher Prozesse sind sich die Wirtschaftswissenschaftler jedoch nicht einig (Paulini, 1997, S. 28 ff.). Während die einen betonen, dass die in Folge von Marktaustritten entstehenden Sozialkosten (Kapital- und Arbeitsplatzverluste) höher ausfallen als die positiven Effekte durch einen Erneuerungsprozess, sehen andere Ökonomen durch Marktaustritte bessere Chancen für Neugründungen, die dann langfristig wettbewerbsfähiger sind und neue Beschäftigungsmöglichkeiten bieten. In der volkswirtschaftlichen Theoriegeschichte hat Schumpeter für diesen dynamischen Prozess einer Volkswirtschaft in seinen Frühwerken den prägnanten Begriff der „schöpferischen Zerstörung“ verwendet (Schumpeter, 1993).

1.3 Insolvenzentwicklung nach Wirtschaftszweigen und Rechtsform

Die Insolvenzstatistik des Statistischen Bundesamtes gibt näheren Aufschluss über das Ausmaß von Insolvenzen in einzelnen Wirtschaftszweigen. Der größte Anteil an allen Unternehmensinsolvenzen im Jahr 2002 mit ca. 28 % entfiel auf den Bereich der sonstigen Dienstleistungen. An zweiter und dritter Stelle der Insolvenzstatistik rangierten das Baugewerbe (24 %) und der Handel (20 %) (vgl. Tab. 1).

Tabelle 1. Entwicklung von Insolvenzen in Deutschland nach Wirtschaftszweigen 1999 bis 2002

Unternehmen	**1999**	**2000**	**2001**	**2002**
insgesamt	26476	28476	32278	37579
nach Wirtschaftsbereichen				
Baugewerbe	7766	8103	9026	9160
Dienstleistungen*	6184	6846	8422	10470
Handel	5668	5624	6005	7491
Verarbeitendes Gewerbe	3139	3305	3655	4344
Gastgewerbe	1674	1927	2204	2655
Verkehr- und Nachrichtenübermittlung	1299	1714	2137	2451
Kredit- und Versicherungsgewerbe	185	198	233	383
Übrige Wirtschaftsbereiche	561	518	596	625

Quellen: Angele (2002, S. 467), Angele (2003, S. 298) Statistisches Bundesamt

* umfasst die Wirtschaftszweige Erbringung sonstiger öffentlicher und persönlicher Dienstsleitungen; Gesundheits-, Veterinär- und Sozialwesen, Erziehung und Unterricht sowie Grundstück-/Wohnungsgewerbe und Vermietung beweglicher Sachen usw.

Von den rund 37.600 registrierten Unternehmensinsolvenzen im Jahr 2002 entfiel der größte Anteil der Unternehmensinsolvenzen (53 %) auf die Rechtsform GmbH. Darüber hinaus scheiterten am zweit- und dritthäufigsten Betriebe in der Rechtsform der Einzelunternehmung (36 %) und Personengesellschaften (9 %). Auf Unternehmen in Form von Aktiengesellschaften entfiel zwar nur ein relativ kleiner Anteil von ca. 2 % aller Unternehmensinsolvenzen, dafür ist aber im Jahr 2002 im Vergleich zum Vorjahr mit einem Plus von 43 Prozentpunkten der größte Zuwachs zu verzeichnen.

1.4 Sozialkosten von Insolvenzen

1.4.1 Finanzielle Schäden durch Insolvenzen

Für die Beurteilung der volkswirtschaftlichen Bedeutung von Insolvenzen ist nicht nur die Anzahl der Insolvenzen zu berücksichtigen, sondern auch die Höhe der entstandenen Insolvenzkosten sowie die Beschäftigungseffekte von Insolvenzen. Dazu gehören vor allem Forderungsverluste, die die Gläubiger von insolventen Unternehmen hinnehmen müssen. Zu den Geschädigten gehören sowohl private Gläubiger als auch öffentliche Institutionen (z.B. Pensionssicherungsverein, Bundesanstalt für Arbeit). Die amtliche Statistik macht hierüber jedoch keine näheren Angaben.[1] Bei der Feststellung der Forderungsverluste sind die Gerichte auf die Angaben der Schuldner angewiesen, häufig muss jedoch die Höhe der Forderungen geschätzt werden (Angele, 2002, S. 465). Dabei ist davon auszugehen, dass die zu Beginn des Insolvenzverfahrens genannten Forderungen in der Regel die tatsächlichen Forderungen eher unterschätzen.

Bezogen auf den Vergleichszeitraum sind für das Jahr 1996 mit rund 22 Mrd. € die höchsten offenen Forderungen festzustellen. Nach 1996 und bis Inkrafttreten der neuen Insolvenzordnung 1999 gingen die Forderungen zunächst auf 17 Mrd. € zurück. In den Folgejahren stiegen sie jedoch wieder erheblich an und erreichten im Jahr 2001 die neue Rekordsumme von 31 Mrd. €, wobei 2,5 Mrd. € davon auf Forderungen aus Verbraucherinsolvenzen entfallen. Im letzten Jahr haben sich die die Forderungsausfälle im Vergleich zum Vorjahr sogar fast verdoppelt und erreichten knapp 61 Mrd. Euro, wovon 2,4 Mrd. € auf Verbraucherinsolvenzen entfallen. Im

1 Nach Angaben von Creditreform betrugen im Jahr 2001 die privaten Verluste 22 Mrd. € und die öffentlichen Schäden 10,3 Mrd. € (Creditreform, 2002).

Tabelle 2. Entwicklung der Forderungen und durch Insolvenz betroffene Arbeitsplätze

Jahr	Voraussichtliche Forderungen	
	insgesamt (Mrd. €)	je Fall (1000 €)
1991	6,3	480
1992	7,7	500
1993	14,8	730
1994	17,9	720
1995	16,7	580
1996	21,9	700
1997	19,7	590
1998	20,1	590
1999	17,3	620
2000	24,0	760
2001	30,9	820
2002	61,5	1200

Quelle: Angele (2003, S. 297)

Durchschnitt müsste jeder Schuldner 1,2 Mio. € aufbringen, um seine Verbindlichkeiten zu begleichen. Im Jahr 1991 lag die durchschnittliche Schadenssumme noch ungefähr bei der Hälfte (480 T€).

Der Forderungsausfall ist volkswirtschaftlich insofern bedeutsam, da Unternehmensinsolvenzen kumulative Effekte vor allem bei Kunden und Zulieferern auslösen können, so dass diese ebenfalls in Zahlungsschwierigkeiten kommen können. Dass ein Forderungsausfall von einem Prozent aller Forderungen dramatische Folgen haben kann, macht eine kurze Modellrechnung klar. Bei einem Unternehmen, das eine Umsatzrendite von 3 % aufweist, bedeutet ein Forderungsausfall von rund 150.000 €, dass es, um den Verlust auszugleichen, einen zusätzlichen Umsatz von rund 5 Mio. € erzielen muss (Friedrich, 1997, S. 14).

1.4.2 Beschäftigungseffekte durch Unternehmensinsolvenzen

Bei der Beurteilung der Beschäftigungseffekte durch Unternehmensinsolvenzen sind verschiedene Aspekte zu berücksichtigen. Faktisch treten zwar die negativen Beschäftigungseffekte (Arbeitsplatzverlust) in der Regel mit der Insolvenz ein, die Ursache dafür ist oftmals jedoch viel früher eingetreten und ist nicht selten auf jahreslanges Missmanagement zurückzuführen. Des Weiteren lassen sich lediglich monetär messbare Effekte erfassen; die durch den Arbeitsplatzverlust entstehenden psychosozialen Kosten der Betroffenen werden in der amtlichen Statistik nicht erfasst, da sich diese einer monetären Bewertung weitgehend entziehen, im Einzelfall aber für die Person erhebliche persönliche Folgewirkungen haben können.

Für die Einschätzung der gesamten Arbeitsplatzeffekte ist indes zu beachten, dass im Falle einer Insolvenz nicht unbedingt alle Arbeitsplätze verloren gehen, da in vielen Fällen ein Teil der Beschäftigten in Auffanggesellschaften weiter arbeitet oder Teile des Unternehmens verkauft werden (Angele, 2002, S. 466).

Insgesamt waren im Jahr 2001 laut Angaben des Statistischen Bundesamtes mehr als 200.000 Beschäftigte durch einen Insolvenzantrag eines Unternehmens betroffen. Ein Jahr zuvor waren es rund 180.000 Personen. Da sich die Gerichte bei mehr als 20 % der Insolvenzfälle außerstande sahen, Angaben zu den Arbeitsplätzen zu machen, sind diese Werte nur als Annäherung zu betrachten.

1.5 Insolvenzstatistik in Europa

Nachdem in Westeuropa im Jahr 2000 mit rund 166.000 Unternehmensinsolvenzen der niedrigste Stand der letzten 10 Jahren erreicht wurde, erhöhten sich die Unternehmensinsolvenzen im Jahr 2001 um 3,5 Prozentpunkten auf ca. 172.000 (Hermes, 2002, S. 1 ff.).

Das höchste Insolvenzniveau in Westeuropa lag im Jahr 1993 bei 212.000 Insolvenzen. Für das Jahr 2002 schätzt die Hermes-Kreditversicherungs-AG die Anzahl der westeuropäischen Unternehmensinsolvenzen auf ca. 179.000, was einer Steigerung gegenüber dem Vorjahr von rund 4 Prozentpunkten entspräche. Im Vergleich zum Insolvenzrekordjahr 1993 ist das Insolvenzniveau in Westeuropa nur noch 16 Prozentpunkte niedriger.

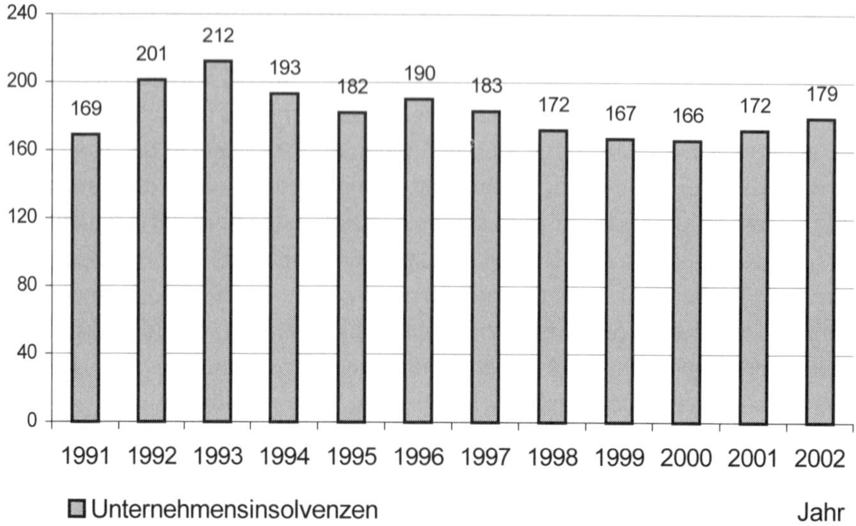

Abbildung 2. Entwicklung der Unternehmensinsolvenzen in Westeuropa, 1991 bis 2002, in 1.000

Quelle: Hermes (2002, S. 3). Für das Jahr 2002 handelt es sich um HERMES-Schätzungen.

Obgleich die nationalen Insolvenzstatistiken in Westeuropa aufgrund verschiedener statistischer Erhebungsmethoden zwar nicht uneingeschränkt verglichen werden können, lassen sich tendenzielle Unterschiede zwischen den Ländern feststellen. Während sich die Anzahl der Insolvenzen in Spanien (-31 %), Österreich (-3 %) und Frankreich (-3,5 %) im Jahr 2001 gegenüber 2000 verringert hat, nahmen die Unternehmensinsolvenzen in Dänemark (+32 %), Niederlande (+21 %), Deutschland (+14 %), Schweden (+10 %) und Großbritannien (+2 %) zu. Für 2003 kann nach Aussage von Hermes davon ausgegangen werden, dass in nahezu allen westeuropäischen Ländern die Anzahl der Unternehmensinsolvenzen ansteigen werden.

Unter sämtlichen westeuropäischen Ländern sind die meisten Unternehmensinsolvenzen in Großbritannien zu finden. Die Anzahl der Unternehmenszusammenbrüche erhöhte sich hier vier Jahre lang in Folge. Im Jahr 2001 stieg die Anzahl der Insolvenzen auf ca. 45.000. An zweiter und dritter Stelle der Insolvenzskala stehen Frankreich (2001: 42.000) und Deutschland (2001: 32.300).

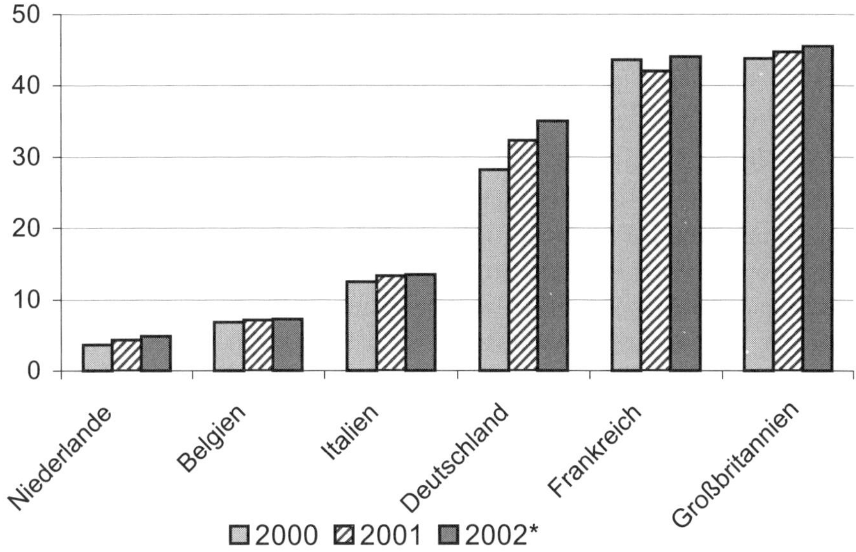

Abbildung 3. Anzahl der Unternehmensinsolvenzen einzelner EU-Länder**, 2000 bis 2002, in Tausend

* HERMES-Schätzung (Insolvenz),

** Eingeschränkte Vergleichbarkeit aufgrund unterschiedlicher Erfassungsmethoden.

Quelle: Hermes (2002, S. 4)

Sucht man nach den Gründen für die erhöhte Insolvenzanfälligkeit in Europa können zum einen weltwirtschaftliche Entwicklungen mitverantwortlich sein. Sowohl der Welthandel als auch das Wirtschaftswachstum der Weltwirtschaft hat sich im Jahr 2001 stark verschlechtert. So sank das globale Bruttoinlandsprodukt im Jahr 2001 im Vergleich Vorjahr von 4 % auf 1,5 % und die Wachstumsrate des Welthandels fiel von über 12 % auf unter 2 % zurück. Darüber hinaus haben sich neben der allgemeinen Konjunkturflaute zusätzlich, in Folge der Terroranschläge in den USA, die Konsum- und Investitionsneigungen stark vermindert. Neben diesen eher externen Wirkungsfaktoren auf die Insolvenzentwicklung ist jedoch zu berücksichtigen, dass die eigentlichen Ursachen von Unternehmenszusammenbrüchen überwiegend in den Unternehmen selbst zu suchen sind. Wie z.B. eine Studie der Unternehmensberatung TREBAG zeigt, können 80 % der Unternehmenskrisen auf unternehmensinterne Faktoren zurückgeführt werden. (TREBAG, 1998).

1.6 Unternehmensschließungen schaffen Raum für volkswirtschaftlichen Strukturwandel

Mit der Schließung eines Unternehmens sind für die Betroffenen oft negative persönliche Konsequenzen verbunden. Der Unternehmer muss sich nicht selten mit einem hohen Schuldenberg aus seiner selbständigen Tätigkeit zurückziehen, Mitarbeiter müssen sich einen neuen Job suchen und Gläubiger auf ihre Forderungen verzichten. Aus gesamtwirtschaftlicher/ ordnungspolitischer Sicht sind Marktaustritte (Unternehmensschließungen) hingegen erwartungsgemäße Ergebnisse funktionierender marktwirtschaftlicher Prozesse. Die Weiterführung eines maroden Unternehmens, nur um den Beteiligten unangenehme Konsequenzen zu ersparen, macht volkswirtschaftlich i.d.R. keinen Sinn, ist für Wirtschaft und Gesellschaft mit höheren Kosten und Nachteilen verbunden, als dies im Falle einer Aufgabe des Unternehmens der Fall wäre. Unternehmensaufgaben sind insofern also nichts negatives, sondern im Gegenteil sogar wünschenswerte Ereignisse, die für die strukturelle Entwicklungsfähigkeit einer Volkswirtschaft und die Schaffung sowie Sicherung zukunftsfähiger Arbeitsplätze unabdingbar sind (vgl. auch DtA et al., 2003, S. 33 ff.). Aus dieser übergeordneten Sicht sind Unternehmensschließungen nur dann kritisch zu sehen, wenn sie von nicht ökonomisch begründetem Fehlverhalten der Marktpartner bzw. intervenierenden Rahmenbedingungen hervorgerufen oder hinausgezögert werden. In einem vollkommenen Markt wäre dies nicht der Fall, alle Unternehmensschließungen würden zum – ökonomisch – richtigen Zeitpunkt eintreten. Einen vollkommenen Markt wird man jedoch in der Realität nicht finden. Das allein schon deshalb, weil die wichtigsten Marktakteure, die Menschen, unvollkommen sind und dies aller Voraussicht nach auch noch auf längere Sicht sein werden. Wenn dies so ist, dann muss davon ausgegangen werden, dass es eine mehr oder minder große Zahl an Unternehmensaufgaben gibt, die zu früh oder zu spät erfolgen. Dies legt eine Prüfung der Mechanismen und ggf. Maßnahmen nahe, die zu einer Optimierung des Marktaustrittprozesses beitragen.

Ihre positive volkswirtschaftliche Wirkung entfalten aus dem Markt ausscheidende Unternehmen allerdings nicht allein durch ihre Aufgabe. Es sind die Konsequenzen dieser Unternehmensaufgaben, die einer Volkswirtschaft Entwicklungs- und Optimierungsmöglichkeiten bieten. Vom Markt abgehende Unternehmen machen Platz für neue innovative Unternehmen, bringen Bewegung auf die Märkte, stellen lehrreiche Beispiele dar, ermöglichen den Kapitalfluss in andere, wirtschaftlich sinnvollere

Prozesse. Immer dann, wenn Unternehmensaufgaben durch nicht ökonomisch begründete Faktoren hervorgerufen oder verhindert werden, können diese positiven Effekte nicht bewirkt werden oder es werden gar negative Effekte ausgelöst.

Die volkswirtschaftliche Bedeutung von Marktaustritten steht also in einem engen Zusammenhang mit dem Gründungsgeschehen. Das Fluktuationsgeschehen kann mehr oder weniger hilfreich für die wirtschaftliche Entwicklung sein. Verdeutlichen lässt sich dies an einem Vergleich des Gründungsgeschehens zwischen den USA und Deutschland in den 90er Jahren. Beide Länder weisen eine – auch nach methodischer Bereinigung – ungefähr gleich hohe Selbständigenquote auf. Ein Umstand, der manche Analysten dazu veranlasst hat, an der Bedeutung der Themen Selbständigkeit und Gründung und entsprechender Maßnahmen der Wirtschaftsförderung zu zweifeln, hat sich doch die Wirtschaft in den USA über Jahre hinweg deutlich günstiger entwickelt als in Deutschland. Heute wissen wir aber, dass das Gründungsgeschehen, also der Anteil der neu hinzukommenden Unternehmer und Unternehmen, in den USA über Jahre hinweg deutlich höher war (und ist) als in Deutschland, jedoch ohne Auswirkung auf die Selbständigenquote. Wie ist das zu erklären? Offensichtlich ist in den USA nicht nur die Zahl der Markteintritte, sondern auch die Zahl der Marktaustritte und damit die volkswirtschaftliche Fluktuation deutlich höher als in Deutschland, es ist also mehr Bewegung im Markt. Die These, dieses Mehr an Bewegung führe dazu, dass die volkswirtschaftlichen Ressourcen schneller an die Stellen gelangen, an denen sie ihre positive Wirkung besser entfalten können, erscheint in diesem Zusammenhang nicht unbegründet zu sein. Wer jedoch mehr Fluktuation und Dynamik in einer Volkswirtschaft möchte, der darf sich über steigende Insolvenzzahlen nicht beschweren – so unangenehm die Folgen einer Insolvenz für einzelne Betroffene auch sein mögen. Der Aufschrei über höhere Insolvenzzahlen – bei gleichzeitig sinkender Zahl an Unternehmensstillegungen insgesamt – ist somit weniger ein Ausdruck wirtschaftlicher Fehlentwicklungen, sondern eher ein Indiz für mangelndes wirtschaftliches Verständnis der entsprechenden Kommentatoren.

Die Konsequenz aus diesen Erkenntnissen kann natürlich nicht sein, Fluktuation um jeden Preis zu produzieren. Es geht vielmehr darum, das Ob und den Zeitpunkt von Marktein- und austritten zu optimieren. Marktaustritte sind zu verhindern, wenn diese zu wesentlichen Teilen auf eine unvollkommene Gestaltung von Rahmenbedingungen zurückzuführen sind. Dazu kann menschliches Fehlverhalten ebenso zählen wie kontraproduktive administrative Rahmenbedingungen oder ein lückenhaftes Ausbildungssystem, in dem die Gesellschaft über Jahrzehnte zwar seiner Ausbildungspflicht für künstlerische Tätigkeiten, nicht jedoch derselben für die berufliche Selbständigkeit nachkommt.

Um volkswirtschaftliche Fluktuation optimieren zu können, ist es nicht zwingend erforderlich, den theoretisch optimalen Fluktuationsgrad in Form einer Zahl angeben zu können. Die Identifizierung künstlicher, fluktuationshemmender Faktoren, ggf. deren Abschaffung bzw. die Aufnahme gegenwirkender wirtschaftspolitischer Maßnahmen, kann unabhängig von einer imaginären Fluktuationsquote erfolgen.

1.7 Literatur

Angele, J. (2002): Insolvenzen 1999 bis 2001 nach neuem Insolvenzrecht. In: Wirtschaft und Statistik, Nr. 6, S. 460-470.

Angele, J. (2003): Insolvenzen 2002. Auswirkungen der jüngsten Insolvenzrechtsreform. In: Wirtschaft und Statistik, Nr. 4, S. 293-300.

DtA; KfW; ZEW; ifm-Bonn; Creditreform (2003): Mittelstandsmonitor 2003. Jährlicher Bericht zu Konjunktur- und Strukturfragen kleiner und mittlerer Unternehmen. Bonn, Frankfurt.

Friedrich, W.; Asmussen, J.; Bretz, M.; Moser, S.; Munsch, M.; Schulte, D.; Weiß, B. (1997): Ertragsentwicklung, Eigenkapitalausstattung und Insolvenzen im Bereich des industriellen Mittelstandes. Köln, Neuss.

Hermes Kreditversicherungs-AG (2002): HERMES-Fakten. Insolvenzprognose 2002. Hamburg.

Hermes Kreditversicherungs-AG (2003): HERMES-Fakten. Insolvenzprognose 2003. Hamburg.

Nicolai, B. (2003): Hermes: Pleiten steigen 2003 dramatisch an. Die Welt vom 29.04.2003.

Paulini, M. (1997): Gesamtwirtschaftliche Bedeutung von Existenzgründungen. In: Ridinger, R. (Hrsg.): Gesamtwirtschaftliche Funktionen des Mittelstandes. Berlin (Veröffentlichungen des Round Table Mittelstand Band 1), S. 27-40.

Ridinger, R. (Hrsg.) (1997): Gesamtwirtschaftliche Funktionen des Mittelstandes, Berlin (Veröffentlichungen des Round Table Mittelstand Band 1).

Schrick-Hildebrand, P. (2001): Konjunkturperspektiven 2002: Weltwirtschaft – Aussichten auf eine leichte Wachstumsbelebung. In: IKB Mitteillungen, Nr. 3, S. 3-6.

Schumpeter, J. (1993): Theorie der wirtschaftlichen Entwicklung. Eine Untersuchung über Unternehmergewinn, Kapital, Kredit, Zins und den Konjunkturzyklus, 8. Auflage. München.

Töpfer, A. (1990): Insolvenzursachen · Turn-around · Erfolgsfaktoren. Über existenzbedrohende Stolpersteine zum Unternehmenserfolg, 1. Teil. In: Zeitschrift Führung und Organisation, 59. Jg., Heft 5, S. 323-329.

Trebag (1998): Krisenursachen im Insolvenzvorfeld mittelständischer Unternehmen. München, Salzburg.

Woywode, M. (1998): Determinanten der Überlebenswahrscheinlichkeit von Unternehmen: Eine empirische Überprüfung organisationstheoretischer und industrieökonomischer Erklärungsansätze. Baden-Baden (zugl. Diss. Univ. Mannheim 1997).

2 Wege aus der Erfolglosigkeit der Erfolgsfaktorenforschung

Michael Woywode

2.1 Eine kurze Geschichte der Erfolgsfaktorenforschung

Seit mehreren Jahrzehnten wird die Erfolgsfaktorenforschung von Wirtschaftswissenschaftlern mit großem Aufwand betrieben. Doch die gewonnenen Erkenntnisse sind bisher recht widersprüchlich. In dieser Arbeit wird zunächst versucht, die Ursprünge der Erfolgsfaktorenforschung zu beleuchten. Daran anschließend werden Ursachen für die Erfolglosigkeit der früheren Erfolgsfaktorenforschung aufgezeigt und verschiedene Lösungsansätze diskutiert. Auf Basis der Diskussionsergebnisse werden dann eine Reihe von Empfehlungen abgeleitet, die Erfolgsforscher bei der Durchführung ihrer Arbeiten berücksichtigen sollten.

Seit Jahrzehnten schon sind Wirtschaftswissenschaftler den Faktoren des Unternehmenserfolgs auf der Spur. Vertreter der Erfolgsfaktorenforschung gehen davon aus, dass es ausreicht, sich auf das Management weniger zentraler Stellgrößen im Unternehmen zu konzentrieren, um den wirtschaftlichen Erfolg des Unternehmens zu sichern. Gelänge den Forschern die Entschlüsselung der betriebswirtschaftlichen Erfolgsfaktoren, würde sich das Management von Unternehmen dramatisch vereinfachen. Neben wissenschaftlichem Ruhm winkt den Erfolgsforschern auch wirtschaftliche Prosperität. Letzteres gilt insbesondere dann, wenn es ihnen gelingt, die identifizierten Erfolgsfaktoren im Rahmen eines neuen Managementkonzepts zu integrieren und dieses zu vermarkten.

Die Versuche der Wirtschaftsforscher in den 60er und 70er Jahren, Erfolgsfaktoren für Unternehmen zu identifizieren, konnte man noch getrost als vorwissenschaftlich und einzelfallorientiert bezeichnen (Daniel, 1961; Rockart, 1979). Im Laufe der Zeit fand jedoch eine Professionalisierung und Verwissenschaftlichung der Erfolgsfaktorenforschung statt. Nicht nur für einzelne Unternehmen sondern auch für ganze Branchen, ja sogar für

Unternehmen im Allgemeinen, wurden die kritischen Erfolgsparameter ermittelt. Die Wirtschaftsforscher nahmen zunehmend Abstand von einzelfallorientierten Analysen der Erfolgsfaktoren und führten statt dessen verstärkt großzahlige, repräsentative Erhebungen durch, die dann mittels ökonometrischer Verfahren ausgewertet wurden.

Ab den 80er Jahren nahm sich insbesondere die Strategische Managementforschung der Erfolgsfaktorenforschung an (Porter, 1980; Hambrick, 1990). Im Rahmen der Strategischen Managementforschung wurden zahlreiche Großforschungsprojekte, wie zum Beispiel das PIMS-Projekt[1], gestartet, mit denen man dem Geheimnis des Unternehmenserfolgs auf die Spur kommen wollte. Die meisten dieser Projekte wurden allerdings mehr oder weniger ergebnislos eingestellt. Ghemawat (1991) konstatierte: „The whole idea of identifying a success factor and then chasing it seems to achieve something common with the ill-considered medieval hunt for the philosopher‘s stone, a substance that would transmute everything it touched into gold.“

Neben den Anhängern der Strategischen Managementlehre waren es vor allem Forscher aus dem Bereich der Industrieökonomik, die sich für die große Varianz im Erfolg von Unternehmen interessierten. Insbesondere in den 70er und 80er Jahren des vergangenen Jahrhunderts fand das industrieökonomische Structure-Conduct-Perfomance (SCP)-Paradigma großen Anklang in den Wirtschaftswissenschaften. Das SCP-Paradigma besagt, dass die Marktstruktur in einer Branche und das sich daraus ableitende Verhalten von Unternehmen die Erfolgschancen der Unternehmen in einer Branche determinieren (Schendel/Hatten, 1977; Schmalensee, 1981; Scherer/Ross, 1990). Auch wenn das SCP-Paradigma ursprünglich entwickelt wurde, um Wirtschaftspolitikern als Grundlage für ordnungspolitische Überlegungen zu dienen, beispielsweise wollte man Hinweise auf das Vorliegen von Marktversagen und notwendige staatliche Interventionen erhalten, wurden die Erkenntnisse des SCP-Paradigmas von den Unternehmen später verstärkt funktional interpretiert. Die Unternehmen versuchten nun gezielt, sich genau in solchen Branchen zu etablieren, die aus den unterschiedlichsten Gründen wenig wettbewerbsintensiv waren – zum Beispiel weil hohe strukturelle Markteintrittsbarrieren existierten oder die Nachfrage stark anstieg – denn in diesen Branchen ließen sich die höchsten Gewinne

---

[1] PIMS bedeutet: Profit Impact of Marketing Strategies.

realisieren. Später nahmen sich auch Forscher aus den wirtschaftswissenschaftlichen Teildisziplinen des Marketing, Organisation oder Finanzierung der Frage nach dem Erfolg von Unternehmen an.

Wie hat sich nun der Wissensstand über die Erfolgsfaktoren von Unternehmen im Laufe der Zeit entwickelt? Capon, Farley und Hoenig veröffentlichten im Jahr 1990 eine umfangreiche Meta-Analyse über empirische Arbeiten, in denen der Unternehmenserfolg erklärt wird. Sie schlossen in ihrer Meta-Analyse 320 Studien ein, die als abhängige Variable ein finanzielles Erfolgsmaß, wie Gewinn, ROI oder Eigenkapitalrendite gewählt hatten und die in führenden wirtschaftswissenschaftlichen Zeitschriften veröffentlicht worden waren. Capon, Farley und Hoenig analysierten diese Erfolgsstudien in verschiedener Hinsicht. Zunächst interessierte sie, welche zentralen unabhängigen Variablen zur Erklärung des Unternehmenserfolgs herangezogen worden waren. Weiterhin untersuchten sie, ob sich in Bezug auf diese zentralen erklärenden Variablen ein signifikanter positiver oder negativer Zusammenhang einstellte. Capon, Farley und Hoenig können zeigen, dass es zwischen den analysierten unabhängigen Variablen durchaus signifikante Unterschiede gibt, was die Wahrscheinlichkeit und Stärke einer positiven beziehungsweise negativen Korrelation mit dem Unternehmenserfolg angeht. Eine Auswahl der zahlreichen Ergebnisse aus dem Aufsatz von Capon, Farley und Hoenig (1990) findet sich in Tabelle 1. Auf Basis ihrer Meta-Analyse können die Autoren beispielsweise nachweisen, dass zwischen der Qualität der Produkte/Dienstleistungen und dem Unternehmenserfolg in 92,9 % der untersuchten Beziehungen ein positiver Zusammenhang besteht.[2] In ähnlicher Weise stellen sich auch für Economies of Scale und die Höhe der Werbeausgaben in Bezug auf den Unternehmenserfolg positive signifikante Effekte heraus. Unternehmensdiversifikation wirkt sich dagegen in den meisten Untersuchungen negativ auf den Unternehmenserfolg aus.

---

[2] Innerhalb einer Arbeit kann die Beziehung zwischen Qualität und Erfolg in mehreren Schätzungen untersucht werden. So kommt es, dass die Zahl der analysierten Beziehungen die Zahl der Studien regelmäßig übersteigt.

Tabelle 1. Eine optimistische Einschätzung zum Stand der Erfolgsfaktorenforschung nach Capon, Farley und Hoenig (1990)

Unabhängige Variable	Zahl der Studien	Positiver Zusammenhang	Negativer Zusammenhang	Signi-fikant	% positiv
Höhe der Investitionen	80	633	231	+	73,3
Werbung	68	614	86	+	87,7
F&E-Ausgaben	29	259	77	+	59,1
Qualität der Produkte und Dienstleistungen	20	104	8	+	92,9
Soziale Verantwortung	13	66	17	+	79,5
Diversifikation	21	107	174	-	38,1
Unternehmensgröße	96	415	382	n.s.	52,1
Höhe der Markteintrittsbarrieren	16	89	13	+	87,3
Economies of scale	14	94	35	+	72,7

Quelle: Capon, Farley & Hoenig (1990)

Neben den Ergebnissen über die Wirkungen bestimmter unabhängiger Variablen auf den Unternehmenserfolg berichten Capon, Farley und Hoenig (1990) in ihrer Untersuchung auch über einige interessante weiterführende Erkenntnisse über die Erfolgsfaktorenforschung im Allgemeinen. So bemängeln sie die ausgeprägte Fixierung der Erfolgsforscher auf positiv wirkende Erfolgsfaktoren, wie zum Beispiel Qualität oder Höhe der Investitionen. Faktoren, die eine negative Wirkung auf den Erfolg besitzen, wie ungerichtete Diversifikation, werden dagegen nur sehr selten systematisch erforscht. Sowohl aus wissenschaftlicher als auch aus praktischer Perspektive wäre es jedoch wünschenswert, dass man Faktoren, die einen negativen Einfluss auf den Unternehmenserfolg besitzen, mit der gleichen Intensität erforscht, wie diejenigen Faktoren, die den Unternehmenserfolg positiv beeinflussen. Des weiteren muss man auch von einem „Veröffentlichungsbias" ausgehen. Dieser Veröffentlichungsbias besteht darin, dass Arbeiten, die signifikante Korrelationen berichten vermutlich eine höhere Veröffentlichungswahrscheinlichkeit besitzen als Arbeiten, in denen überwiegend insignifikante Ergebnisse berichtet werden. Damit erfahren wir zu wenig über Faktoren, deren Einfluss auf den Erfolg insignifikant ist. Weiterhin kamen Capon, Farley und Hoenig (1990) zu dem Schluss, dass nur in wenigen der von ihnen analysierten Arbeiten die Wirkung organisationsinterner Faktoren, wie Unternehmensstrategie, Organisationsstruktur, Mitarbeiterqualifikation, Managementfähigkeiten etc. auf den Unternehmenserfolg untersucht wurde. Dieses Problem ist jedoch in den vergangenen Jahren dank einer verstärkten Analyse organisationsinterner Einflussgrößen auf den Unternehmenserfolg weitgehend beseitigt worden (siehe unter anderem die Arbeiten von: Zahra/Stanton, 1988; Daily/Dalton, 1993; Brüderl/Preisendörfer/Ziegler, 1995; Ketchen/Combs/Russell/Shoook/Dean/Runge/Lohrke/Naumann/Haptonstahl/Baker/Beckstein/Handler/Honig/Lamoureux, 1997; Harhoff/Stahl/Woywode, 1998; Dalton/Daily 1999). Abschließend konstatieren Capon, Farley und Hoenig (1990) eine kontinuierliche Zunahme des Wissens über die Erfolgsfaktoren von Unternehmen und zeichnen insofern ein durchaus optimistisches Bild über den Stand und die Zukunft der Erfolgsfaktorenforschung.

In einer aktuellen Analyse über die Erkenntnisfortschritte der Erfolgsfaktorenforschung in den vergangenen 30 Jahren gelangen Nicolai und Kieser (2002) dagegen zu einer deutlich pessimistischeren Einschätzung. Die Autoren kommen zu dem Schluss, dass die vielen Anstrengungen, die Wissenschaftler bei der Suche nach den Erfolgsfaktoren von Unternehmen auf sich genommen haben, mehr oder weniger umsonst gewesen sind. Die Aussagen von Kieser und Nicolai basieren auf einer qualitativen Analyse einer begrenzten Anzahl von Erfolgsstudien. In Tabelle 2 sind zentrale, von den Autoren analysierte Studien sowie ausgewählte Kommentare zum Forschungsstand aufgeführt.

Nach Ansicht von Nicolai und Kieser (2002) ist es der Erfolgsfaktorenforschung bisher nicht gelungen konsistente, verlässliche und praktisch verwertbare Ergebnisse hervorzubringen. Auch wenn diese Einschätzung von Nicolai und Kieser (2002) recht drastisch anmutet, so ist nicht von der Hand zu weisen, dass die Ergebnisse der bisherigen Erfolgsfaktorenforschung keinesfalls den Charakter von Gesetzmäßigkeiten besitzen, auf die man sich als Forscher oder Praktiker blind verlassen könnte.

Wie aus den Tabellen 1 und 2 hervorgeht, sind die gewonnenen Ergebnisse zu den Erfolgsfaktoren von Unternehmen bis zum heutigen Tag überaus widersprüchlich. Man könnte nun, wie March und Sutton (1997) oder Nicolai und Kieser (2002) die Meinung vertreten, dass die Beschäftigung

Tabelle 2. Eine pessimistische Einschätzung zum Stand der Erfolgsfaktorenforschung nach Nicolai und Kieser (2002)

Zentrale unabhängige Variable	**Beispielhafte Studien**	**Meta-Studien**	**Kommentar zum Forschungsstand**
Branchen-zugehörigkeit	Schmalensee (1981); Rumelt (1991); McGahan und Porter (1997)	fehlen	„A detailed analysis suggests that industry, corporate-parent, and business specific effects are related in complex ways." McGahan und Porter (1997) fehlt
Existenz Strategischer Planung	Thune und House (1970), Capon, Farley und Hulbert (1994); Glaister und Falshaw (1999), Brews und Hunt (1999)	Boyd (1991); Armstrong (1982, 1991); Miller und Cardinal (1994); Mintzberg (1994)	Die Ergebnisse sind „inconclusive" (Besser und Bishop 1983: 588) bzw. „inconsistent and often contradicting […] a problematic and unresolved issue" (Pearce at al. 1987: 671)
Marktanteil	Buzzel, Gale und Sultan (1975); (PIMS); Woo & Cooper (1982) und viele weitere Studien	Szymanski, Bharadaw und Varadarajan (1993)	„A number of researchers in the marketing, management, and economics disciplines have expressed reservations regarding the validity and generalizability of the reported relationships between market share and profitability. [T]he magnitude of the market share-profitability relationship is moderated by model specification errors, sample characteristics, and measurement characteristics." (Szymanski, Bharadaw und Varadarajan 1993) „Es zeigt sich, dass der 'conventional wisdom' bezüglich der Bedeutung des Marktanteils ('key to profitability') falsch ist." (Venohr 1988)
Strategische Gruppen	Schendel und Hatten (1977); Schendel und Patton (1978); Hambrick (1983); Barney und Hoskisson (1990); Olusoga, Mokwa und Noble (1995)	Ketchen et al. (1997)	„The link between organizational configurations and performance has become a central and somewhat controversial focus of research in strategic management literature." (Ketchen et al. 1997)

Tabelle 2 (Fortsetzung)

Generische Wettbewerbsstrategien (Porter)	Dess und Davis (1984); Miller und Friesen (1986); Olusga, Mokwa und Noble (1995)	Parnell (1997); Campbell-Hunt (2000)	„Regardless of the numerous published tests of the business strategy-performance relationship, no consensus has been reached. Researchers continue to debate the merits of various theories, research methods, survey techniques and the use of different strategy typologies." (Parnell 1997: 175) „The dominant paradigm of competitive strategy is now nearly two decades old, but it has proved difficult to asses its adequacy as a descriptive system, or progress its propositions about the performance consequences of different strategic designs." (Campbell-Hunt 2000)

Quelle: Nicolai und Kieser (2002)

mit dem Unternehmenserfolg als zu erklärender Variable wissenschaftlich wenig aussichtsreich ist. Jedoch würde man sich damit a priori einer zentralen Fragestellung der Wirtschaftswissenschaft berauben und dies wäre aus wissenschaftlicher Perspektive unbefriedigend. Eine alternative Forderung, die man aus der Inkonsistenz der bisherigen Ergebnisse der Erfolgsfaktorenforschung ableiten könnte, lautet, dass man sich intensiver als bisher mit den Ursachen für die widersprüchliche Ergebnislage auseinandersetzen muss. Dieser Weg soll im Folgenden beschritten werden. Im weiteren Verlauf dieses Aufsatzes wird gezeigt, dass die widersprüchlichen Ergebnisse der Erfolgsfaktorenforschung vermutlich auf eine Reihe von Basisproblemen im Zusammenhang mit der Erfolgsanalyse zurückzuführen sind, die eine solide Erfolgsfaktorenforschung sehr schwierig aber dafür aus wissenschaftlicher Sicht auch sehr reizvoll machen.

2.2 Ursachen der Erfolglosigkeit der Erfolgsfaktorenforschung

Seit vielen Jahren werden Arbeiten, in denen der Erfolg als abhängige Variable verwendet wird, wissenschaftlich teilweise sehr heftig attackiert. Eine große Zahl von Einwänden zielt auf die methodischen Schwächen ab, die viele Arbeiten aus dem Bereich der Erfolgsfaktorenforschung aufweisen.

Kritiker der Erfolgsfaktorenforschung weisen darauf hin, dass marginale oder gar nicht genannte Rücklaufquoten, unpräzise Operationalisierungen der unabhängigen Variablen oder nicht-repräsentative Stichproben die Aussagekraft vieler Studien zum Unternehmenserfolg nachhaltig einschränken (Staw, 1975; Lampel/Shapira, 1995; Kumar/Stern/Anderson, 1993; Mazen/Hemmasi/Lewis, 1987; Ernst, 2001; Nicolai/Kieser, 2002). Kritisiert wird auch das weit verbreitete Vorgehen, Auskunft über komplexe Tatbestände von einer einzigen, meist schriftlich befragten Person (*key informant)* zu erlangen, was zu schweren Verzerrungen der Ergebnisse in späteren Schätzungen führen kann (Ernst, 2001). Einwände dieser Art sollten jedoch nicht zu einer Ablehnung des Forschungsziels führen, Erfolg als abhängige Variable zu erklären. Vielmehr muss aus den Einwänden die Konsequenz gezogen werden, das methodische Instrumentarium zu schärfen und die Erfolgsforschung auf einem wissenschaftlich anspruchsvolleren Niveau fortzusetzen.

2.3 Problematik des Erfolgsmaßes

Ein zentrales Problem in Studien der Erfolgsfaktorenforschung besteht darin, dass zwischen den Forschern häufig Uneinigkeit über die Operationalisierung des Unternehmenserfolgs besteht. So werden die verschiedensten Maße für die Bestimmung des Unternehmenserfolgs verwendet wie, Gewinnentwicklung, Umsatzentwicklung, Marktanteil, Return on Investment (ROI), Shareholder Value, Umsatzrendite, Eigenkapitalrendite etc. Dies erschwert die Vergleichbarkeit zwischen den Ergebnissen verschiedener empirischer Studien erheblich und erklärt möglicherweise einen Großteil der abweichenden Resultate. Almus (2000) zeigt auf, dass bereits geringfügig unterschiedliche Spezifikationen der Beschäftigungswachstumsrate dazu führen, dass sich aus den jeweiligen Schätzergebnissen sehr verschiedenartige Schlussfolgerungen ableiten lassen. Wenn dann auch noch inhaltliche Unterschiede zwischen Erfolgsmaßen bestehen, wie dies beispielsweise zwischen der Entwicklung des Shareholder Value und dem Beschäftigungswachstum der Fall ist, dann ist die Inkonsistenz der Ergebnisse zu den Erfolgsfaktoren von Unternehmen nicht verwunderlich (siehe auch Vanderwerf/Mahon, 1997).

Es mag auch sein, dass bestimmte Erfolgsmaße in erster Linie den kurzfristigen Erfolg eines Unternehmens widerspiegeln, wie dies beim Unternehmensgewinn der Fall ist. Anhand solcher Erfolgsmaße lassen sich dann keine Vorhersagen über den langfristigen Unternehmenserfolg ableiten. Faktoren, die den kurzfristigen Erfolg beeinflussen, müssen nicht auf den langfristigen Erfolg einwirken. Unternehmen, die sich an Empfehlungen zur Steigerung des kurzfristigen Unternehmenserfolgs orientieren, verschlechtern möglicherweise langfristig ihre Performance.

Weiterhin können bestimmte Erfolgsmaße, wie der Shareholder Value, eher geeignet sein, den Unternehmenserfolg aus Sicht der Anteilseigner am Unternehmen zu dokumentieren, während der Unternehmenserfolg aus Sicht des Managements oder der Mitarbeiter besser in Erfolgsgrößen wie Umsatzentwicklung, erzielte Kostenreduktion, Steigerung der Ausbringungsmenge oder Gewinnentwicklung zum Ausdruck kommt. Aber auch die prinzipielle Eignung der verwendeten Ergebnismaße zur Operationalisierung des Unternehmenserfolgs ist zu hinterfragen. So sind viele der oben genannten Ergebnismaße durch das Management manipulierbar und spiegeln unter Umständen nicht den wahren Erfolg der Unternehmen wider, wie die jüngsten Betrugsskandale an den europäischen und amerikanischen Börsen gezeigt haben. Diese Überlegungen machen deutlich, dass es keine objektiven Erfolgsmaße für Unternehmen gibt, sondern dass Erfolgsmaße immer auch eine starke subjektive Komponente besitzen und nur abhängig vom gesellschaftlichen Kontext sowie zeitlich begrenzt gültig sind. Erfolgsforscher müssen sich dieser Prämissen bewusst sein; sie machen aber Erfolgsfaktorenforschung nicht unmöglich.

Auch muss man sich als Wissenschaftler oder Praktiker darüber im Klaren sein, dass Erfolgsfaktoren der Vergangenheit nicht notwendigerweise Erfolgsfaktoren der Zukunft darstellen. Sofern es zu grundlegenden Veränderungen in der Unternehmensumwelt kommt – wenn sich beispielsweise die politischen Verhältnisse oder der Geschmack der Konsumenten fundamental wandeln – kann es durchaus sein, dass ein bisheriger Erfolgsfaktor seine Wirksamkeit einbüßt (Haveman, 1992). Erfolgsfaktorenforschung sollte daher kontinuierlich betrieben werden, um auf derartige Strukturbrüche und Änderungen in der Wirksamkeit von Erfolgsfaktoren aufmerksam machen zu können.

In mehreren empirischen Studien wurde belegt, dass Kennzahlen der Bilanz- und Kostenrechnung die wirtschaftliche Situation eines Unternehmens nur unzureichend widerspiegeln (March, 1990, S. 384 ff.). Zusätzlich ergibt sich für Forscher bei kleinen und mittleren Unternehmen das Problem, dass diese zumeist nicht publizitätspflichtig sind und die Auskunft über Finanzkennzahlen wie Gewinn, Rendite oder Cash Flow häufig verweigern. Sofern die untersuchten Unternehmen eine heterogene Altersstruktur aufweisen, entstehen zusätzliche Schwierigkeiten. Junge Unternehmen erzielen in den ersten Lebensjahren nur selten Gewinne (Brüderl/Preisendörfer/Ziegler, 1992). Kennzahlen wie Eigenkapitalrendite[3] oder Umsatzrendite[4] sind daher im Vergleich zwischen jungen und alten Unternehmen wenig aussagekräftig. Weiterhin bestehen hinsichtlich der Ausprägungen der Erfolgskennzahlen signifikante branchenspezifische Unterschiede.

Für Wirtschafts- und Sozialwissenschaftler, wie Carroll (1990, S. 60 f), Hannan und Freeman (1989), Amburgey, Kelly und Barnett (1993) oder Jacquemin (1987, S. 13 ff.), ist daher das Überleben beziehungsweise die Lebensdauer von Unternehmen ein zentraler Erfolgsindikator. Die Überlebensdauer von Unternehmen lässt sich auch für sehr unterschiedliche Unternehmen relativ leicht und präzise ermitteln. Um aber die Überlebenswahrscheinlichkeit von Unternehmen bestimmen zu können, muss zunächst definiert werden, wann eine Unternehmensschließung vorliegt.

In der Literatur sind zwei grundsätzlich unterschiedliche Definitionen der Unternehmensschließung entwickelt worden (Probst, 1976, S. 4 ff.): (1) eine unternehmerbezogene Definition und (2) eine unternehmensbezogene Definition. Im Sinne der unternehmerbezogenen Definition liegt eine Unternehmensschließung vor, wenn der Unternehmer aus dem Marktgeschehen ausscheidet, sei es, dass er stirbt, dass er sein Unternehmen verkauft oder aus anderen Gründen nicht länger am Marktgeschehen teilnimmt. Der unternehmensbezogenen Definition folgend handelt es sich nur dann um eine Unternehmensschließung, wenn ein Unternehmen seine Marktaktivitäten vollständig und endgültig aufgibt (Napp, 1990, S. 12 ff.). Im Sinne dieser Definition sind ein Verkauf oder eine Fortführung des Unternehmens durch Familienangehörige keine Fälle von Unternehmensschließung. Ebenso wenig liegt nach der unternehmensbezogenen Definition eine Unternehmensschließung vor, wenn das Unternehmen fusioniert, wenn sich seine Rechtsform ändert oder wenn seine Kapazitäten nur zeitweise stillgelegt werden. In den meisten wissenschaftlichen Arbeiten wird die Unternehmensschließung unternehmensbezogen definiert. Nur wenn ein Unter-

---

[3] Die Eigenkapitalrendite eines Unternehmens bestimmt sich als Verhältnis von Periodengewinn zum Eigenkapital.

[4] Die Umsatzrendite eines Unternehmens bestimmt sich als Verhältnis von Periodengewinn zu Periodenumsatz.

nehmen seine wirtschaftlichen Aktivitäten vollständig und endgültig aufgibt, liegt eine Unternehmensschließung vor. Der Zeitpunkt der Unternehmensschließung kann häufig auf der Grundlage von Angaben des Handels- beziehungsweise Gewerbemelderegisters sowie anhand direkt bei den Unternehmen erfragter Angaben relativ exakt ermittelt werden.

Wird ein Unternehmen geschlossen, so kann dies grundsätzlich auf zwei verschiedene Arten erfolgen. Unternehmen können von den verantwortlichen Unternehmern entweder freiwillig geschlossen werden oder sie werden zwangsweise im Anschluss an ein gerichtliches Verfahren, das sogenannte Insolvenzverfahren, geschlossen.[5] Welche Art der Unternehmensschließung im konkreten Fall vorliegt, ist von verschiedenen Voraussetzungen abhängig. Jovanovic (1982) geht davon aus, dass ein Unternehmen solange weitergeführt wird, wie der Marktwert[6] des Unternehmens über seinem Liquidationswert[7] liegt. Sinkt der Marktwert eines Unternehmens unter seinen Liquidationswert, so ist es aus ökonomischer Sicht effizient, das Unternehmen freiwillig aufzugeben. Aufgrund von Haftungsbeschränkungen und ungesicherten Fremdkapitaleinlagen kann es sich aber für die Eigentümer lohnen, das Unternehmen auch dann noch fortzuführen, wenn der Marktwert des Unternehmens bereits unter den Liquidationswert des Unternehmens gefallen ist. Dies liegt daran, dass das betroffene Unternehmen die Verluste der Fremdkapitalgeber nicht in sein eigenes Austrittskalkül einbezieht (Stieglitz/Weiss, 1981). Das ökonomisch ineffiziente Unternehmen wird dann nicht freiwillig stillgelegt. Neben rationalen Erklärungen für eine ausbleibende Unternehmensstillegung können auch verhaltenswissenschaftliche Gründe genannt werden. So schätzen Unternehmer den Marktwert ihres Unternehmens häufig zu hoch ein. Ebenso kann eine starke persönliche Identifikation des Unternehmers mit seinem Unterneh-

---

[5] Zu der zunehmenden Anzahl an Arbeiten, in denen eine Unterscheidung der Schließungsarten von Unternehmen vorgenommen wird, gehören diejenigen von Freeman, Carroll und Hannan (1983), Schary (1991) sowie Harhoff, Stahl und Woywode (1998).

[6] Der Marktwert eines Unternehmens entspricht der Summe der abdiskontierten erwarteten zukünftigen Erträge aus Unternehmenstätigkeit.

[7] Der Liquidationswert eines Unternehmens entspricht dem Geldbetrag, den man bei einem Verkauf des Unternehmens erzielen würde. Geht man davon aus, dass die Ressourcen des Unternehmens alternativ eingesetzt werden können, lässt sich der Liquidationswert eines Unternehmens auch als Wert des alternativen Einsatzes der im Unternehmen gebundenen Ressourcen angeben.

men zu Verzerrungen in der Realitätswahrnehmung führen und einen aus wirtschaftlicher Sicht notwendigen Marktaustritt hinauszögern.

Ein gesetzlich verankerter Mechanismus greift erst ein, wenn das Unternehmen zahlungsunfähig geworden ist oder die Schulden den Wert des Unternehmens übersteigen, so dass auf Seiten der Gläubiger Forderungsverluste zu erwarten sind (Hax, 1985). Dann übernimmt das Insolvenzrecht eine zentrale marktwirtschaftliche Selektionsfunktion. Ein neues Insolvenzrecht, das 1994 im deutschen Bundestag verabschiedet wurde, trat im Jahr 1999 in Kraft. Im neuen Konkursrecht von 1999 ist zusätzlich zu den bestehenden Regelungen die Möglichkeit vorgesehen, dass bereits bei drohender Zahlungsunfähigkeit ein Antrag auf Eröffnung eines Insolvenzverfahrens im Sinne eines Insolvenzplanverfahrens gestellt werden kann.

In den vergangenen zwanzig Jahren sind zahlreiche empirische Arbeiten erschienen, in denen die Überlebenschancen von Unternehmen sehr genau analysiert wurden. Es besteht heute kein Zweifel daran, dass die Analyse der Überlebenschancen von Unternehmen der Erfolgsfaktorenforschung neue inhaltliche und methodische Impulse gegeben hat. Dabei ist nicht auszuschließen, dass Faktoren, die positiv mit dem Überleben von Unternehmen korreliert sind, keinen signifikanten oder vielleicht sogar einen negativen Einfluss auf den Unternehmenserfolg, definiert als Gewinn- oder Wachstumsgröße, besitzen und vice versa (Harhoff/Stahl/Woywode, 1998; Gimeno/Folta/ Cooper/Woo, 1997; Struck/Woywode in diesem Buch). Die Analyse der Überlebenschancen von Unternehmen sollte daher zu einem wichtigen Bestandteil der Erfolgsfaktorenforschung werden.

In vielen empirischen Arbeiten der Erfolgsfaktorenforschung werden Korrelationen und Regressionsanalysen verwendet. Diese statistischen Verfahren sind jedoch im Grunde nicht für die Ermittlung von Faktoren geeignet, die für außergewöhnlichen Unternehmenserfolg verantwortlich sind, denn sie orientieren sich an Durchschnittswerten. Die Orientierung an Durchschnittswerten führt aber dazu, dass man außerordentlichen Erfolg nicht erklären kann. Bspw. fand Starbuck (1993) bei der detaillierten Analyse einer herausragenden US-Rechtsanwaltskanzlei heraus, dass diese in ihren Praktiken und Prozeduren genau dem widersprach, was als Standardprozeduren von amerikanischen Anwaltskanzleien angesehen wurde. Aus der Einzigartigkeit der Prozeduren folgte nun aber die hohe Wettbewerbsfähigkeit der Kanzlei relativ zu anderen Kanzleien.

Auch Kim und Maubourgne (1997) fanden bei einer Analyse von mehreren extrem erfolgreichen Unternehmen und ihrer Geschäftsmodelle heraus, dass sich die außergewöhnlich erfolgreichen Unternehmen dadurch auszeichneten, dass sie die bestehenden Regeln der Branche gebrochen hatten. Nach Ansicht von Kim und Maubourge (1997) hatten diese Unternehmen die Logik des Wettbewerbs verändert, was es den Unternehmen erlaubte, sich dauerhaft und überaus erfolgreich von ihren Wettbewerbern abzuheben. Die Autoren geben hierfür mehrere Beispiele, wie das Aufkommen von Multiplexkinos im Umland niederländische Großstädte oder den kometenhaften Aufstieg der Formule 1-Motels beziehungsweise der Accor-Gruppe in Frankreich. Vor dem Aufkommen der Multiplexkinos in der Peripherie der niederländischen Großstädte lagen die meisten Kinos in sehr teuren Innenstadtlagen. Es gab keine Parkplätze und nur eine geringe Zahl an parallel laufenden Filmen. Die neuen Multiplexkinos lösten all diese Probleme traditioneller Kinos gleichzeitig. Formule 1-Hotels sind im Gegensatz zu traditionellen französischen Hotels hochstandardisiert, bieten überall gleichbleibende Qualität und sind vergleichsweise billig. Einzig auf die Qualität der Betten, Kissen und Matratzen legt Formule 1 sehr viel Wert. Damit wird sichergestellt, dass die Gäste gut schlafen können. Schlafkomfort ist das, was die Gäste nach Meinung von Formule 1 am meisten wünschen; am übrigen Interieur wird dagegen gespart.

Standard-Regressionsverfahren oder einfache Korrelationsanalysen sind in der Tat ungeeignet, um diese extrem erfolgreichen Unternehmen zu analysieren (Camerer/Fahey, 1988). Allerdings kann man Regressionsverfahren in einer leicht abgewandelten Form sehr wohl für die Analyse extremen Unternehmenserfolgs verwenden. So lassen sich zum Beispiel im Rahmen von Quantilregressionen die Erfolgsfaktoren für unterschiedlich erfolgreiche Gruppen von Unternehmen getrennt voneinander untersuchen (Fitzenberger/Koenker/Machado, 2002). Das Erfolgsmaß wird lediglich geringfügig umskaliert und man erhält für mehr oder weniger erfolgreiche Unternehmen separate Schätzergebnisse (siehe auch Brüderl/Preisendörfer, 2000; oder Woywode/Lessat, 2001, die ein Probitregressionsverfahren verwenden, um die Top-10 % der am schnellsten wachsenden Unternehmen zu analysieren). So lassen sich gezielt Aussagen darüber treffen, was die extrem erfolgreichen Unternehmen anders machen als weniger erfolgreiche Unternehmen.

Voraussetzung hierfür ist allerdings, dass die wahren Erfolgsfaktoren auch tatsächlich beobachtbar und messbar sind. Vermutlich trifft dies nur für einen Teil der Erfolgsfaktoren zu, der andere Teil, wie beispielsweise die Intuition des Unternehmers oder seine Kreativität, ist nicht beobachtbar. Man sollte sich daher zunächst mit den beobachtbaren Erfolgsfaktoren auseinandersetzen und diese erforschen. In der Zukunft werden dann möglicherweise neue Messverfahren entwickelt, die es erlauben, auch bisher nicht beobachtbare Eigenschaften des Unternehmens messbar und damit in Bezug auf den Unternehmenserfolg bewertbar zu machen.

Während in früheren Arbeiten der Erfolgsfaktorenforschung angenommen wurde, dass es einen oder wenige Faktoren gibt, die den Erfolg eines Unternehmens determinieren, gelangt man heute immer mehr zur Erkenntnis, dass es häufig eine Vielzahl von erfolgsrelevanten Parametern gibt, die es aus Unternehmenssicht gleichzeitig zu managen und gemeinsam zu optimieren gilt.

So sind es möglicherweise nicht einzelne Faktoren sondern Kombinationen aus Faktoren (Aktivitäten), die außerordentlichen Erfolg erklären. Man spricht dann auch von komplementären Effekten, die zwischen einzelnen Aktivitäten oder Charakteristika der Unternehmen bestehen und die in ihrer Gesamtheit dazu führen, dass Unternehmen sehr erfolgreich sind (Milgrom/Roberts, 1990, 1992). Viele Vertreter der Strategischen Managementlehre sind heute davon überzeugt, dass erst diese Kombination von Aktivitäten oder Charakteristika des Unternehmens dazu führt, dass Unternehmen dauerhaft überdurchschnittliche Erfolge aufweisen (Meyer, 1991; Barney, 1991; Saloner/Shepard/Podolny, 2001).

In Abbildung 1 ist, in Anlehnung an Porter (1996), die Kombination der Aktivitäten der amerikanischen Fluglinie Southwest-Airlines (SWA) aufgeführt, welche diese Fluglinie bis zum heutigen Tag so überaus erfolgreich macht. Im Gegensatz zu anderen Fluglinien bedient SWA nur eine begrenzte Anzahl an Flughäfen, bietet nur einen eingeschränkten Service, bei hoher Qualität der Flüge und hoher Auslastung der Flugzeuge, die überwiegend zu einer Baureihe gehören. Die Tatsache, dass mehrere Aktivitäten gleichzeitig realisiert werden müssen, um diesen außerordentlichen Erfolg von SWA zu erzielen, stellt aus Sicht des Unternehmens einen Kopierschutz und damit die Voraussetzung für nachhaltige Wettbewerbsvorteile dar. Tatsächlich sind viele etablierte Fluglinien, die Southwest-Airlines in den USA mit Billigflugtöchtern Konkurrenz machen wollten, gescheitert. In jüngster Zeit versuchen einige europäische Fluggesellschaften dem Beispiel von SWA nachzueifern – allen voran Easy Jet und Ryanair – und sich als Billigfluglinien zu etablieren. Es scheint als hätten sie die richtige Mischung der Aktivitäten gefunden, denn die europäischen Billigflieger sind gegenwärtig sehr erfolgreich.

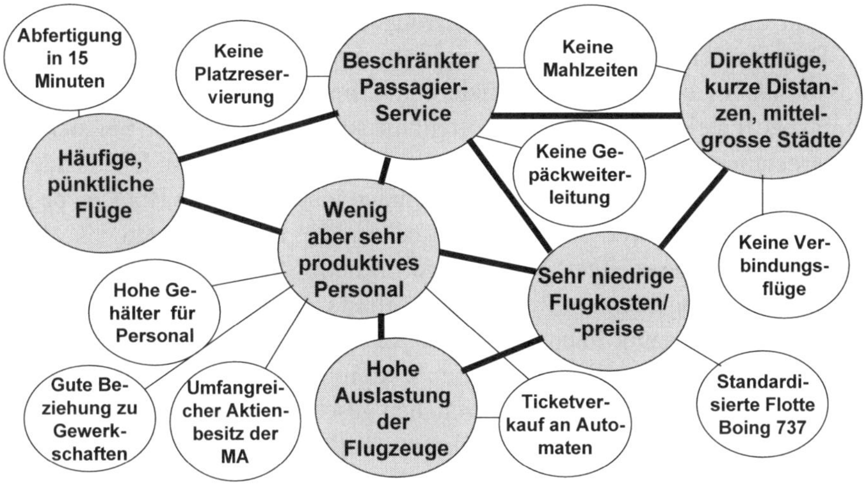

Abbildung 1. Die Tiefpreisfluglinie Southwest Airlines

Könnte nun Southwest-Airlines nach Belieben seine Strategie ändern und sich zu einem Hochpreisanbieter in Sachen Flugdienstleistungen entwickeln? Solch eine Strategieänderung ist sicherlich möglich aber überaus riskant, insbesondere deshalb, weil alle Aktivitäten mehr oder weniger gleichzeitig entsprechend dem angestrebten Endzustand verändert werden müssen; man könnte sagen: Von einem Gleichgewichtszustand hin zu einem anderen Gleichgewichtszustand. Unternehmen schrecken daher im Allgemeinen vor derart radikalen Strategieänderungen zurück, denn sie müssen zumindest kurzfristig eine Verschlechterung ihrer Performanz befürchten.

Bisher sind mathematisch-statistische Verfahren, welche die oben genannten Erkenntnisse über Komplementaritäten zwischen Erfolgsfaktoren explizit berücksichtigen, nicht entwickelt worden. Allerdings kann man durch eine entsprechende Spezifikation der Schätzmodelle, beispielsweise mit Hilfe von Interaktionstermen, der Frage nach Komplementaritäten zwischen einzelnen erfolgsfördernden Aktivitäten durchaus nachgehen.

In der Vergangenheit wurde von mehreren Wissenschaftlern problematisiert, dass Erfolgsfaktoren, die bekannt und leicht kopierbar sind, ihre Wirksamkeit verlieren. March und Sutton (1997, S. 699) sagen hierzu: „Successes at understanding performance differences are self-destructive. As knowledge spreads, factors that previously distinguished high performers from low performers tend to disappear.“ Insofern kann das Wissen über Erfolgsfaktoren immer nur vorläufig sein. Das heißt aber nicht, dass man sich für die nur temporär gültigen Erfolgsfaktoren nicht interessieren sollte. Denn in den Zwischenzeiten, in denen nur wenige Unternehmen einen Faktor als Erfolgsfaktor identifiziert und implementiert haben, kann es durchaus für ein Unternehmen vorteilhaft sein, diesen Faktor bei sich im Unternehmen umzusetzen und so Pioniergewinne zu erzielen. Die Tendenz zur Imitation, die wir bei vielen Unternehmen innerhalb einer Branche beobachten können, wurde in der angelsächsischen Literatur auch als „Red Queen-Effekt“ bezeichnet. Die Königin in dem Märchen „Alice im Wunderland“, die sogenannte „Red Queen“, stellte Alice eines Tages ihre Untertanen vor. Erstaunt nahm Alice zur Kenntnis, dass alle Untertanen der „Red Queen“ so schnell rannten wie sie konnten; und dies nur um auf der Stelle zu bleiben. Ähnlich wie im Märchen geschildert funktioniert im Idealfall der privatwirtschaftlich organisierte Teil unserer Wirtschaft. Unternehmen müssen diejenigen Faktoren, die sich bei anderen Unternehmen als erfolgswirksam erwiesen haben, implementieren, um nicht gegenüber der Konkurrenz zurückzufallen (Barnett/Hansen, 1996). Sofern wirtschaftliche Entwicklungsprozesse tatsächlich auf der oben beschriebenen, letztlich darwinistischen Logik beruhen, erklärt sich auch, warum die Praxis an den Ergebnissen der Erfolgsfaktorenforschung so interessiert ist.

Einige Kritiker haben in der Vergangenheit zu Recht angemerkt, dass die im Rahmen der Erfolgsfaktorenforschung getesteten Zusammenhänge mehr oder weniger beliebig seien. Die Erfolgsforschung ist in der Tat häufig nicht theoriegeleitet, sondern sie ist in vielen Fällen scheinbar dadurch bestimmt, welche Daten oder Variablen der betreffende Wissenschaftler gerade zur Verfügung hat. Wird ein derartiger datengetriebener Forschungsansatz verfolgt, sind die Prozesse zwischen den einzelnen unabhängigen und der abhängigen Variable oft nur ad hoc begründbar. Um der Beliebigkeit der untersuchten Zusammenhänge und der angeführten Begründungen vorzubeugen, sollte wissenschaftliche Erfolgsfaktorenforschung stattdessen soweit wie möglich theoriegeleitet erfolgen. Weiterhin sollten Erfolgsforscher in erster Linie an generellen Aussagen interessiert sein, die Einzelfälle einschließen, anstatt eine Fallstudie nach der anderen durchzuführen. Natürlich sind Einzelfallstudien in der Forschungsphase der Exploration zur Ideengenerierung und Hypothesenbildung sehr wertvoll. Aber sie können nur ein erster Schritt hin zu großzahligen Untersuchungen sein, auf deren Ergebnissen man sich um eine Verallgemeinerung der Erkenntnisse bemüht.

Viele der vorangegangenen Arbeiten im Rahmen der Erfolgsfaktorenforschung basieren auf Querschnittuntersuchungen. Die unabhängigen und abhängigen Variablen werden in diesen Studien zumeist zum gleichen Zeitpunkt gemessen. Wenn nun in einer statistischen Untersuchung zwischen den unabhängigen und der abhängigen Variable ein kausaler Zusammenhang nachgewiesen werden soll, so muss dieser vorher nicht nur in inhaltlicher sondern auch in zeitlicher Hinsicht korrekt spezifiziert werden. Viele Einflussfaktoren wirken nur mit einer gewissen zeitlichen Verzögerung auf den Erfolg. Wenn beispielsweise ein neues, leistungsförderndes Entlohnungssystem für die Manager im Unternehmen eingeführt wird, sollte sich der Unternehmenserfolg erst mit einiger Verzögerung verbessern. Sofern man zeitlich verzögerte Wirkungen von erfolgsrelevanten Handlungen unterstellt, müssen Längsschnittdaten oder Paneldaten verwendet werden, um die Determinanten des Unternehmenserfolgs analysieren zu können. Längsschnitt- oder Paneldaten liegen den empirischen Schätzungen aber nur in einer Minderheit der publizierten Erfolgsstudien zugrunde.

Im Rahmen der Erfolgsfaktorenforschung gibt es darüber hinaus eine Reihe statistischer Probleme, die man in den Griff bekommen muss, um verlässliche Aussagen über die Wirkungsweise verschiedener Einflussfaktoren auf den Erfolg treffen zu können. Diese Probleme sind alles andere als trivial. In gewisser Weise ist die Erfolgsfaktorenforschung sogar ein perfektes Anwendungsfeld für eine ganze Reihe wichtiger ökonometrischer Weiterentwicklungen der vergangenen Jahre. Drei zentrale Schätzprobleme, die im Zusammenhang mit der Erfolgsfaktorenforschung häufig auftreten, werden im nachfolgenden Abschnitt vorgestellt und Lösungsmöglichkeiten diskutiert (siehe hierzu u.a. Green, 1993; Blossfeld/Rhower, 2002; Wooldridge, 2002). Es handelt sich um (a) das Endogenitätsproblem, (b) das Regression to the Mean-Problem und um (c) das Problem von Selektionsverzerrungen.

a) Das statistische Problem der Endogenität erklärender Variablen tritt in vielen empirischen Studien zum Unternehmenserfolg auf. Sind eine oder mehrere erklärende Variablen endogen, d.h. werden diese Variablen durch andere Variablen, die nicht in der Schätzung berücksichtigt sind, beeinflusst, so ist eine für die Anwendung von Standardregressionsverfahren notwendige Bedingung verletzt.

   Soll beispielsweise der Einfluss von Venture Capital auf den Unternehmenserfolg empirisch ermittelt werden, so muss bei der Schätzung berücksichtigt werden, dass Faktoren, die die Wahrscheinlichkeit beeinflussen, dass ein Unternehmen Venture Capital erhält, gleichzeitig auch auf den Unternehmenserfolg einwirken. Wenn dann der wahre Beitrag des Venture Capitals zum Unternehmenserfolg ermittelt werden soll, muss der direkte Effekt des Venture Capitals auf den Erfolg von dem indirekten Effekt getrennt werden, der dadurch entsteht, dass die Wahrscheinlichkeit Venture Capital zu erhalten, von bestimmten Unternehmenscharakteristika beeinflusst wird, die ebenfalls auf den Unternehmenserfolg einwirken. Wenn diese indirekt wirkenden Faktoren nicht in der Schätzung berücksichtigt werden tritt das Problem der Endogenität auf. Ein ähnliches Endogenitätsproblem entsteht beispielsweise auch, wenn der Einfluss öffentlicher Finanzförderung auf den Unternehmenserfolg analysiert wird.

Als Lösungsmöglichkeit für klassische Endogenitätsprobleme bietet es sich an, sogenannte Instrumentenschätzer zu verwenden. Bei diesen Instrumentenschätzungen wird zunächst die Wahrscheinlichkeit geschätzt, dass ein bestimmtes Ereignis oder ein bestimmtes Charakteristikum beim betreffenden Unternehmen vorliegt. So wird z.B. die Wahrscheinlichkeit berechnet, dass ein Unternehmen mit Venture Capital finanziert wird oder durch staatliche Stellen finanzielle Förderung erhält. Die hierzu verwendeten Variablen müssen mit der endogenen Variable möglichst hoch korrelieren, sie sollen aber nicht mit der zu erklärenden abhängigen Variable aus der Ursprungschätzung korreliert sein. Dann wird der Erwartungswert für die Instrumentenschätzung als unabhängige Variable in die Schätzgleichung, in welcher der Unternehmenserfolg vorhergesagt wird, eingeführt. Die Herausforderung für den Wissenschaftler besteht nun darin, ein angemessenes Instrument für die endogene Variable zu finden. Dabei sollte er sich, wenn möglich, auf vorhandene theoretische Modelle und bereits vorliegende empirische Schätzergebnisse beziehen.

Einen alternativen Ansatz, das Endogenitätsproblem in den Griff zu bekommen, verfolgen Almus und Prantl (2001). Sie verwenden einen sogenannten „Matching Ansatz", um die Frage zu beantworten, ob öffentlich geförderte Unternehmen erfolgreicher sind als nicht geförderte Unternehmen. Die technische Idee, die diesem relativ neuen Verfahren zu Grunde liegt besteht darin, dass man Unternehmen, die sich in bestimmten erfolgsrelevanten Charakteristika möglichst ähnlich sind sich aber hinsichtlich der finanziellen öffentlichen Förderung unterscheiden, paarweise miteinander vergleicht und Unterschiede in Bezug auf definierte Erfolgsmaße feststellt. Auf diese Weise wird dann der Beitrag der öffentlichen Förderung zum Unternehmenserfolg unter Kontrolle von anderen Einflussfaktoren bestimmbar.

Das Endogenitätsproblem kann beispielsweise auch durch eine Simultanitätsbeziehung verursacht werden, die zwischen der abhängigen und einer beziehungsweise mehreren unabhängigen Variablen besteht und tritt ebenfalls in vielen Studien zum Unternehmenserfolg auf. Man hat es zum Beispiel mit einem Simultanitätsproblem zu tun, wenn der Einfluss eines Geschäftsführerwechsels auf den Unternehmenserfolg analysiert werden soll. In verschiedenen Studien konnte gezeigt werden, dass die Wahrscheinlichkeit, dass ein Geschäftsführerwechsel stattfindet, nicht unabhängig vom Erfolg des Unternehmens in früheren Perioden ist. Konkret ist es so, dass unterdurchschnittlich performende Unternehmen eine signifikant erhöhte Wahrscheinlichkeit haben, ihren Geschäftsführer auszutauschen (Beck/Brüderl/Woywode, 2002; zur Modellierung des Effekts internen organisatorischen Wandels auf den Erfolg siehe Barnett/Carroll, 1995). Aus statistischer Sicht ist es nun schwierig, den wahren Beitrag des neuen Geschäftsführers zum Unternehmenserfolg zu ermitteln. Die simultane Beziehung lautet: Zurückliegender Erfolg beeinflusst den Geschäftsführerwechsel und der Geschäftsführerwechsel beeinflusst den Erfolg.

Ein ähnliches Simultanitätsproblem tritt auf, wenn der Einfluss der Rechtsform beziehungsweise eines Rechtsformwechsels auf den Unternehmenserfolg ermittelt werden soll. Zurückliegender Erfolg beziehungsweise Misserfolg beeinflusst die Wahrscheinlichkeit eines Rechtsformwechsels ebenso wie die Höhe des Startkapitals, das Humankapital des Unternehmers oder die Branchenzugehörigkeit des Unternehmens und somit ist der originäre Einfluss der Rechtsform auf den Unternehmenserfolg nur noch schwer ermittelbar. Ist beispielsweise eine Unternehmensgründung in der Vergangenheit sehr erfolgreich gewesen und stark gewachsen, werden die Eigentümer aus verschiedenen Gründen häufig eine Rechtsform mit beschränkter Haftung (GmbH, GmbH & Co KG, AG) für das Unternehmen wählen. Dann ist der Beitrag der Rechtsformänderung zum Unternehmenserfolg unklar, die Rechtsformänderung ist vielmehr ein Indikator für zurückliegenden Erfolg. Auf der anderen Seite zeigt sich aber auch, dass bei Unternehmen, die nicht erfolgreich sind, insbesondere bei denen, die kurz vor dem Scheitern stehen, ebenfalls häufig Rechtsformwechsel stattfinden. Auch für diese Unternehmen wird häufig eine Rechtsform mit beschränkter Haftung gewählt, denn dadurch reduziert sich im Allgemeinen das Risiko der Eigentümerunternehmer auf das eingelegte Haftungskapital beziehungsweise auf die Mindesthaftungssumme von Euro 25.000. Diese komplexen erfolgsabhängigen Prozesse im Vorfeld der Rechtsformwahl erschweren eine empirische Ermittlung des Einflusses der Rechtform oder einer Rechtsformänderung auf den Unternehmenserfolg. Ähnliche Überlegungen kann man sicherlich auch für ganz andere Unternehmenscharakteristika anstellen.

In vielen Studien zum Zusammenhang von organisatorischem Wandel und Unternehmenserfolg tritt auch das Problem unbeobachteter Heterogenität auf. Mit anderen Worten: In dem zur Schätzung verwendeten Datensatz sind nicht alle Einflussfaktoren enthalten, die den Unternehmenserfolg beziehungsweise den organisatorischen Wandel beeinflussen. Normalerweise werden in Erfolgsstudien Regressionen geschätzt, wobei der Unternehmenserfolg die abhängige Variable darstellt. Bei diesem Vorgehen wird jedoch nicht berücksichtigt, dass sich die Unternehmen hinsichtlich ihres langfristigen inhärenten Erfolgsniveaus durchaus signifikant unterscheiden können. Einige Unternehmen haben möglicherweise besonders wertvolle Ressourcen zum Gründungszeitpunkt gewählt und sind in der Lage, diese sehr erfolgreich einzusetzen. Andere Unternehmen mögen zum Gründungszeitpunkt dagegen eine besonders ungünstige Ressourcenkombination gewählt haben und sind deshalb langfristig wenig erfolgreich. Leider sind diese Ressourcenkombinationen häufig nur teilweise beobachtbar und messbar. Man kann nun, wie oben bereits getan, leicht argumentieren, dass ein großer Anteil des organisatorischen Wandels durch Erfolg beziehungsweise durch Misserfolg induziert ist. So sind vermutlich organisatorische Veränderungen wie Kapazitätserweiterung, Kapitalerhöhung, Standortwechsel etc. überwiegend erfolgsinduziert. Andere Wandelereignisse sind dagegen vermutlich häufig misserfolgsinduziert, wie der Wechsel des Geschäftsführers. Wenn man Faktoren, welche die dauerhaft unterschiedlichen Niveaus in der Performanz der Unternehmen beeinflussen bei der Schätzung des Unternehmenserfolgs nicht vollständig berücksichtigt, dann werden die Schätzergebnisse dadurch gravierend verzerrt. Beispielsweise wird ein möglicher negativer Effekt auf die Performanz von erfolgsinduziertem organisatorischem Wandel durch die Tatsache verschleiert, dass diese Art von Wandel vor allem von überdurchschnittlich erfolgreichen Unternehmen unternommen wird. Im Gegensatz dazu könnte es sein, dass negative Performance-Effekte misserfolgsinduzierten organisatorischen Wandels überschätzt werden, denn diese Art des Wandels wird vor allem von Unternehmen durchgeführt, die ohnehin scheitern. Im Grunde besteht die Herausforderung für den Wissenschaftler darin, die Ursachen und Wirkungen des organisatorischen Wandels in der Schätzung voneinander zu trennen. Unbeobachtete

Heterogenität zwischen den analysierten Unternehmen ist für das oben genannte Schätzproblem verantwortlich.

Das Schätzproblem der unbeobachteten Heterogenität ist allgemein bekannt und man kann es durch die Verwendung geeigneter mathematisch-statistischer Verfahren in den Griff bekommen. Eine Lösungsmöglichkeit im Zusammenhang mit der Ermittlung von Erfolgsfaktoren auf der Basis von Längsschnittdaten stellt die Verwendung sogenannter Fixed Effect Panel-Modelle dar (Beck/Brüderl/Woywode, 2002; Wolf/Zwick, 2002; Wooldridge, 2002). Voraussetzung hierfür ist, dass man die Unternehmen in der Stichprobe zu mehreren Zeitpunkten in Bezug auf die unabhängigen als auch auf die abhängige Variable beobachtet. Auf Basis der Daten wird dann für jedes Unternehmen ein individueller fixer Parameter berechnet und zusätzlich wird der Einfluss der zeitveränderlichen Kovariaten, zu denen die organisatorischen Wandelereignisse gehören, auf die Performanz des Unternehmens ermittelt. Das zeitunveränderliche, unternehmensinhärente Erfolgspotential wird in der Schätzung komplett durch den fixen Effekt erfasst. Der Effekt eines organisatorischen Wandelereignisses auf den Erfolg wird durch eine Kovariate spezifiziert, die vor und nach dem Wandelereignis unterschiedliche Werte annimmt. So lassen sich die Effekte der zeitinvarianten Unternehmenscharakteristika und des organisatorischen Wandels auf den Unternehmenserfolg getrennt voneinander ermitteln. Um mit unbeobachteter Heterogenität in den analysierten Daten zurecht zu kommen, sind neben den Fixed-Effect Modellen auch sogenannte Random Effect-Modelle entwickelt worden (Wooldridge, 2002).

b) Das Regression to the Mean-Problem bei der Ermittlung von Determinanten des Unternehmenserfolgs wurde erst in wenigen wissenschaftlichen Studien diskutiert (Greve, 1999; Lazear, 2001). Sofern der Erfolg von Unternehmen durch eine starke Zufallskomponente beeinflusst wird, tritt das Regression to the Mean Problem nach einem organisatorischen Wandel auf. Nehmen wir an, dass ein Geschäftsführer über mehrere vorangegangene Perioden nicht erfolgreich gewesen ist. Für die Misserfolge ist jedoch nicht der Geschäftsführer sondern in erster Linie der Zufall verantwortlich, beispielsweise in Form eines unerwartet stark schwankenden Dollarkurses. Dann wird der Geschäftsführer mit einer hohen Wahrscheinlichkeit entlassen. Ein neuer Geschäftsführer wird dann mit einer hohen Wahrscheinlichkeit aufgrund des starken Einflusses des Zufalls auf das Periodenergebnis in der Zeit nach dem Wechsel ein besseres Ergebnis erzielen als sein Vorgänger. Externen

Beobachtern muss es dann so scheinen, als ob der Wechsel an der Spitze des Unternehmens etwas gebracht hätte – getreu dem Motto: Neue Besen kehren gut. Auch in einer Standard OLS-Schätzung würde man zu diesem Ergebnis kommen. Dabei ist das hier geschilderte Resultat nur das Ergebnis eines Regression to the Mean-Problems. Greve (1999) versuchte das Regression to the Mean-Problem dadurch in den Griff zu bekommen, dass er zunächst eine sogenannte Selektionsgleichung schätzte, in der die Wahrscheinlichkeit eines organisatorischen Wandels für jedes Unternehmens in jeder Periode berechnet wurde. Dann wurde der Wahrscheinlichkeitsparameter (die für jede Organisation in jeder Periode berechnete Wahrscheinlichkeit) in die Schätzgleichung für die Ermittlung des Unternehmenserfolgs eingeführt. Die Analysestrategie von Greve (1999) ist angemessen, wenn man genug Information besitzt, um eine hochwertige Selektionsgleichung zu spezifizieren und zu schätzen. Es mag auch eine verheißungsvolle Schätzstrategie sein, wenn die Erfolgsniveaus, durch die die einzelnen Unternehmen charakterisiert sind, im Zeitverlauf stark schwanken.

c) Selektionsverzerrungen (beispielsweise Survivor Bias) und Unternehmenserfolg: Viele Studien im Rahmen der Erfolgsfaktorenforschung haben mit Selektionsverzerrungen zu kämpfen. Eine der wichtigsten Verzerrungen ist der sogenannte Survivor Bias. Hiermit ist gemeint, dass man im Allgemeinen, wenn man eine Umfrage tätigt, grundsätzlich nur die Adressen und Angaben von Unternehmen erhält, die bis zum Zeitpunkt der Untersuchung überlebt haben. Da dann die Schätzungen auch nur auf dieser Datenbasis stattfinden können, sind die gewonnen Ergebnisse nicht repräsentativ für die Grundgesamtheit aller Unternehmen. Für aussagekräftige Schätzungen ist es daher notwendig, auch Angaben zu denjenigen Unternehmen zu sammeln, dic in der zurückliegenden Zeit scheiterten. Das ist zwar in den meisten Fällen sehr aufwendig, es ist aber notwendig, um aussagekräftige Schätzergebnisse zu erhalten (Brüderl/Preisendörfer/Ziegler, 1995). Mit Hilfe sogenannter Selektionskorrekturverfahren kann es nun dennoch gelingen, das beschriebene Schätzproblem in den Griff zu bekommen.

In einer Arbeit über Determinanten des Wachstum und Scheitern von Unternehmen von Harhoff, Stahl und Woywode (1998) unterschieden sich die Unternehmen bezüglich der Wahrscheinlichkeit, dass man überhaupt eine Wachstumsrate für das jeweilige Unternehmen (die Beschäftigtenwachstumsrate war hier die abhängige Variable) berechnen konnte. Für die Schätzung der Wachstumsraten wurde dann ein heteroskedastierobustes Regressionsverfahren mit einer Heckman-Selektionskorrektur verwendet. Die Forscher schätzten zunächst eine Selektionsgleichung für die Wahrscheinlichkeit eine Wachstumsrate zu beobachten, und erst im Anschluss daran wurde eine Wachstumsregression berechnet.

Selektionsprobleme können aber auch in anderer Form auftreten. Will man beispielsweise die Determinanten des Internationalisierungsgrads (Höhe der Auslandsumsätze am Gesamtumsatz des Unternehmens) bestimmen, so besteht das Selektionsproblem darin, dass der Internationalisierungsgrad nur für diejenigen Unternehmen beobachtbar ist, die Auslandsaktivitäten aufweisen. Man könnte nun den Wert der abhängigen Variable für die Unternehmen ohne Auslandsumsätze auf „0" setzen. Dieses Vorgehen ist jedoch nicht korrekt, denn der Wert ist streng genommen nicht beobachtbar. Im hier beschriebenen Fall, in dem der Grad der Internationalisierung geschätzt werden soll, wäre es angemessen, ein Tobit-Regressionsverfahren einzusetzen.

Man sieht also, dass eine ökonometrisch korrekte Schätzung des Unternehmenserfolgs zwar anspruchsvoll aber keineswegs unmöglich ist.

2.4 Wege aus der Erfolglosigkeit der Erfolgsfaktorenforschung

In den vorangegangenen Abschnitten wurden einige der zentralen Herausforderungen, die bei der Analyse des Unternehmenserfolgs auftreten, ausführlich geschildert. Weiterhin wurden an verschiedenen Stellen Vorschläge unterbreitet, wie man diese Herausforderungen nach dem heutigen Stand der Wissenschaft adäquat angehen kann. Abschließend sollen nun einige grundsätzliche Hinweise gegeben werden, die eine wissenschaftlich fundierte Auseinandersetzung mit dem Thema des Unternehmenserfolgs erleichtern.

2.4.1 Panelstudien statt Querschnittsuntersuchungen

An vielen Stellen dieses Beitrags wird deutlich, dass man Erfolgsfaktoren von Unternehmen eigentlich nur dann angemessen analysieren kann, wenn man die Unternehmen über längere Zeiträume hinweg beobachtet. Insofern wird hier für Längsschnittanalysen anstatt für Querschnittanalysen des Unternehmenserfolgs plädiert. Nur dann lässt sich beispielsweise die zumeist zeitverzögerte Wirkung des Einflusses organisatorischen Wandels auf den Unternehmenserfolg analysieren. Da die Erhebung von Längsschnittdaten sehr aufwendig ist, schrecken bisher viele Wissenschaftler vor ihrer Erhebung zurück. Dennoch steigt die Verbreitung von Längsschnitt- und insbesondere von Panelstudien. Eine Alternative zu Panelstudien stellen sogenannte Retrospektivstudien dar. Retrospektivdaten müssen ex post erhoben werden. Hierbei reicht es aus, dass die Veränderungszeitpunkte und die Art der Veränderung bekannt sind.

2.4.2 Verwendung angemessener statistischer Verfahren

Viele der Inkonsistenzen in den bisherigen Ergebnissen der Erfolgsfaktorenforschung rühren vermutlich daher, dass in den Studien sehr unterschiedliche und häufig nicht angemessene statistische Verfahren verwendet wurden. In diesem Beitrag wurde an einigen Beispielproblemen aufgezeigt, welche mathematisch-statistischen Verfahren bei welchen Schätzproblemen zur Anwendung kommen sollten. Die Liste der Schätzprobleme ist sicherlich länger als hier dargestellt. Standard OLS-Regressionen sind, wie gezeigt, für viele Fragestellungen der Erfolgsfaktorenforschung einfach ungeeignet. In dieser Arbeit wurden Tobitregressionen, Selektionskorrekturen, Instrumentenschätzer und andere Verfahren diskutiert.

Außerordentlicher Unternehmenserfolg kann mittels einfacher Regressionsmethoden nicht erklärt werden. Statt dessen bietet es sich an, mit Hilfe von Quantilregressionen oder ähnlichen Verfahren unterschiedlich erfolgreiche Unternehmen genauer unter die Lupe zu nehmen. Neben Erfolgsindikatoren wie Gewinnentwicklung oder Beschäftigungsentwicklung sollten in der Erfolgsforschung verstärkt auch alternative, weniger leicht manipulierbare Erfolgsmaße verwendet werden. Ein solches alternatives Erfolgsmaß stellt die Überlebensdauer oder die Überlebenswahrscheinlichkeit von Unternehmen dar. Um die Überlebenswahrscheinlichkeit als abhängige Variable zu analysieren, stehen wiederum neue und interessante statistische Methoden zur Verfügung, wie Hazardratenregressionen oder Zähldatenmodelle. Diese Methoden sind vielfältig einsetzbar, äußerst flexibel was ihre Spezifikation angeht und erlauben die Beantwortung interessanter Fragen im Rahmen der Erfolgsfaktorenforschung (Blossfeld / Hamerle / Mayer, 1986; Blossfeld / Rohwer, 2002; Brüderl / Schüssler, 1990; Haveman, 1992; Cox / Oakes, 1994; Woywode, 1997).

Ein schwerwiegendes methodisches Problem für die Erfolgsfaktorenforschung entsteht, wenn die Erfolgsforscher zur abhängigen wie zur unabhängigen Variable ein und dieselbe Person befragen beziehungsweise wenn die Befragungsperson nicht nur für sich sondern auch für andere Personen im Unternehmen generelle Einschätzungen vornehmen muss. Hierbei ergibt sich zwangsläufig das Problem des bereits oben erwähnten „Key Informant Bias“. Infolgedessen geht man in vielen neueren Arbeiten aus dem Bereich der Erfolgsfaktorenforschung dazu über, mehrere Personen desselben Unternehmens oder auch externe Experten zu den Ursachen des Erfolgs zu befragen. Auf diese Weise schafft man die Voraussetzungen, einen möglichen Key Informant Bias mittels geeigneter Verfahren auszuschließen und Fehlinterpretationen der Ergebnisse zu vermeiden. Als hilfreich hat sich in vergangenen Arbeiten auch erwiesen, die Güte der Ergebnisse quantitativer Studien durch zusätzliche qualitative Einzelfallstudien zu validieren. In den qualitativen Studien haben Forscher die Möglichkeit, die quantitativen Ergebnisse inhaltlich besser verstehen zu lernen. Aber auch die Sensitivität der Ergebnisse gegenüber Kontextvariablen, wie Persönlichkeitsfaktoren des Respondenten, Abteilungszugehörigkeit, Unternehmenssituation etc. sollte in empirischen Arbeiten häufiger untersucht werden. Diesbezüglich sollte man statistische Sensitivitätsanalysen durchführen, mit deren Hilfe der Einfluss verschiedener Kontextvariablen auf die Ergebnisse analysiert werden kann. Bisher legen viele Erfolgsforscher zu wenig Wert auf die inhaltliche beziehungsweise statistische Validierung ihrer Ergebnisse, so dass in der Tat in solchen Fällen Zweifel an der Aussagekraft ihrer Arbeiten angebracht sind.

2.4.3 Theoriegeleitete Forschung statt zufälliges Testen

Viele Studien im Rahmen der Erfolgsfaktorenforschung leiden darunter, dass die Einflüsse, die analysiert werden, von den Forschern mehr oder weniger ad hoc bestimmt werden. Man spricht in diesem Zusammenhang häufig ein wenig abfällig von Data Mining. Es mag sinnvoll sein, dass ein Teil der Erfolgsfaktorenforschung tatsächlich explorativ erfolgt. Für den überwiegenden Teil der Erfolgsfaktorenforschung sollte jedoch ein theoriegeleitetes Vorgehen gewählt werden. Dies würde den Wissenschaftlern dabei helfen, Effekte systematisch zu erforschen und es erleichtert die Interpretation der Ergebnisse. Ergebnisse sind vor dem Hintergrund der theoretischen Überlegungen auch leichter kritisierbar. Weiterhin wird ein systematischer Aufbau von Wissen über Erfolgsfaktoren möglich.

2.4.4 Auf sinnvolle Operationalisierungen achten

In vielen Erfolgsstudien stellt die Operationalisierung der unabhängigen und der abhängigen Variablen eine Schwachstelle dar. Es zeigt sich, wie bereits geschildert, dass Erfolg ein mehrdimensionales Konstrukt ist und auf unterschiedlichste Weise operationalisiert werden kann. Vermutlich lässt sich dies auch nicht verhindern, beziehungsweise es wäre auch nicht wünschenswert dies zu verhindern. Die Forscher müssen jedoch ihre gewählten Operationalisierungen offen legen und kritisierbar machen. Ein Kriterium für die Auswahl eines Erfolgsmaßes könnte darin bestehen, dass es andere Forscher in späteren Arbeiten ebenfalls leicht verwenden können beziehungsweise, dass man selbst seine eigenen Ergebnisse mit den Ergebnissen früherer Arbeiten vergleichen kann.

Auch in Bezug auf die unabhängigen Variablen gibt es viel Uneinigkeit über die gewählten Operationalisierungen. Soll man die Unternehmensgröße über die Zahl der Mitarbeiter approximieren oder eher über das eingesetzte Kapital? Wie ist das Ausmaß strategischer Planung oder wie der Diversifikationsgrad zu erfassen? Allerdings ist das Operationalisierungsproblem ein allgemeines Problem der empirischen Forschung und nicht nur charakteristisch für die Erfolgsfaktorenforschung. Nochmals wird daher die Forderung erhoben, dass die Erfolgsforscher, wenn sie sich schon nicht den Operationalisierungen anderer Forscher anschließen, ihre Operationalisierung kritisierbar machen, indem sie diese offen legen. Darüber hinaus könnten Forscher die Qualität und Robustheit ihrer Ergebnisse dadurch testen, dass sie die Operationalisierungen ihrer abhängigen und unabhängigen Variablen variieren.

2.4.5 Vorgehensweise bei der empirischen Untersuchung

Ebenso unerlässlich ist es, dass die Wissenschaftler ihr Vorgehen bei der Untersuchung sauber dokumentieren und den Lesern diese Information zugänglich machen. Dazu gehört, dass die Selektion der Stichprobe beschrieben wird, der Prozess der Fragebogenentwicklung strukturiert abläuft, ein ernsthafter Pretest des Fragebogens unternommen wird, dessen Erkenntnisse in den Fragebogen eingearbeitet werden und dass die Rückläufe dokumentiert werden.

Wissenschaftler, die sich mit der Erforschung des Unternehmenserfolgs in empirischen Arbeiten auseinandersetzen, müssen sich an die Qualitätsstandards halten, die sich für empirische Arbeiten etabliert haben.

Nach Eingang der Antworten sollte analysiert werden, ob sich die Antwortbereitschaft systematisch zwischen verschiedenen Respondentengruppen unterscheidet. So sollte, wenn möglich, eine Non-Response-Analyse durchgeführt werden, in der die Charakteristika der antwortenden und der nicht-antwortenden Unternehmen mit einander verglichen werden. In späteren statistischen Auswertungen kann man dann mögliche Selektionseffekte durch geeignete statistische Verfahren berücksichtigen. Bei den eingegangenen Daten sollten dann auch Plausibilitätschecks durchgeführt werden, die Hinweise darauf geben, ob die Fragebögen korrekt ausgefüllt wurden, ob irrtümlich unrealistische Angaben gemacht wurden beziehungsweise ob die Fragen richtig verstanden wurden. Fehler in den Daten sollten vor den deskriptiven und multivariaten Auswertungen beseitigt werden, wobei auch dieses Vorgehen dokumentiert werden sollte.

2.4.6 Verzahnung qualitativer und quantitativer Untersuchungsmethoden

Viele Fragen können mit Hilfe quantitativer Forschung nicht oder nur teilweise beantwortet werden. In diesen Fällen stellt qualitative Forschung ein Substitut oder eine hilfreiche Ergänzung für die quantitative Forschung dar. Häufig erlaubt es erst qualitative Forschung Gewissheit über die Richtung der Wirkungszusammenhänge zwischen Variablen zu erlangen und kausale Zusammenhänge inhaltlich sicher zu interpretieren. Durch die Verknüpfung qualitativer mit quantitativer Forschung kann es der Erfolgsfaktorenforschung gelingen, ihre Begrenzungen in Bezug auf die Interpretierbarkeit und Anwendbarkeit der Ergebnisse zu überwinden. Damit gewinnen die Erkenntnisse der Erfolgsfaktorenforschung für Wissenschaftler wie auch für Praktiker erheblich an Wert.

2.5 Literatur

Almus, M. (2000): What Characterizes a Fast Growing Firm?, ZEW Discussion Paper, Nr. 00-64, Mannheim.

Almus, M; Prantl, S. (2001): Bessere Unternehmensentwicklung durch Gründungförderung? Bonn, Berlin (=Wissenschaftliche Reihe der Deutschen Ausgleichsbank (DtA) Band 15).

Amburgey, T.L.; Kelly, D.; Barnett, W.P. (1993): „Resetting the Clock: The Dynamics of Organizational Change and Failure". In: Administrative Science Quarterly, Nr. 38, S. 51-73.

Armstrong, J.S. (1982): The Value of Formal Planning for Strategic Decisions: Review of Empirical Research. In: Strategic Management Journal, 3. Jg., S. 197-211.

Armstrong, J.S. (1991): Strategic Planning Improves Manufacturing Performance. In: Long Range Planning, 24. Jg., S. 62-74.

Barnett, W.; Carroll, G.R. (1995): Modeling internal organizational change. In: Annual Review of Sociology, Nr. 21, S. 217-236.

Barnett, W.; Hansen, M.T. (1996): The Red Queen in Organizational Evolution. In: Strategic Management Journal, Vol. 17, S. 139-157.

Barney, J. (1991): Firm Resources and Sustained Competitive Advantage. In: Journal of Management, 17. Jg., S. 99-120.

Barney, J.B.; Hoskisson, R.E. (1990): Strategic Groups: Untestet Assertions and Research Proposals. In: Managerial and Decision Economics, 11. Jg., S. 187-198.

Beck, N.; J. Brüderl; Woywode M. (2002): The Causes and Consequences of Organizational Change: How to deal with Unobserved Heterogeneity, Paper presented at the 20th EGOS annual conference, Barcelona, July 4-6.

Blossfeld, H.-P.; Hamerle, A.; Mayer, K.U. (1986): Ereignisanalyse – statistische Theorie und Anwendung in den Wirtschafts- und Sozialwissenschaften. Frankfurt, New York: Campus.

Blossfeld, H.P.; Rohwer, G. (2002): Techniques of Event History modeling. New Approaches to Causal Analysis, 2nd edition. Mahwah, New Jersey, London: Lawrence Erlaum.

Boyd, K.B. (1991): Strategic Planning and Performance: A Meta-analytic Review. In: Journal of Management Studies, 28. Jg., S. 353-374.

Brews, P.J.; Hunt, M.R. (1999): Learning to Plan and Planning to Learn: Resolving the Planning School/Learning School Debate. In: Strategic Management Journal, 20. Jg., S. 889-913.

Brüderl, J.; Preisendörfer, P. (2000): Fast Growing Businesses – empirical evidence from a German study. In: International Journal of Sociology, Vol. 30, Nr. 1, S. 45-70.

Brüderl, J.; Schüssler, R. (1990): Organizational Mortality: the Liabilities of Newness and Adolescence. In: Administrative Sciences Quarterly, Vol. 35, Nr. 3, S. 530-547.

Brüderl, J.; Preisendörfer, P.; Ziegler, R. (1992): Survival Chances of Newly Founded Business Organizations. In: American Sociological Review, Vol. 57, S. 227-241.

Brüderl, J.; Preisendörfer, P.; Ziegler, R. (1995): Der Erfolg neugegründeter Betriebe. Berlin: Duncker&Humblot.

Buzzel, R.D.; Gale, B.T.; Sultan, R.G.M. (1975): Market Share – A Key to Profitability. In: Harvard Business Review, 53. Jg., Nr. 1, S. 91-102.

Camerer, C.; Fahey, L. (1988): The Regression Paradigm: A Critical Appraisal and Suggested Directions. In: Grant, J.H. (Hrsg.): Strategic management frontiers. Greenwich, London, S. 443-459.

Campbell-Hunt, C. (2000): What Have We Learned about Generic Competitive Strategy? A Meta-analysis. In: Strategic Management Journal, 21. Jg., S. 127-154.

Capon, N.; Farley, J.U.; Hoenig, W. (1990): Determinants of Financial Performance. In: Management Science, Vol. 36, Nr.10, S. 1143-1159.

Capon, N.; Farley, J.U.; Hulbert, J.M. (1994): Strategic-Planning and Financial Performance – More Evidence. In: Journal of Management Studies, 31. Jg., S. 105-110.

Carroll, G.R. (1990): On the Organizational Ecology of Chester I. Barnard. In: Williamson, O.E. (Hrsg.) Organization Theory – From Chester Barnard to the Present and Beyond. New York: Oxford University Press, S. 56-71.

Cox, D.R.; Oakes, D. (1994) Analysis of Survival Data, 7. Auflage. London u.a.: Chapman & Hall.

Daily, C.M.; Dalton, D.R. (1993): Board of Directors leadership and structure: Control and Performance Implications. In: Entrepreneurship Theory and Practice, 17. Jg., S. 65-81.

Dalton, D.R.; Daily, C.M. (1999): Number of Directors and Financial Performance: A Meta-Analysis. In: Academy of Management Journal, 42. Jg., S. 674-688.

Daniel, D.R. (1961): Management Information Crisis. In : Harvard Business Review, 39. Jg., September-October, S. 111-121.

Dess, G.G.; Davis, P.S. (1984): Porter's (1980) Generic Strategies as Determinants of Strategic Group Membership and Organizations Performance. In: Academy of Management Journal, 27. Jg., S. 467-488.

Ernst, H. (2001): Erfolgsfaktoren neuer Produkte – Grundlagen für eine valide empirische Forschung. Wiesbaden: DVV-Verlag.

Fitzenberger, B.; Koenker, R.; Machado, J. (2002) (Hrsg.): Economic Applications of Quantile Regressions. Heidelberg: Physica.

Freeman, J.; Carroll, G.R.; Hannan, M.T. (1983): The Liability of Newness: Age Dependence in Organizational Death Rates. In: *American Sociological Review*, Nr. 48, October, S. 692-710.

Ghemawat, P. (1991): Commitment – The Dynamic of Strategy. New York u.a.

Gimeno, J.; Folta, T.B.; Cooper, A.C.; Woo, C.Y. (1997): Survival of the fittest? Entrepreneurial human capital and the persistence of underperforming firms. In: Administrative Science Quarterly, Nr. 42, S. 750-783.

Glaister, K.W.; Falshaw, J.R. (1999): Strategic Planning: Still going on? In: Long Range Planning, 32. Jg., Nr. 1, S. 107-116.

Green, W.H. (1993): Econometric Analysis, 2. Auflage. New York: Maxwell Macmillan.

Greve, H.R. (1999): The Effect of Core Change on Performance: Inertia and Regression toward the Mean. In: Administrative Science Quarterly, Nr. 44, S. 590-614.

Hambrick, D.C. (1983): Some Tests of the Effectiveness and Functional Attributes of Miles and Snow's Strategic Types. In: Academy of Management Journal, 26. Jg., S. 5-26.

Hambrick, D.C. (1990): The Adolescence of Strategic Management, 1980-1985. In: Fredrickson, J.W. (Hrsg.): Perspectives on Strategic Management. Grand Rapids u.a., S. 237-261.

Hannan, M. T.; Freeman, J. (1989): Organizational Ecology. Cambridge MA: Harvard University Press.

Harhoff, D.; Stahl, K.; Woywode, M. (1998): Legal Form, Growth and Exit of West German Firms – Empirical Results for Manufacturing, Construction, Trade and Service Industries. In: Journal of Industrial Economics, Vol. XLVI, Nr. 4, Dezember 1998, S. 453-488.

Haveman, H.A. (1992): Between a Rock and a Hard Place: Organizational Change and Performance under Conditions of Fundamental Environmental Transformation. In: Administrative Science Quarterly, Nr. 37, S. 48-75.

Hax, H. (1985): Economic Aspects of Bankruptcy Law. In: Journal of Institutional and Theoretical Economics, Vol. 141, Nr. 1, S. 80-98.

Jacquemin, A. (1987): The New Industrial Organization – Market Forces and Strategic Behavior. London u.a.: MIT Press.

Jovanovic, B. (1982): Selection and the Evolution of Industries. In: Econometrica, Vol. 50, S. 649-670.

Ketchen, D.J.; Combs, J.G.; Russell, C.J.; Shoook, C.; Dean, M.A.; Runge, J.; Lohrke, F.T.; Naumann, S. E.; Haptonstahl, D.E.; Baker, R.; Beckstein, B.A.; Handler, C.; Honig, H.; Lamoureux, S. (1997): Organizational Configurations and Performance: A Meta-Analysis. In: Academy of Management Journal, 40. Jg., S. 223-241.

Kim, W.C.; Mauborgne, R. (1997): Value Innovation: the Strategic Logic of High Growth. In: Harvard Business Review, Jan-Feb, S. 102-112.

Kumar, N.; Stern, L.; Anderson, J.C. (1993): Conducting interorganizational research using key informants. In: Academy of Management Journal, 36. Jg., S. 1633-1651.

Lampel, J.; Shapira, Z. (1995): Progress and Its Dicontents: Data Scarcity and the Limits of Falsification in Strategic Management. In: Advances in Strategic Management, Jg. 12A, S. 113-150.

Lazear, E. (2001): The Peter Principle: Promotions and Declining Productivity. NBER Working Papers 8094, National Bureau of Economic Research, Inc.

March, J.G. (1990): Decisions and Organizations. Cambridge MA: Blackwell.

March, J.G.; Sutton, R.I. (1997): Organizational performance as a Dependent Variable. In: Organization Science, 6. Jg., S. 698-706.

Mazen, A.M.M.; Hemmasi, M.; Lewis, M.F. (1987): Research Notes and Communications – Assesment of Statistical Power in Contemporary Strategy Research. In: Strategic Management Journal, 8. Jg., S. 403-410.

McGahan, A.; Porter, M. (1997): How Much does Industry Matter, Really? In: Strategeic Management Journal, S. 15-30.

Meyer, A.D. (1991): What Is Strategy's Distinctive Competence? In: Journal of Management, 17. Jg., S. 821-833.

Milgrom, P.; Roberts, J. (1990): Te Economics of Modern Manufacturing. In: American Economic Review, Vol. 80, Nr. 3, S. 511-528.

Milgrom, P.; Roberts, J. (1992): Economics, Organization and Management. Englewood Cliffs, NJ: Prentice-Hall.

Miller, C.C.; Cardinal, L.B. (1994): Strategic-Planning and Firm Performance – A Synthesis of more than 2 Decades of Research. In: Academy of Management Journal, 37. Jg., S. 1649-1665.

Miller, D.; Friesen, P.H. (1986): Porter's (1980) Generic Strategies and Performance: An Empirical Examination with American Data. In: Organization Studies, 7. Jg., S. 37-55.

Mintzberg, H. (1994): The Rise and Fall of Strategic Planning: Reconceiving Roles for Planning, Plan. Planner, New York.

Napp, H. (1990): Stillegungen – notwendige Optionen in der Unternehmensplanung. Stuttgart: Poeschel.

Nicolai, A.; Kieser, A. (2002): Trotz eklatanter Erfolglosigkeit: Die Erfolgsfaktorenforschung weiter auf Erfolgskurs. In: Die Betriebswirtschaft, Nr. 6, S. 579-596.

Olusoga, S. A.; Mokwa, M.P.; Noble, C.H. (1995): Strategic Groups, Mobility Barriers, and Competitive Advantage – An Empirical Investigation. In: Journal of Business Research, 33. Jg., S. 153-164.

Parnell, J.A. (1997). New Evidence in the Generic Strategy and Business Performance Debate: A Research Note. In: British Journal of Management, 8. Jg., S. 175-181.

Pearce, J.A.; Freeman, E.B.; Robinson, R.B. (1987): The Tenuous Link between Formal Strategic Planning and Performance. In: Academy of Management Review, 12. Jg., S. 658-675.

Porter, M.E. (1980): Competitive Strategy. New York u.a.

Porter, M.E. (1996): What is Strategy? In: Harvard Business Review, November-December, S. 61-78.

Probst, H. (1976): Theorie des Marktaustritts. Dissertation, Universität Mainz.

Rockart, J.F. (1979): Chief Executives Define their own Data Needs. In: Harvard Business Review, March-April 1979.

Rumelt, R. (1991): How much does industry matter? In: Strategic Management Journal, Nr. 12, S. 167-186.

Saloner, G.; Shepard, A.; Podolny, J. (2001): Strategic Management. New York: John Wiley and Sons.

Schary, M.A. (1991): The Probability of Exit. In: RAND Journal of Economics, Vol. 22, Nr. 3, S. 339-353.

Schendel, D.; Patton, R. (1978): A Simultaneous Equation Model of Corporate Strategy. In: Management Science, 24. Jg., S. 1611-1621.

Schendel, D.; Hatten, K. (1977): Heterogeneity within an Industry: Firm Conduct in the US Brewing Industry. In: Journal of Industrial Economics, 25. Jg., S. 97-113.

Scherer, F.M.; Ross, D. (1990): Industrial Market Structure and Economic Performance, 3. Auflage. Boston: Houghton Mifflin Company.

Schmalensee, R. (1981): Economics of Scale and Barriers to Entry. In: Journal of Political Economy, Vol. 89, S. 1228-1232.

Starbuck, W.H. (1993): Keeping a Butterfly and an Elephant in a House of Cards: The Elements of Exceptional Success. In: Journal of Management Studies, 30. Jg., S. 885-921.

Staw, B.M. (1975): Attribution of „Causes" of Performance: An Alternative Interpretation of Cross-sectional Research on Organizations. In: Organizational Behavior and Human Performance, 13. Jg., S. 414-432.

Stiglitz, J.E.; Weiss, A. (1981): Credit Rationing in Markets with Imperfect Information. In: The American Economic Review, Vol. 71, June 1981, S. 393-410.

Szymanski, D.M.; Bharadwaj, S. G.; Varadarajan, P.R. (1993): An Analysis of the Market Share-Profitability Relationship. In: Journal of Marketing, 57. Jg., S. 1-18.

Thune, S. S.; House, R.J. (1970): Where Long Range Planing Pays off: Findings of a Survey of Formal, Informal Planners. In: Business Horizons, August 1970, S. 81-87.

Vanderwerf, P.; Mahon, J.F. (1997): Meta-analysis of the Impact of Research Methods on Findings of First-Mover Advantages. In: Management Science, 43. Jg., S. 1510-1519.

Venohr, B. (1988): „Marktgesetze" und strategische Unternehmensführung. Wiesbaden.

Wolf, E.; Zwick, T. (2002): Reassessing the Impact of High Performance Work Places. ZEW Discussion Paper, Nr. 02-07.

Woo, C.Y.; Cooper, A.C. (1982): The Surprising Case for Low Market Share. In: Havard Business Review, 60. Jg., Nr. 6, S. 106-113.

Wooldridge, J.W. (2002) : Econometric Analysis of Cross Section and Panel Data. Cambridge: MIT Press.

Woywode, M.; Lessat, V. (2001): Les facteurs de succés d'entreprises à croissance rapide en Allemagne – une analyse micro-econometric. In : Journal de P.M.E. international, Vol. 14, Nr. 3-4, S. 17-43.

Woywode, M. (1997): Determinanten der Überlebenswahrscheinlichkeit von Unternehmen. Stuttgart: Nomos.

Zahra, S. A.; Stanton, W.W. (1988): The Implications of Board of Directors Composition for Corporate Strategy and Performance. In: International Journal of Management, 5. Jg., S. 229-236.

3 Was können gescheiterte von erfolgreichen Unternehmen lernen: Ergebnisse einer explorativen Datenanalyse von DtA-finanzierten Unternehmen

Armin Bindewald

3.1 Einleitung

Die Deutsche Ausgleichsbank (DtA) hat im Jahr 1987 erstmals eine Befragung von gescheiterten Existenzgründern durchgeführt. Da die DtA-Befragung schon längere Zeit zurück liegt und die damalige Untersuchung auf große Resonanz bei Unternehmen und Politik gestoßen ist, sollte eine aktuelle Studie zum Thema Erfolgs- und Misserfolgsfaktoren von Unternehmensgründungen durchgeführt werden, die auch neuere methodische Ansätze berücksichtigt und weniger die Scheiterursachen als vielmehr die Erfolgsfaktoren in den Vordergrund rückt. Hierzu zählte beispielsweise, dass neben den insolventen Unternehmen zusätzlich auch erfolgreiche Unternehmen in die Analyse einbezogen werden.

Darüber hinaus hatte die DtA-Studie zum Ziel:

- Unterschiede zwischen erfolgreichen und weniger erfolgreichen Unternehmen herausarbeiten,
- Scheiterungsgründe und Erfolgsfaktoren unter Berücksichtigung multivariater Verfahren zu analysieren,
- Vor dem Hintergrund steigender Insolvenzraten auch praktisch verwertbare Information und Empfehlungen für Unternehmensgründer zu formulieren.

3.2 Stichprobenbeschreibung und Auswertungsdesign

Grundsätzlich wurden für die empirische Auswertung ausschließlich DtA-geförderte Unternehmen herangezogen, so dass sich die Aussagen im strengen Sinn zwar vorwiegend auf diese Zielgruppe beziehen. Allerdings dürften die Unterschiede zu den Nicht-Geförderten nicht so groß ausfallen, dass die getroffenen Aussagen für sie keine Relevanz besitzen.

Die Grundgesamtheit der insolventen Unternehmen umfasst alle DtA-Ausfälle (abgerechnete Darlehen) im EKH-Programm mit Stand Mitte des Jahres 2000. Als Grundgesamtheit der nicht insolventen Unternehmen dienten alle DtA-geförderten Darlehensnehmer der Zusagejahre 1990 bis 1995, deren Darlehen bis Mitte 2000 nicht zu den abgerechneten Darlehen (Ausfällen) zählten.

Während bei den Insolvenzfällen aus der Grundgesamtheit eine Zufallsstichprobe von 6.000 Darlehensnehmern gezogen wurde, umfasste die Zufallsstichprobe der nichtinsolventen Fälle rund 4.300 DtA-finanzierte Firmen. Darüber hinaus wurden neben den Unternehmen auch die Sachbearbeiter der mitbeteiligten Geschäftsbanken in die Befragung einbezogen.

Aufbauend auf den umfangreichen Erfahrungen in der Beratungspraxis von Krisenunternehmen und eigenen empirischen Erhebungen zu Krisenunternehmen der TREBAG AG (München) wurde in einem Workshop zusammen mit der DtA ein Fragebogen für die beiden Zielgruppen gescheiterter und erfolgreicher Unternehmen entwickelt.

Die Erhebung wurde in schriftlicher Form in der Zeit vom Dezember 2000 bis März 2001 durchgeführt. Um speziell die gescheiterten Unternehmen leichter zur Beteiligung an der Befragung zu motivieren, wurde allen teilnehmenden gescheiterten Firmeninhabern als Dankeschön das Buch „Zeitmanagement" von Prof. Dr. Seifert zur Verfügung gestellt. Außerdem wurde bei allen befragten Unternehmen, die bis zu einem bestimmten Zeitpunkt nicht geantwortet hatten, eine schriftliche Nachfassaktion gestartet.

Die Rücklaufquote der Antwortenden betrug bei den gescheiterten Unternehmen 14 % (n=822), bei den nicht insolventen Unternehmen 27 % (n=1.146). Somit konnten insgesamt rund 2000 Unternehmensdaten in der Datenanalyse berücksichtigt werden. Aufgrund der erfreulicherweise hohen Anzahl von Fällen kann die Repräsentativität der Daten für die beiden Zielgruppen unterstellt werden.

Da es in der wirtschaftswissenschaftlichen Literatur keinen einfachen und allgemein akzeptierten Maßstab für den Erfolg eines Unternehmens gibt, wird in Anlehnung an Klandt (1984, S. 15) in der DtA-Untersuchung ein pragmatischer Erfolgsbegriff gewählt. Die Unternehmen werden dann als „erfolgreich" klassifiziert, wenn sie bis zum Zeitpunkt der Erhebung nicht insolvent geworden sind und ein Unternehmensalter von mindestens 5 Jahren aufweisen. Aufbauend auf den Ergebnissen der deskriptiven Datenauswertung werden in einer weiteren multivariaten Analyse zusätzlich das Beschäftigtenwachstum als Erfolgsmaßstab herangezogen und mehrere erklärende Faktoren einbezogen (vgl. auch Beitrag Woywode/Struck).

Die Auswertungen beschränken sich auf die explorative und deskriptive Analyse der insolventen und erfolgreichen Unternehmensdaten und beziehen sich auf einzelne Variablen der Faktorklassen Unternehmerperson, Mikroumfeld des Unternehmers sowie Gründungskonzept und Unternehmensführung. Neben der Berechnung von Häufigkeits- und Kreuztabellen wurden statistische Lagemaße ermittelt und statistische Tests durchgeführt.

Im Vordergrund der explorativen Analyse steht die Frage, wodurch sich die erfolgreichen und erfolglosen Unternehmen unterscheiden und was allgemein Unternehmer von gescheiterten Unternehmen lernen können.

In der Stichprobe der erfolgreichen Betriebe sind mit einem Anteil von rund 43 % hauptsächlich Dienstleistungsunternehmen vertreten. Am wenigsten sind in der Gruppe der Erfolgreichen Betriebe aus dem industriellen Gewerbe zu finden (6 %). Etwas mehr als die Hälfte der erfolgreichen Unternehmen ist den Branchen Handel (30 %) und Baugewerbe (22 %) zuzuordnen. Dies erscheint insofern bemerkenswert, da die beiden Branchen neben den Dienstleistungen zu den Unternehmenssektoren mit den höchsten Insolvenzraten in der amtlichen Statistik zählen.

Unter allen gescheiterten Unternehmen sind am häufigsten Betriebe aus dem Handel (38 %) zu finden, mit einem Abstand von mehr als 10 % folgen die Branchen Dienstleistung (25 %) und Baugewerbe (25 %). Die drei Sektoren mit den höchsten Ausfallraten bei der DtA spiegeln auch die allgemeine Entwicklung der Insolvenzen in Deutschland wider, wenngleich die Reihenfolge der drei Branchen Baugewerbe, Dienstleistungen, Handel in der Insolvenzstatistik des Statistischen Bundesamtes (vgl. Beitrag Bindewald Kap. 1.3) sich gegenüber der DtA-Studie anders darstellt. Auffallend ist, dass sich in der Branche Dienstleistungen das Verhältnis von erfolgreichen zu gescheiterten Unternehmen im Vergleich zu allen anderen Branchen am günstigsten darstellt.

Dass Unternehmen aus dem Dienstleistungssektor eher zu den erfolgreichen zählen, dürfte darauf zurückzuführen sein, dass diese weniger dem Preiswettbewerb ausgesetzt sind und vielmehr die Qualität der Dienstleistungen für den Unternehmenserfolg bedeutsam ist. Wie die Studie von Brüderl et al. (1998, S. 222 ff.) zeigen konnte, besitzen neue Betriebe in solchen Branchen eine signifikant höhere Überlebenswahrscheinlichkeit, in denen die Qualität und Innovationen gefordert sind.

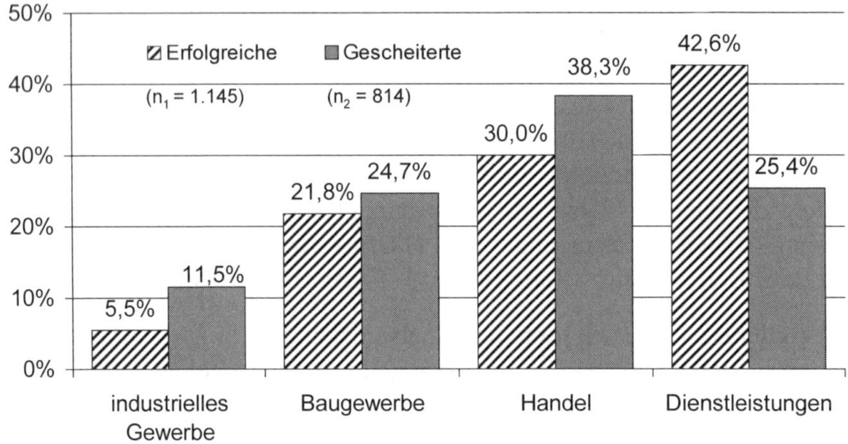

Abbildung 1. Branchenverteilung in den Stichproben

Die am häufigsten gewählte Rechtsform in beiden Stichproben ist die Einzelunternehmung. Dies ist darauf zurückzuführen, dass die Mehrheit der DtA-geförderten Unternehmen zu den Kleinstbetrieben und kleinen Firmen mit bis zu 50 Beschäftigten zählt und diese Rechtsform auch hauptsächlich in der Grundgesamt vertreten ist. Am zweithäufigsten sind Gesellschaften mit beschränkter Haftung zu finden, wobei in der Stichprobe der gescheiterten Unternehmen diese Rechtsform doppelt so stark vertreten ist. Dies könnte damit zusammen hängen, dass bei dieser Rechtsform Gründung und Marktaustritt auf Grund der Haftungsregelung und des relativ geringen Kapitaleinsatzes verhältnismäßig leicht ist. Darüber hinaus kann sich nachteilig auswirken, dass in der GmbH die Eigenkapitalbildung steuerlich schlechter gestellt ist. Demzufolge wird die GmbH eher über Fremdkapital von Banken, Gläubigern und Gesellschaftern finanziert, was allerdings dann häufiger zur Überschuldung oder Zahlungsunfähigkeit führt, wenn die wirtschaftlichen Zeiten weniger gut sind und die „See etwas rauer“ wird.

Vergleicht man die Ergebnisse mit den Häufigkeiten in der amtlichen Insolvenzstatistik aus dem Jahr 2000 zeigt sich, dass der größte Anteil der Unternehmensinsolvenzen auf die GmbHs entfällt (56 %). Aber auch Einzelunternehmen waren mit einem Anteil von 24 % im Jahr 2000 stark vertreten.

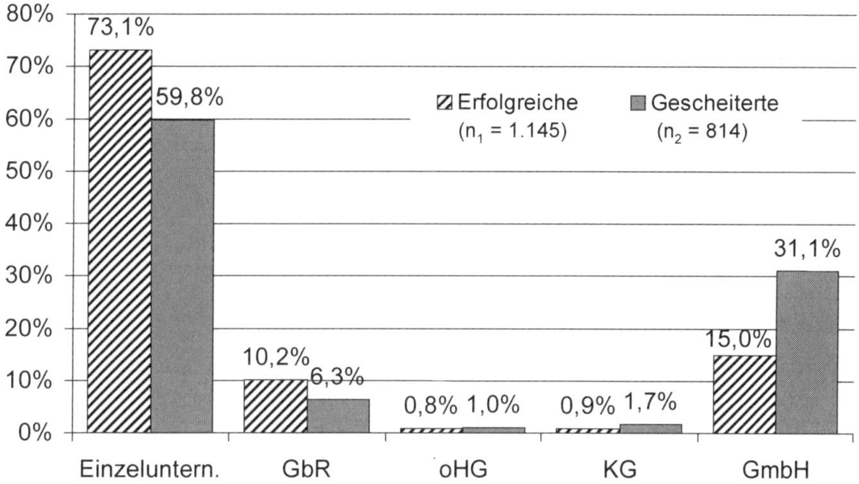

Abbildung 2. Verteilung der Rechtsformen in den Stichproben

Anfang Mai 2003 hat die Europäische Kommission eine neue Definition für Kleinstunternehmen, Klein- und Mittelunternehmen (KMU) beschlossen, durch die unternehmerische Initiative, Zugang zu Beteiligungskapital, Investitionen und Wachstum gefördert und erleichtert werden soll. Die neue KMU-Definition tritt ab dem Januar 2005 in Kraft. Im Gegensatz zur Studie von Brüderl et al. (1998) war die Anzahl der befragten Kleinst- und Kleinunternehmen, die die Angaben der Jahresumsätze verweigerten, in der DtA-Studie geringer (Gescheiterte: 19 %, Erfolgreiche: 0,2 %). Bei den Umsatzangaben handelt es sich bei den erfolgreichen Betrieben um die Umsätze, die die Befragten im Jahr 2000 erzielten; bei den Gescheiterten wurden die Jahresumsätze im letzten Geschäftsjahr abgefragt. Da für die Umsätze keine Zeitreihe vorlag, konnte die Umsatzentwicklung als ökonomisches Erfolgskriterium nicht in die Auswertungen einbezogen werden.

Wie die Umsatzverteilung der DtA-Stichproben nach der neuen KMU-Definition zeigt, gehören in beiden Stichproben mehr als Dreiviertel der Unternehmen zur Kategorie Kleinstunternehmen mit einem Umsatz bis zu zwei Mio. Euro (vgl. Abbildung 3). Nur ein geringer Anteil von etwa 10 % ist den umsatzgrößeren Klein- und Mittelunternehmen zuzuordnen, wobei es bei den Anteilen in den einzelnen Klassen der erfolgreichen und gescheiterten Unternehmen kaum Unterschiede gibt. Der durchschnittliche Umsatz (Median) bei den erfolgreichen und nicht erfolgreichen Betrieben beträgt 5 bzw. 6 Tausend Euro.

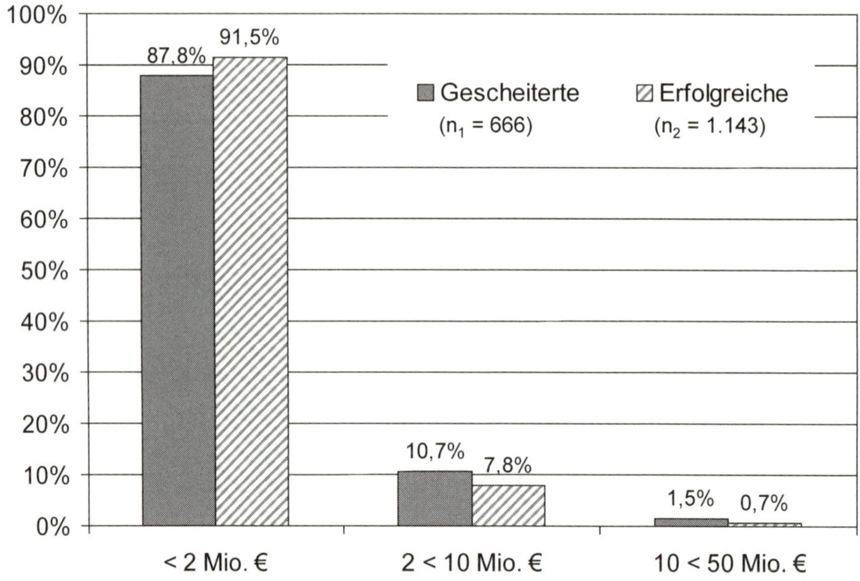

Abbildung 3. Umsatzverteilung der Stichproben*)

*) Erfolgreiche = Umsätze 2000, Gescheiterte = Umsätze letztes Geschäftsjahr

Die Beschäftigtenanzahl lag für das Gründungsjahr und für die Folgejahre 1999 und 2000 vor. Für die zwischen Gründung und dem Jahr 2000 liegenden Folgejahre konnten auch Beschäftigtendaten aus dem DtA-Gründerpanel verwendet werden.

Aus der Auswertung nach Beschäftigtenklassen auf der Basis der Jahresangaben 2000 ergibt sich, dass – analog zur Umsatzverteilung – mehr als die Hälfte der insolventen und erfolgreichen zu den Kleinstbetrieben mit bis zu 9 Personen zählen. Im Durchschnitt (Median) erhöhte sich die Beschäftigtenzahl der gescheiterten und erfolgreichen Unternehmen von vier auf sechs Personen bzw. von drei auf fünf Personen. Bei den Gescheiterten wurde als Vergleichszeitraum das Gründungsjahr und das letzte Geschäftsjahr, bei den Erfolgreichen das Gründungsjahr und das Jahr 2000 zugrunde gelegt. Insgesamt ist die Beschäftigungsdynamik in beiden Vergleichsgruppen eher schwach ausgeprägt.

Ob Kleinstbetriebe gegenüber größeren KMU eine höhere Überlebenswahrscheinlichkeit haben, lässt sich jedoch erst auf der Basis einer multivariaten Datenanalyse beantworten (vgl. auch Beitrag Woywode/Struck Kap. 1.4.3). Wie z.B. Brüderl et al. (1998, S. 118) in ihrem multivariaten Basismodell gezeigt haben, erhöht sich mit zunehmender Beschäftigung in der Gründungsphase die betriebliche Lebenserwartung.

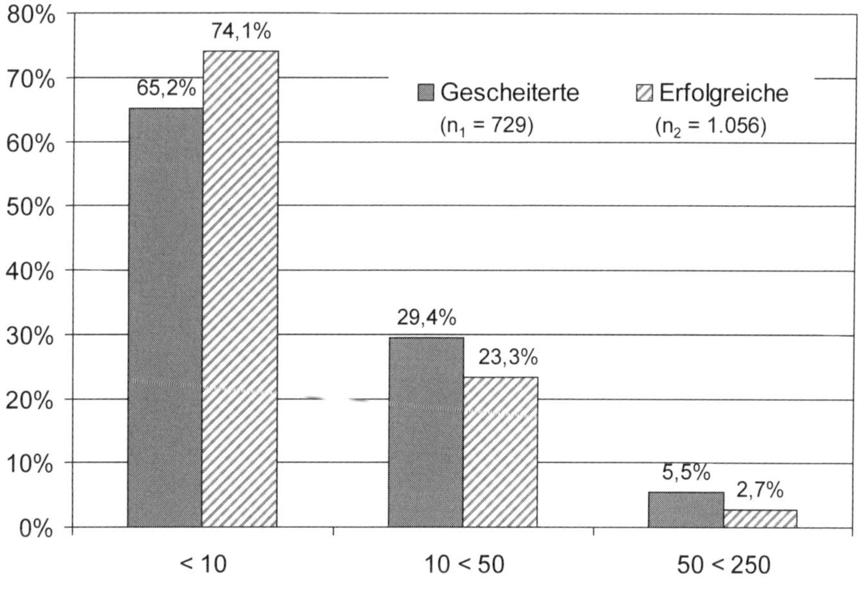

Abbildung 4. Beschäftigtenverteilung der Stichproben

Bei den erfolgreichen Betrieben sind 57 % aus Ostdeutschland und 43 % aus Westdeutschland. In der Gruppe der gescheiterten Unternehmen entfallen 70 % auf Ost- und 30 % auf Westdeutschland. In der Stichprobe der Gescheiterten sind die Unternehmen aus Ostdeutschland gegenüber denen aus Westdeutschland deutlich überrepräsentiert. Dies kann allerdings wenig verwundern, da viele Ostunternehmen nach dem Übergang von der zentralen Verwaltungswirtschaft zur Marktwirtschaft nicht über genügend Erfahrungen und Kenntnisse verfügt haben dürften und einem zunehmend starken Wettbewerb ausgesetzt gewesen sind. Eine aktuelle Insolvenzstudie von Plattner (2002, S. 47) kommt zum Ergebnis, dass die Insolvenzwahrscheinlichkeit eines ostdeutschen Unternehmens gegenüber einem vergleichbaren Westunternehmen doppelt so hoch ausfällt. Ein Vergleich mit der amtlichen Insolvenzstatistik des Statistischen Bundesamtes zeigt, dass sich im Jahr 2000 und dem Folgejahr die Verteilung zwischen Ost und West umgekehrt verhält. So entfielen z.B. im Jahr 2000 rund 72 % der Unternehmensinsolvenzen auf den Westen und 28 % auf den Osten.

Wie aus Abbildung 5 erkennbar ist, sind die Häufigkeiten der insolventen Betriebe am größten in Thüringen und Sachsen, wobei sich in Thüringen das Verhältnis von insolventen zu erfolgreichen Unternehmen im Vergleich zu Sachsen schlechter darstellt. In den westdeutschen Ländern Bayern und Baden-Württemberg verhält es sich genau umgekehrt, dort ist der Anteil der erfolgreichen gegenüber den insolventen Unternehmen fast doppelt so groß.

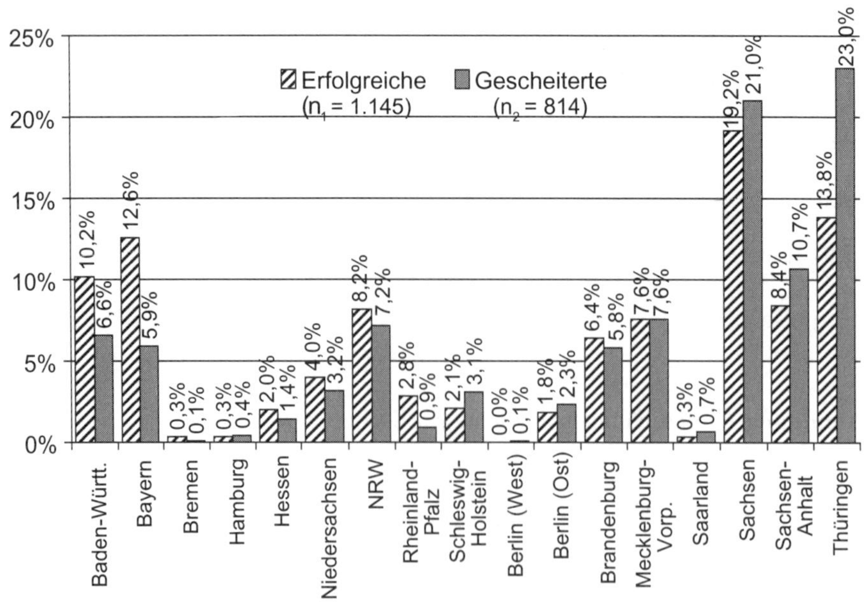

Abbildung 5. Verteilung nach Bundesländern

3.3 Empirische Ergebnisse

3.3.1 Personenbezogene Faktoren

Obgleich es nicht Hauptziel der DtA-Studie gewesen ist, eine umfassende Untersuchung der Persönlichkeit vorzunehmen, wurden dennoch einige Eigenschaften der Unternehmerpersönlichkeit einbezogen. Eine detaillierte Darstellung der Forschungsergebnisse zum Zusammenhang Persönlichkeit und Unternehmenserfolg ist z.B. bei Frese (1998) zu finden. In der Öffentlichkeit wird häufiger die Unternehmerpersönlichkeit als der entscheidende Faktor für den Unternehmenserfolg angesehen. Wie jedoch eine Studie von Müller (Universität Landau) zeigen konnte, wird der Erfolg oder Misserfolg nur zu etwa 30 Prozent von der Persönlichkeit bestimmt (Micka, 2002).

Studien zur Unternehmerpersönlichkeit zeigen, dass der unternehmerische Erfolg auch von den Vorerfahrungen (Branchen- und Führungserfahrung) des Unternehmers abhängen (Frese, 1998). Allerdings ist Frese zufolge der Zusammenhang zwischen unternehmerischem Erfolg und den Vorerfahrungen relativ schwach ausgeprägt, bedeutsamer hingegen sind die gewählten Handlungsstrategien.

In der Regel kann unterstellt werden, dass die beruflichen Erfahrungen mit zunehmendem Alter wachsen und ein Zusammenhang zwischen dem Alter der Person und dem Unternehmenserfolg besteht.

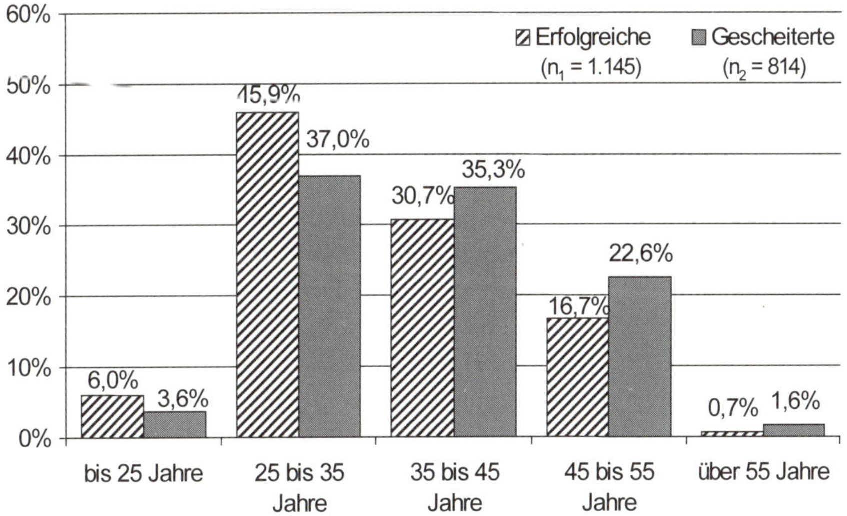

Abbildung 6. Altersverteilung der Unternehmensgründer in Klassen

Aus Abbildung 6 ist ersichtlich, dass der größte Anteil der erfolgreichen und erfolglosen Unternehmer in der Altersklasse 25 bis 35 Jahre zu finden ist. Tendenziell stärker sind die gescheiterten Unternehmer eher in den Klassen bis 45 Jahre und 55 Jahre vertreten. Das Durchschnittsalter (Median) beträgt bei den insolventen Firmeninhabern 38 Jahre, bei den erfolgreichen liegt es bei 35 Jahren. Wie die Befunde anderer Studien zeigen, ist die Überlebenswahrscheinlichkeit von Gründern im mittleren Alter tendenziell am günstigsten (Brüderl et al., 1998, S. 125).

Auf die Frage „Haben Sie vor der Gründung Ihres Unternehmens Führungserfahrung gesammelt“ geben 75 % der erfolglosen und rund 57 % der erfolgreichen Unternehmer an, diese zu besitzen. Im Durchschnitt (Median) konnten die Gescheiterten 8 Jahre und die Erfolgreichen 7 Jahre Führungserfahrung als Geschäftsführer, Abteilungs- oder Gruppenleiter vorweisen. Dieses Ergebnis erscheint überraschend, da zu vermuten ist, dass eher die Erfolgreichen mehrjährige Vorgesetztenerfahrung mitbringen. In der Studie von Brüderl et al. (1998, S. 117, 130) konnte jedoch kein direkter Effekt der Vorgesetztenerfahrung auf die betrieblichen Überlebenschancen empirisch festgestellt werden. Allenfalls besteht nach Brüderl et al. ein indirekter Effekt der Vorgesetztenerfahrung auf die Erfolgsaussichten von Neugründungen auf Grund der Gründungsgröße.

Weiterhin wurden auch geschlechtsspezifische Unterschiede der von Männern und Frauen geführten Unternehmen untersucht. Die Auswertung der DtA-Daten hat ergeben, dass in der Gruppe der Gescheiterten über 90 % (n=128) der von Frauen gegründeten Unternehmen hauptsächlich der kleinsten Umsatzklasse bis 2 Mio. Euro angehören; bei den Männern ist der Anteil indes fast genauso hoch und beträgt 87 % (n= 528). Darüber hinaus entfällt bei den insolventen männlichen Unternehmen ein größerer Anteil (12 %) auf die Umsatzklasse bis zu 10 Mio. Euro; der Anteil der Frauenbetriebe ist hier nur etwa halb so groß. In der Gruppe der erfolgreichen Betriebe zeigt sich grundsätzlich kein anderes Bild der Verteilung von Umsatzklassen nach dem Geschlecht. Der durchschnittliche Umsatz (Median) von erfolgreichen Frauenbetrieben in Höhe von 129 T€ (n=420) ist etwa halb so groß wie der bei den Männern (317 T€, n=1382). In der Gruppe der insolventen Unternehmen ist der geschlechtsspezifische Unterschied noch deutlicher: Während der Umsatz im Mittel (Median) bei den Frauen 77 T€ beträgt, erreicht er bei den Männern mehr als das Vierfache (348 T€).

Eine ähnliche Tendenz zu kleineren Unternehmen bei Frauen ist auch bei der Beschäftigtenanzahl erkennbar: Mehr als 80 % (n=141) der insolventen Unternehmen bis zu 10 Mitarbeiter werden von Frauen geführt, bei den Männern beträgt der Anteil nur 61 % (n=578). 39 % der insolventen männlich geführten Betriebe beschäftigen zwischen 10 und 250 Personen, bei den Frauen erreicht der Anteil hingegen nur 17 %.

Tabelle 1. Merkmale von Frauen- und Männerbetrieben

Merkmale von Frauen- und Männerbetrieben	**Erfolgreiche**		**Gescheiterte**	
	Frauen	**Männer**	**Frauen**	**Männer**
Umsatzklassen	*n = 292*	*n = 850*	*n = 128*	*n = 528*
Umsatz < 2 Mio. €	98,3 %	89,2 %	93 %	86,7 %
Umsatz 2 < 10 Mio. €	1,7 %	9,9 %	6,3 %	11,6 %
Umsatz 10 < 50 Mio. €	–	0,9 %	0,8 %	1,7 %
Umsatz (Median)	129 T€	317 T€	77 T€	348 T€
Beschäftigtenklassen	*n = 263*	*n = 792*	*n = 141*	*n = 578*
Beschäftigte < 10	87,1 %	69,7 %	83 %	60,9 %
Beschäftigte 10 < 50	12,5 %	26,9 %	14,2 %	33 %
Beschäftigte 50 < 250	0,4 %	3,4 %	2,8 %	6,1 %
Beschäftigtenanzahl (Median)	4	6	7	2

Tabelle 2. Branchenverteilung von Männern und Frauen

Merkmale von Frauen- und Männerbetrieben	**Erfolgreiche**		**Gescheiterte**	
	Frauen	**Männer**	**Frauen**	**Männer**
Branchenverteilung	*n = 292*	*n = 852*	*n = 181*	*n = 629*
industrielles Gewerbe	3,1 %	6,3 %	7,7 %	12,6 %
Baugewerbe	2,7 %	28,3 %	4,4 %	30,7 %
Handel	39,7 %	26,8 %	61,3 %	31,6 %
Dienstleistungen	54,5 %	38,6 %	26,5 %	25,1 %

Darüber hinaus zeigt sich, dass die erfolgreichen Betriebe von Frauen hauptsächlich in den Branchen Handel (40 %) und Dienstleistungen (55 %) zu finden sind (vgl. Tab. 2). Anders als die Frauen haben die Männer ihre erfolgreichen Unternehmen in größerem Ausmaß auch im Baugewerbe (28 %) und dem industriellen Gewerbe (6 %) gegründet. Gleichzeitig sind jedoch in diesen beiden Branchen auch die meisten männlichen insolventen Firmen zu verzeichnen. Bei den gescheiterten Frauenbetrieben sind hauptsächlich die Branchen Handel und Dienstleistungen vertreten.

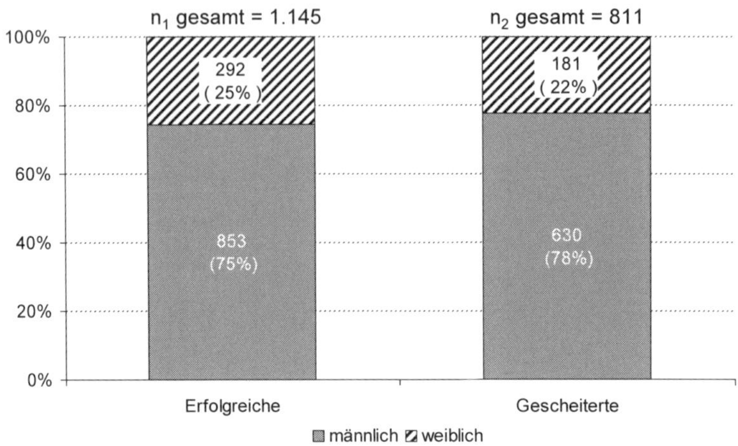

Abbildung 7. Verteilung nach Geschlecht

Abbildung 7 zeigt, dass unter den erfolgreichen Firmen 75 % auf männliche Unternehmen und 25 % auf weibliche entfallen. Auf der anderen Seite sind jedoch in der Gruppe der gescheiterten Unternehmen überwiegend männliche Unternehmen. Brüderl et al. (1998, S. 152) zufolge kann daraus aber nicht der Schluss gezogen werden, dass die Überlebenschancen der Frauenunternehmen geringer sind. Denn würden die Frauen über eine vergleichbare Ausbildung und Erfahrung verfügen wie die Männer, würde wahrscheinlich die Bestandsfestigkeit von Frauenbetrieben den der männlichen Betriebe in nichts nachstehen.

Wie Tabelle 3 zeigt, stehen das Unabhängigkeitsstreben und die Selbstverwirklichung als Gründungsmotive bei beiden Gruppen im Vordergrund. Bei den erfolgreichen Betrieben ist im Vergleich zu den gescheiterten das Ziel „eigener Chef sein“ stärker ausgeprägt. Eine wichtige Bedeutung messen zudem beide Gruppen der Einkommensverbesserungen bei. In der

Tabelle 3. Gründungsmotive der Unternehmer (Mehrfachantworten)

Motivation zur Unternehmensgründung*)	Erfolgreiche %	Gescheiterte %
„eigener Chef sein“	71,7 (n=989)	57,7 (n=660)
Selbstverwirklichung	68,7 (n=974)	66,2 (n=689)
Verbesserung des Einkommen	47,6 (n=909)	47,3 (n=659)
schlechte Arbeitsmarktperspektive	43,1 (n=941)	50,5 (n=693)
geachtete soziale Stellung	26 (n=845)	29,9 (n=615)
Fortführung des elterlichen Betriebes	29,6 (n=632)	29,7 (n=448)

*) berücksichtigt wurden die Antwortkategorien „sehr wichtig“ und wichtig“.

Studie von Kuipers (1990) rangierte das Streben nach höherem Einkommen deutlich weiter hinten. Sämtliche andere empirische Studien bestätigen hingegen die hier ermittelten Hauptmotive (Brüderl et al., 1998; Frese, 1998). Inwiefern die Motive einen direkten Einfluss auf den Unternehmenserfolg haben, ist in der empirischen Forschung noch nicht eindeutig geklärt. Nach Auffassung von Frese (1998) sind allerdings weniger die Motivation als vielmehr die gewählten Handlungsstrategien entscheidend.

Neben den Motiven zur Unternehmensgründung wurden auch einige Fragen zu Charaktereigenschaften des Unternehmers, wie z.B. Entscheidungsfähigkeiten gestellt (vgl. Abb. 8). Bis auf das Merkmal „Entscheidungsfreude“ lassen sich keine besonderen Unterschiede zwischen erfolgreichen und erfolglosen Unternehmern feststellen. Die vielfach beschworene Kühnheit von Unternehmern gilt bei vielen Experten als Mythos und wird auch durch unsere Ergebnisse nicht unterstützt (Paulus, 1999). Unternehmer zeichnen sich eher dadurch aus, dass sie ein kalkuliertes Risiko eingehen. Nach Auffassung des Organisationspsychologen Frese (Nöcker, 2002) sind „Unternehmer, die eine reaktive Grundeinstellung haben, dagegen eher erfolglos. Spielertypen, die übertrieben hohe Risiken eingehen, sind ebenfalls keine guten Unternehmer.“

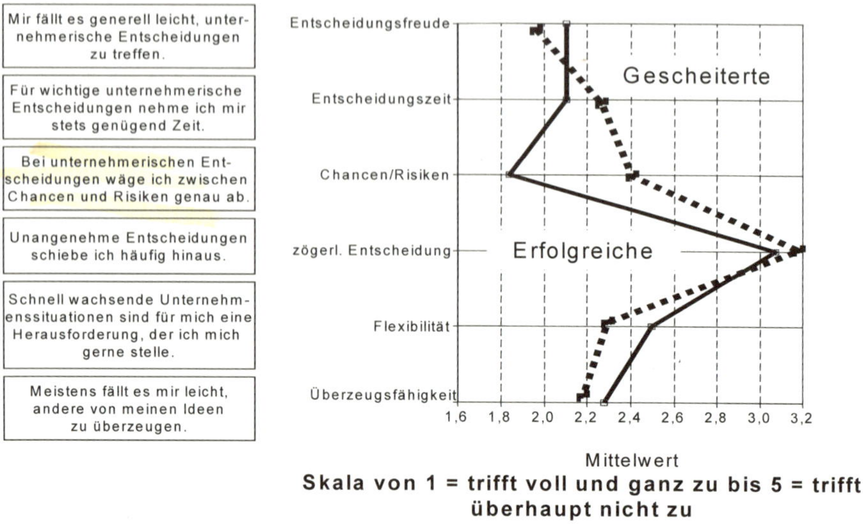

Abbildung 8. Charakteristika der Unternehmerpersönlichkeit

3.3.2 Faktoren des Mikroumfeldes von Unternehmern

Neben den personenbezogenen Faktoren spielen auch Umfeldfaktoren, wie z.B. familiäre Beziehungen und das soziale Netzwerk eine Rolle für die Unternehmensentwicklung (Brüderl et al., 1998, S. 131 ff.). Diese Faktoren wurden jedoch nur zum Teil näher betrachtet und sind nicht Schwerpunkt der Studie gewesen. Zu den untersuchten Netzwerkvariablen gehören Probleme im persönlichen Umfeld, berufliche Stellung vor Gründung, externe Beratungen, Geschäftsbeziehungen zur Hausbank und die Mitarbeit von Familienangehörigen.

Immerhin 36 % (n=801) der gescheiterten und 31 % (n=1.118) der erfolgreichen Unternehmen geben an, besonderen Belastungen im persönlichen Umfeld ausgesetzt gewesen zu sein. Obgleich die insolventen Unternehmer etwas stärker von Schicksalsschlägen betroffen sind, ist der Unterschied zu den erfolgreichen Betrieben nicht sonderlich groß. Persönliche Belastungen können im Einzelfall die Unternehmensentwicklung erheblich negativ beeinflussen, die Überlebenschancen eines Unternehmens hängen jedoch nicht allein von außergewöhnlichen persönlichen Belastungen ab. Denn erfolgreiche wie gescheiterte Betriebe sehen sich gleichermaßen diesen kritischen Situationen gegenüber, wobei die Erfolgreichen offensichtlich solche Krisen besser bewältigen konnten. Dies könnte z.B. damit zusammenhängen, dass einige Unternehmen sich besser gegen bestimmte

Risiken abgesichert haben und verstärkt ein Risiko-/Krisenmanagement betreiben. Auf die offene Frage, welche Belastungen aufgetreten sind, geben beide Gruppen überwiegend „Todesfall/Unfall/Krankheit", „Ehe/Beziehung" und „Familiäres Umfeld" an, wobei Ersteres von über 50 % der Erfolgreichen genannt wird, bei den gescheiterten Unternehmen beträgt der Anteil hingegen nur 36 % (vgl. Tab. 4).

Tabelle 4. Belastungen im persönlichen Umfeld (Mehrfachantworten)

	Gescheiterte (n=291) %	**Erfolgreiche (n=326)** %
Todesfall/Unfall/Krankheit	36,4	51,2
Ehe/Beziehung	27,8	22,1
Familiäres Umfeld	10,0	13,5
Arbeitslosigkeit	3,8	-
Finanzen	6,2	2,8
Geschäftliche Beziehungen	6,9	2,1
Konkurrenz	0,7	-
Politische Faktoren	3,4	-
Wirtschaftliche Faktoren	1,7	0,9
Brand/Einbruch	0,3	0,3
Zeitliche Überlastung	2,7	7,1

Des Weiteren wurde auch die vorherige berufliche Stellung erfragt. Ein größerer Teil der erfolgreichen und insolventen Gründer war vor Eröffnung des Betriebes als Angestellter, leitender Angestellter oder Arbeiter tätig (vgl. Abb. 9). Auffallend ist, dass es in der Gruppe der leitenden Angestellten einen wesentlich höheren Anteil an gescheiterten Unternehmern gibt. Eine Erklärung dafür könnte sein, dass die ehemaligen leitendenden Angestellten bei einem geringeren Unternehmenserfolg eine stärkere Opportunitätskostenabwägung vornehmen (vgl. auch Beitrag Struck/Woywode). Darüber hinaus zeigt sich, dass unter den Angestellten und Arbeitern ein höherer Anteil von erfolgreichen Betrieben zu finden ist. Dies könnte z.B.

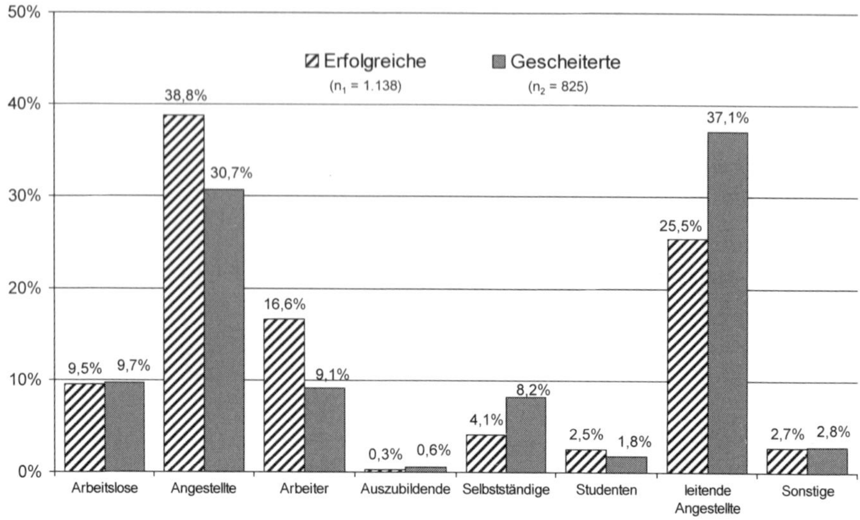

Abbildung 9. Berufliche Stellung vor Gründung

darauf zurückzuführen sein, dass es in Kleinstbetrieben weniger auf frühere Führungserfahrung sondern mehr auf breites Fachwissen und die Leistungsbereitschaft ankommt.

Als weitere Einflussfaktoren für die Unternehmensentwicklung können auch die Beratungsleistungen von Unternehmens- oder Steuerberatern und die Beziehungen zur Hausbank angesehen werden.

Köppen (1999, S. 42) kommt in seiner Studie zum Ergebnis, dass die Wirkungsweise und der Nutzen von Unternehmensberatungen in der Forschung nicht genau geklärt ist. Es besteht grundsätzlich das Problem, dass eine Vielzahl von Faktoren (z.B. Unternehmerperson, Marktveränderungen) auf den Unternehmenserfolg einwirken, so dass die Gefahr besteht, den Beratungserfolg leicht zu über- oder unterschätzen. In der DtA-Studie wurde nur nach der Häufigkeit der Inanspruchnahme von externen Beratungsleistungen gefragt, so dass über die Qualität der Beratung keine Aussagen gemacht werden können. Dass z.B. die Qualität der Beratung im Zusammenhang mit Unternehmensnachfolgen eine signifikante Rolle spielt, wird durch Köppen (1999) bestätigt.

Aus Abbildung 10 ist ersichtlich, dass nur etwa ein Drittel der erfolgreichen Unternehmen „häufig" externen Rat sucht; die Mehrheit zieht externe Berater nur „hin und wieder" zu Rate. Bei den erfolglosen Betrieben hingegen holten sich mehr als zwei Drittel häufig und ca. 31 % nie externen Rat.

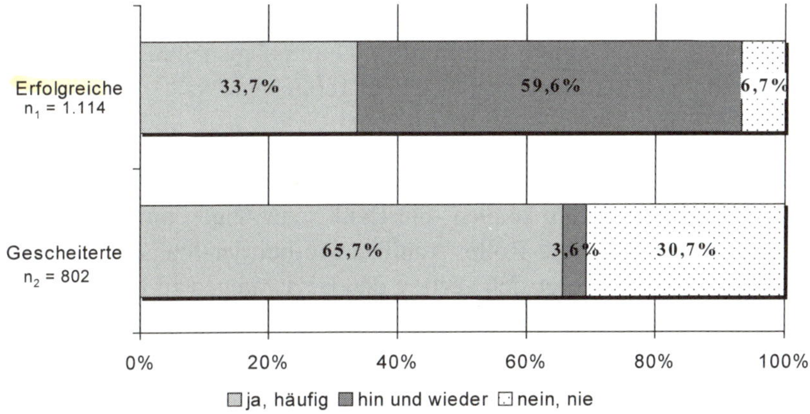

Abbildung 10. Inanspruchnahme von externer Beratung

Die Erfolgreichen lassen sich eher dosiert von Externen beraten, die Gescheiterten sind entweder nur noch gemeinsam mit Beratern entscheidungsfähig oder verzichten gänzlich auf Beratung. Mit anderen Worten, wenn es den Unternehmen schlecht geht, suchen sie händeringend nach externer Hilfe oder sie stecken den „Kopf in den Sand". Wie die Erfahrungen des „Runden Tisches" der DtA zeigen, beziehen viele Unternehmer Externe oft zu spät ein, so dass ein geregelter Rückzug aus dem Markt oder eine Restrukturierung und Sanierung des Unternehmens erschwert wird (vgl. auch Beitrag Tchouvakhina/Lehnert). Dass die gescheiterten Unternehmer im Vergleich zu den erfolgreichen mehr Beratungen in Anspruch nehmen, konnte auch Kuipers (1990) in seiner empirischen Studie feststellen. Aus diesem Ergebnis lässt sich jedoch nicht ableiten, dass allgemein Beratungen den Unternehmenserfolg negativ beeinflussen müssen. In der Praxis kann aber die Qualität der Beratungen stark variieren und Unternehmensberatungen haben zum Teil eher ein schlechtes Image. Um kleine und mittlere Betriebe bei der Auswahl einer geeigneten Unternehmensberatung zu unterstützen, hat die DtA eine DtA-Beratungsagentur eingerichtet, die eine Zertifizierung von externen Beratern vornimmt und damit eine Qualitätskontrolle und konkrete Hilfestellung für Unternehmer bietet.[1]

[1] Unternehmen, die Beratungsbedarf auf den verschiedensten betriebswirtschaftlichen Gebieten haben und auf der Suche nach einem seriösen und kompetenten Unternehmensberater oder Manager auf Zeit sind, können den Vermittlungsservice der Beratungs-Agentur nutzen:

http://www.kfw-mittelstandsbank.de/mportal/Beratung/d010BeratZ/d010BeratZ.jsp

Durch das Krisenmanagementinstrument „Runder Tisch“ konnten in der Vergangenheit viele kleinere und mittlere Unternehmen ihre Krise meistern und sind von einer Insolvenz verschont geblieben.

Wenngleich im Allgemeinen davon ausgegangen werden kann, dass die Zusammenarbeit mit Kreditinstituten nicht allein ausschlaggebend für den Unternehmenserfolg ist, so spielen die Bankbeziehungen im Bereich der Finanzierung eine wichtige Rolle. Ähnlich wie bei der Inanspruchnahme von externen Beratern zeigt sich auch in den Beziehungen zu Hausbanken, dass die gescheiterten Unternehmern häufiger Gespräche mit ihren Hausbanken führen: Während bei den erfolgreichen Gründern etwa 38 % in einem zeitlichen Abstand von einem halben Jahr Besprechungen mit ihrer Hausbank durchführen, sind es bei den erfolglosen Gründern 63 %. Dieses Ergebnis dürfte darauf zurückzuführen sein, dass die Hausbanken insbesondere dann stärkeres Engagement zeigen, wenn sich das Unternehmen in einer Unternehmenskrise befindet und das Kreditengagement gefährdet ist (Evers, 2001, S. 49; Trebag, 1998, S. 8). Laut Schlebusch et al. (1999, S. 454) geht in über 80 % der Fälle die Initiative zum Krisenmanagement von den Gläubigerbanken aus.

Augenscheinlich haben sowohl die erfolgreichen als auch die gescheiterten Unternehmen Schwierigkeiten mit dem Aufbau einer effizienten Liquidi-

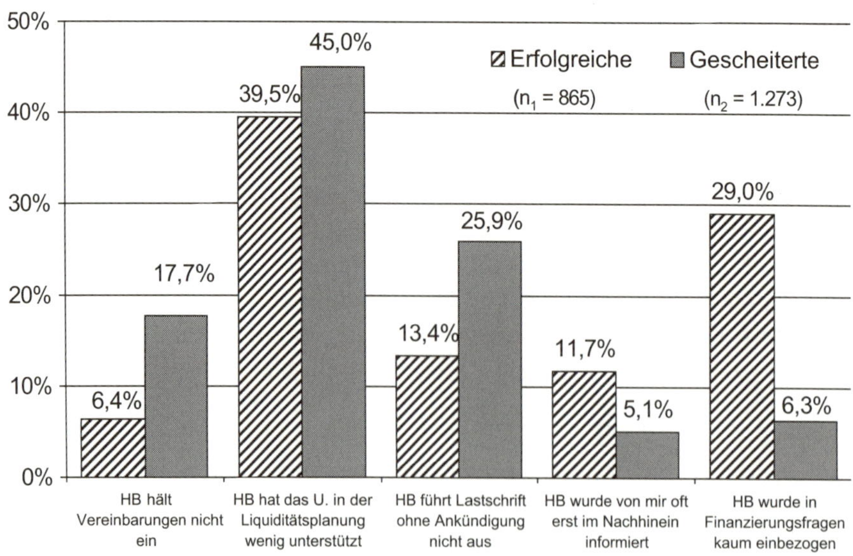

Abbildung 11. Geschäftsbeziehungen zur Hausbank

tätsplanung und erhalten hier wenig Hilfestellung seitens der Hausbanken (vgl. Abb. 11). Zu einem ähnlichen Ergebnis kommt auch eine qualitative Studie des Instituts für Finanzdienstleistungen (Hamburg): Nur etwa ein Fünftel der Unternehmen hat eine Finanzplanung im Laufe der Unternehmensentwicklung erstellt (Evers, 2001).

Symptomatisch für die schlechte Zusammenarbeit zwischen Unternehmen und Banken erscheint z.B. der Zustand, dass einige Hausbanken ohne vorherige Ankündigung Lastschriften nicht ausführen. Dass auf der anderen Seite die erfolgreichen Unternehmen den Geschäftsbanken in Finanzierungsfragen skeptisch gegenüber stehen, zeigt sich darin, dass etwa 30 % der Befragten die Hausbank in Finanzierungsfragen kaum einbeziehen. Die Zusammenarbeit zwischen Unternehmer und Bank könnte in Zukunft dadurch verbessert werden, wenn sich die Banken stärker als Partner und Berater der Unternehmen sehen würden. Viele Unternehmer stehen jedenfalls einer offensiveren und umfassenderen Bankberatung positiv gegenüber (Evers, 2001). Dies hätte für beide Seiten Vorteile. Beispielsweise könnte eine frühzeitige Beratung der Firmen in Sanierungsfragen dazu beitragen, Unternehmenskrisen schneller und besser zu bewältigen, die Werthaltigkeit des Kredits zu erhalten und Ausfallrisiken zu reduzieren (Hennings/Czaplinsky, 1997, S. 35).

Neben langfristigen Bankkrediten suchen KMU aber verstärkt auch nach alternativen Finanzierungsformen, wie z.B. Leasing oder Forderungsfinanzierungen. Wie eine Befragung von 690 Führungskräften aus mittelständischen Betrieben und Großbetrieben durch TNS EMNID und Siemens Financial Services zeigt, geben 36 % der befragten Unternehmen an, neue Wege in Finanzierungsfragen gehen zu wollen (o.V.[2], 2002).

Als Bausteine für den Unternehmenserfolg können auch die sozialen Kontakte und familiäre Unterstützungsleistungen angesehen werden. Wie Brüderl et al. (1998) zeigen konnten, erhalten viele Unternehmer die größte Unterstützung durch ihre Ehe- oder Lebenspartner (54 %). In der DtA-Studie können fast 50 % (n=1146) der erfolgreichen Unternehmen auf die Mithilfe von Familienangehörigen zählen, bei den gescheiterten sind es nur 41 % (n=821). Dabei steht die Leistung von Ehe- oder Lebenspartnern den der Unternehmer in nichts nach, wie eine Studie des Instituts für Mittelstandsforschung Mannheim ermittelt hat (ifm, 2001): Die durchschnittliche wöchentliche Gesamtarbeitszeit der Unternehmerfrauen in Betrieb und Haushalt beträgt zwischen 58 bis 63 Stunden.

Eine bedeutsame Rolle können auch die Beziehungen zu Geschäftspartnern spielen. Die Vorteile beruhen zum einen auf eine Ausweitung der Kapitalbasis und zum anderen auf eine Erweiterung von Wissen und Fähigkeiten (Brüderl et al., 1998, S. 188). Außerdem können eine gegenseitige Unterstützung und Motivation sowie vorhandene Netzwerke positive Auswirkungen haben. Auf der anderen Seite sind jedoch auch die Risiken zu sehen, wie z.B. eingeschränkte Handlungs- und Entscheidungsfreiheit sowie auftretende Konflikte. Eine starke Abhängigkeit von dem Geschäftspartner kann sogar existenzgefährdend wirken, wenn z.B. durch das Ausscheiden eines Partners wichtige Know-how Verluste drohen (Lechler/Gemünden, 2003).

In der DtA-Studie haben 22 % (n=1156) der erfolgreichen Unternehmer mindestens einen geschäftsführenden Gesellschafter, bei den gescheiterten Gründern beträgt der Anteil 29 % (n=820). Zu ähnlichen Ergebnissen kommt auch die Münchner Studie von Brüderl et al. (1998), wonach 21 % der Befragten eine Partnergründung vorgenommen haben, 17 % davon haben einen weiteren Geschäftspartner. Brüderl et al. (1998, S. 189 f.) zufolge ist der Einfluss eines zusätzlichen Geschäftspartners auf die Überlebenswahrscheinlichkeit eines Unternehmens statistisch nicht nachweisbar.

3.3.3 Einfluss der Unternehmensplanung und Unternehmensführung

3.3.3.1 Gründungsvorbereitung und Unternehmenskonzept

Neben personenbezogenen und das Mikroumfeld betreffenden Faktoren wurde ebenso der Einfluss der Gründungsplanung und Einsatz von Managementinstrumenten näher untersucht.

95 % (n=820) der erfolglosen und 94 % der erfolgreichen Unternehmen (n=1145) geben an, die Gründung ihres Unternehmens geplant und sich auf die Unternehmertätigkeit vorbereitet zu haben. Der hohe Anteil in beiden Gruppen sollte jedoch wenig überraschen, da von allen DtA-finanzierten Unternehmen ein Gründungskonzept vorgelegt werden muss. Die Zeitspanne für die Planung der Unternehmensgründung weist kaum Abweichungen zwischen den beiden Gruppen auf (vgl. Tab. 5). Auffällig ist allerdings, dass nur 48 % der gescheiterten gegenüber 71 % der erfolgreichen Unternehmer angeben, die Vorbereitungszeit „genau richtig“ gewählt haben. Es liegt deshalb die Vermutung nahe, dass die gescheiterten Unternehmer sich nicht genügend Zeit zur Vorbereitung nehmen und die Qualität der Planung Schwächen aufweist.

Tabelle 5. Dauer der Gründungsvorbereitung

Gründungsvorbereitungs-zeitraum	**Gescheiterte Unterneh-men (n=783)**	**Erfolgreiche Unterneh-men (n=1075)**
bis 3 Monate	30 %	27,7 %
4 bis 6 Monate	38,2 %	36,8 %
7 bis 12 Monate	24,5 %	26,9 %
13 bis 24 Monate	6 %	7,7 %
über 24 Monate	1,3 %	0,9 %
	100 %	100 %
Median	6 Monate	6 Monate
zu lang	2,9 %	3,7 %
genau richtig	48,2 %	70,9 %
zu kurz	48,9 %	25,4 %
	100 %	100 %

Unterstützung findet die These durch einen Vergleich der Bedeutung des Unternehmenskonzepts: Während 31 % der erfolgreichen Unternehmer (n=1095) sagen, der erstellte Unternehmensplan hat bei der Gründung „eher nicht“ oder „nein, überhaupt nicht“ geholfen, sind es bei den gescheiterten 47 % (n=792). Auf der anderen Seite ist ein Drittel der erfolgreichen Unternehmer und ca. 24 % der erfolglosen der Auffassung, dass Unternehmenskonzept war für die Unternehmensgründung sehr oder eher hilfreich.

Die gescheiterten Unternehmer halten im Nachhinein ihr Unternehmenskonzept in allen Punkten für verbesserungsfähig (vgl. Abbildung 12, 13). Den größten Verbesserungsbedarf sehen die Gescheiterten im Zusammenhang mit der Gründungsidee: 50 % (n=1644) der Befragten stimmen voll zu, dass in diesem Punkt das Unternehmenskonzept hätte besser sein können. Besondere Schwachstellen lassen sich auch bei den einzelnen Marketinginstrumenten (Produktpalette, -qualität, Werbung, Preisgestaltung) ausmachen. Insgesamt zeigt der Befund, dass die befragten gescheiterten Unternehmer ihre Unternehmensplanung kritisch sehen und den erfolgreichen es besser gelungen ist, ein tragfähiges Unternehmenskonzept zu entwickeln.

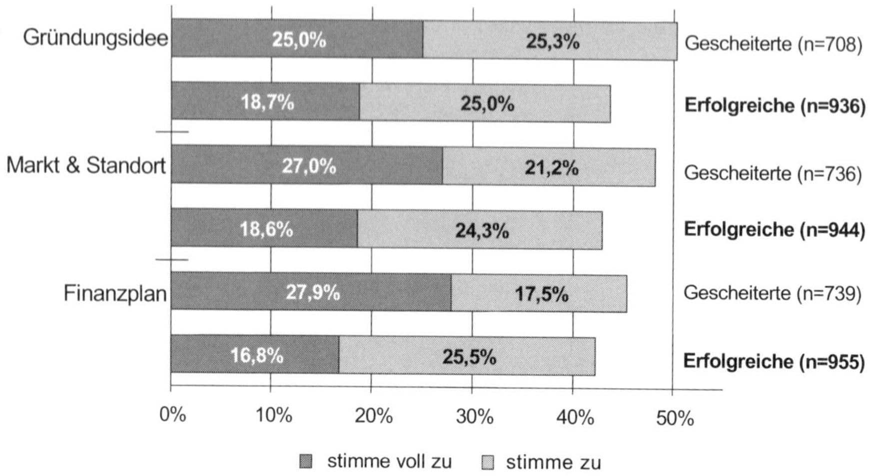

Abbildung 12. Verbesserungspotenzial des Unternehmenskonzeptes

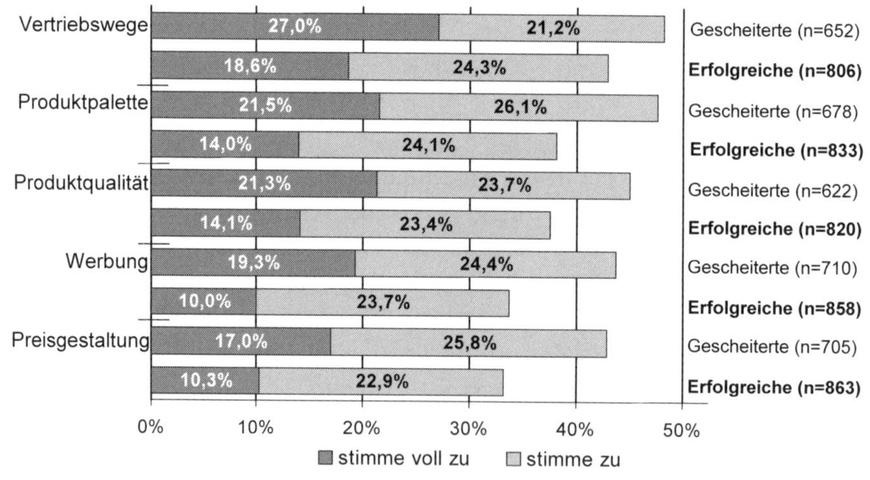

Abbildung 13. Verbesserungspotenzial des Unternehmenskonzeptes im Bereich Marketing

3.3.3.2 Stärken und Schwächen des Unternehmens

In einer offenen Frage wurde nach den drei größten Stärken und Schwächen gefragt. Sowohl von den erfolgreichen als auch von gescheiterten Unternehmen werden in erster Linie die Produkt- oder Dienstleistungsqualität als größte Stärke angesehen (vgl. Abbildung 14). Dies erscheint auf Seiten der gescheiterten Unternehmen jedoch wenig plausibel und widersprüchlich, da diese in ihrem Unternehmenskonzept die Produktqualität eher als Schwäche sehen. Die Gescheiterten haben möglicherweise zu viele Ressourcen in die Produktgestaltung investiert und dabei andere wichtige Marketingaspekte (z.B. Kundenorientierung, Wettbewerber) und der Unternehmensführung außer Acht gelassen haben.

Mehr als ein Drittel der erfolgreichen Unternehmer nennt als weitere Stärke die Kundenorientierung und Kundenbindung, bei den erfolglosen Unternehmen geben dies nur ein Viertel an.

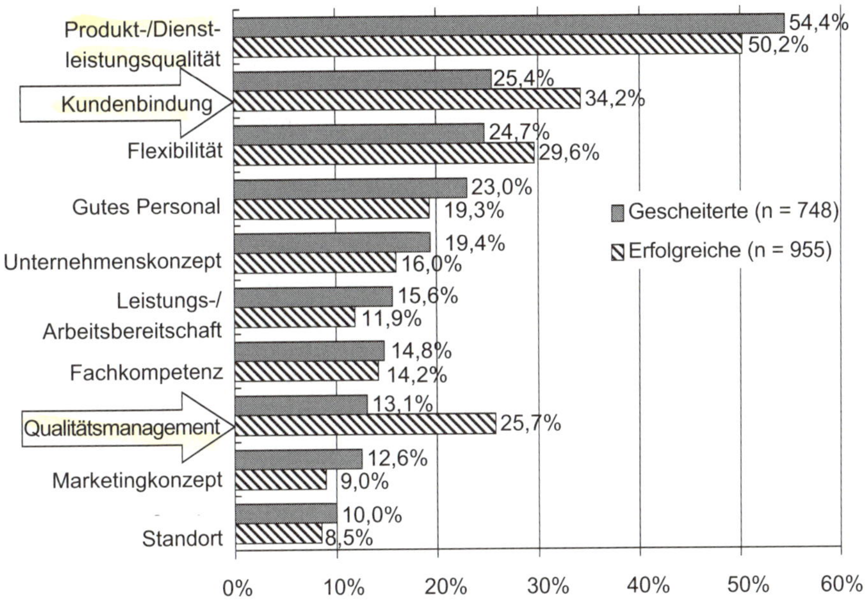

Abbildung 14. Stärken des Unternehmens (offene Frage, Mehrfachantworten möglich)

Ca. 30 % der Erfolgreichen betrachten ihre „Flexibilität“ als Stärke, auf Seiten der Gescheiterten wird dies etwas weniger als Stärke angesehen. Die Überlebenschancen von Unternehmen hängen aber nicht unwesentlich auch von der Anpassungsfähigkeit gegenüber Kunden- und Marktveränderungen ab, so dass Betriebe die zu spät oder überhaupt nicht auf Marktveränderungen reagieren früher oder später aus dem Marktprozess ausscheiden werden.

Ebenso wie bei der „Produktqualität" stehen auch die Aspekte Unternehmens- und Marketingkonzept in Widerspruch zu den geäußerten Schwächen und dem Verbesserungspotenzial der Gescheiterten (vgl. Abbildung 12 bis 15).

Des Weiteren zeigt der Befund, dass die erfolgreichen im Vergleich zu den Gescheiterten Unternehmen das Qualitätsmanagement eher als Stärke ansehen. Die hohe Bedeutung des Qualitätsmanagements hat auch Fritz (1997, S. 193) in seiner Studie festgestellt. Unter allen untersuchten Unternehmensstrategien messen die befragten erfolgreichen Investitionsgüterhersteller der „Qualitätsführerschaft" die höchste Bedeutung für die Unternehmenspolitik bei.

Im Gegensatz zu den erfolgreichen Unternehmen sehen die gescheiterten Unternehmen als größte Schwäche das Unternehmenskonzept an (vgl. Abbildung 15). Dieser Mangel zeigte sich bereits in der Gründungsvorbereitung.

Darüber hinaus ergeben sich auch deutliche Abweichungen zwischen erfolgreichen und gescheiterten Unternehmen in punkto Finanzen und Managementfähigkeiten. Die selbstkritische Einschätzung der Schwächen deckt sich weitgehend auch mit den Ergebnissen der DtA-Befragungen zu den „Runden Tischen". Nach Einschätzung der Berater des „Runden Tisches" stehen an der Spitze der Krisenursachen Absatzschwierigkeiten, Managementprobleme und die Liquiditäts- sowie Kostenstruktur.

Auffallend ist, dass die erfolgreichen Unternehmen im Gegensatz zu den gescheiterten deutlich häufiger das Personal als Schwäche angeben. Dies steht allerdings in Widerspruch zu den Angaben der Qualität der Mitarbeiter: 95 % (n=817) der Erfolgreichen und 91 % (n=579) Gescheiterten geben an, ihr Personal sei in der Regel sehr qualifiziert oder qualifiziert gewesen. Möglicherweise verbergen sich dahinter aber auch Probleme der Personalführung und Organisationsstruktur, die insbesondere bei erfolgreichen wachsenden Unternehmen von Bedeutung sind.

Auffallend ist zudem, dass in beiden Gruppen die Ausstattung mit Eigenkapital im Vergleich zu den anderen Schwächen relativ weit hinten rangiert, aber auch zwischen den beiden Gruppen besteht eine unterschiedliche Einschätzung der Bedeutung des Eigenkapitals als Schwäche. Dass das Eigenkapital neben anderen Defiziten bei beiden Gruppen insgesamt weniger als Schwäche angesehen wird, könnte auf den Selektionsprozess im Rahmen der DtA-Förderung zurückzuführen sein, denn um eine staatliche Förderung zu erhalten, müssen die Gründer u.a. mindestens 15 % Eigenkapital in die Finanzierung des Vorhabens einbringen. Durch das ERP-Eigenkapitalhilfeprogramm können dann noch die Eigenmittel soweit aufgestockt werden, dass der Eigenkapitalanteil der Existenzgründer in der Regel 40 % beträgt. Demnach können die geförderten Unternehmen über ein passables Eigenkapital verfügen. Dass gescheiterte Betriebe stärker als die erfolgreichen die Eigenkapitalausstattung als Defizit ansehen, lässt sich darauf zurückführen, dass in der Gruppe der Gescheiterten ostdeutsche Betriebe stärker vertreten sind und sich für diese zwischen 1992 bis 1997 die Eigenkapitalausstattung verschlechtert hat (Struck, 1999, S. 303).

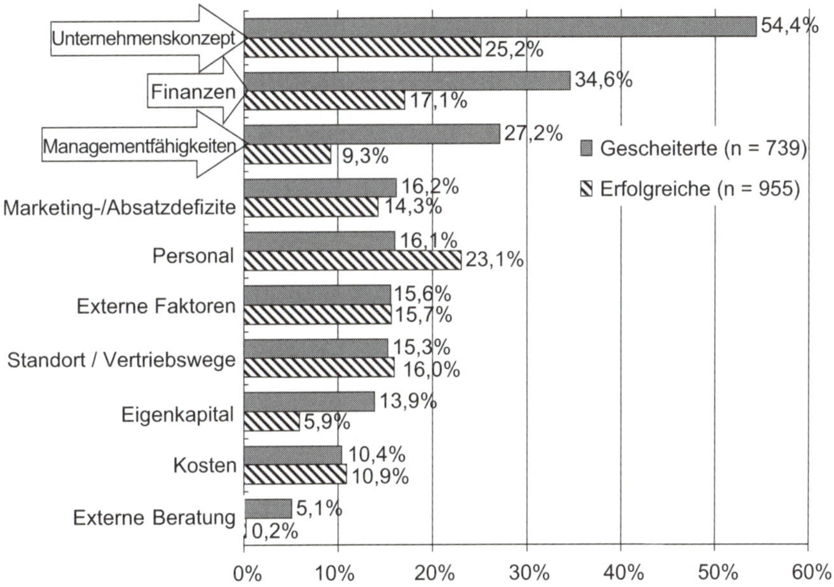

Abbildung 15. Schwächen des Unternehmens (offene Frage, Mehrfachantworten möglich)

3.3.3.3 Qualität und Instrumente der Unternehmensführung

Obgleich es an Veröffentlichungen zum strategischen Management keineswegs mangelt, ist es dennoch verwunderlich, wie wenig Beachtung das Thema bei kleineren und mittleren Unternehmen (KMU) findet. Eine Studie der Universität Dortmund unter 300 befragten mittelständischen Betrieben im Jahr 2001 hat z.B. ermittelt, dass die Inhaber und Führungspersonen mittelständischer Betriebe in den Bereichen Strategie, Finanzen, Personal, Marketing und Prozesse besonders wenig Kenntnisse mitbringen. Die Unternehmer erkennen zwar die Mängel in der Unternehmensführung, unternehmen aber offenbar zu wenig, um sich das fehlende Wissen anzueignen (O.V.[3], 2001).

Eine großangelegte Panelstudie von 5000 mittelständischen Maschinenbauunternehmen aus dem Jahr 2000 kommt z.B. zum Ergebnis, dass deutsche Maschinenbauer ihre Familienunternehmen eher konservativ führen und sich wenig aufgeschlossen im Bereich Arbeits- und Betriebsorganisation und an modernen Managementkonzepten im Marketingbereich zeigen (O.V.[4],2000).

Die Erkenntnis, dass sich ein dauerhafter Erfolg ohne eine Langfriststrategie kaum einstellen wird, ist nach Auffassung des amerikanischen Ökonomen Michael Porter zeitweise in den Hintergrund getreten und scheint bei vielen KMU in Deutschland wenig Beachtung zu finden. Unter Strategie versteht Porter in erster Linie das spezifische Produktangebot und die Auswahl bestimmter Kunden.

Aus der Sicht von Porter gibt es für das geringe Interesse drei Gründe (Hammonds, 2001). Erstens: In den 70er und 80er Jahren haben die Untenehmen zwar stark auf strategische Planungen gesetzt, gleichzeitig gab es aber auch Probleme damit. Zweitens: Im Zuge des Aufblühens der japanischen Wirtschaft lag das Hauptaugenmerk eher in der Durchführung bestimmter Managementinstrumente, wie z.B. Total Quality. Als dritten Grund nennt Porter, dass in einer sich ständig wandelnden Welt eine Strategie eigentlich überflüssig erscheint. Porter zufolge zeigen allerdings die Probleme japanischer Unternehmen und erfolgreichen Strategien von Unternehmen wie Dell oder Intel, dass dauerhafte Wettbewerbsvorteile und Unternehmenserfolg ohne eine Strategie kaum zu realisieren sind.

Die Auswertungen der DtA-Studie zeigen, dass die erfolgreichen Unternehmer im Durchschnitt (Median) nur 10 % der monatlichen Arbeitszeit für Strategieüberlegungen verwenden, bei den gescheiterten liegt der Anteil überraschenderweise doppelt so hoch. Der Unterschied zwischen den Gruppen ist statistisch hoch signifikant. Die Ergebnisse legen jedoch nahe, dass für die Unternehmensentwicklung weniger der Zeitumfang als vielmehr die Qualität der strategischen Planung entscheidend ist.

Sowohl die gescheiterten als auch die erfolgreichen Unternehmen nennen auf die halboffene Frage der eingesetzten Managementinstrumente am häufigsten die Stärken-Schwächenanalyse, Wissensmanagement und Krisenplanung (vgl. Abbildung 16). Auffallend ist, dass erfolgreiche Betriebe gegenüber den gescheiterten in größerem Umfang eine Analyse der Stärken und Schwächen vornehmen und häufiger Wissensmanagement betreiben.

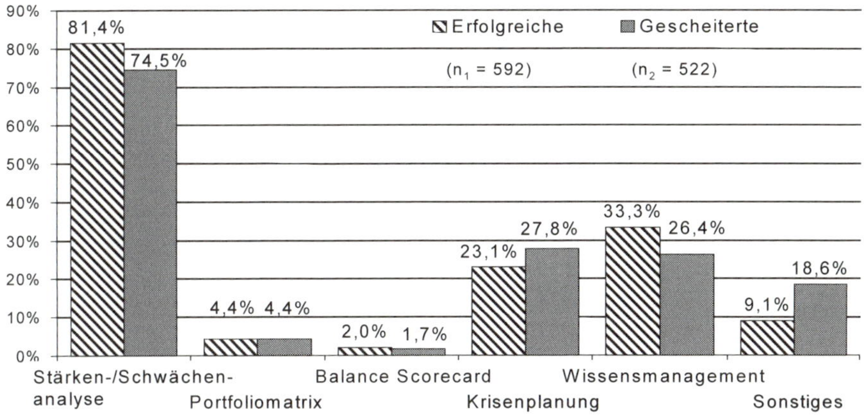

Abbildung 16. Eingesetzte Managementinstrumente (Mehrfachantworten möglich)

Dies deutet möglicherweise darauf hin, dass es in erfolgreichen, wachsenden Unternehmen einen größeren Bedarf an Transparenz der eigenen Leistungsfähigkeit gibt und diese Informations- sowie Lernprozessen größere Aufmerksamkeit schenken.

Andere Methoden, wie z.B. die Erstellung einer Portfoliomatrix oder Balanced Scorecard (BSC), spielen hingegen in der Praxis der Unternehmensführung kaum eine Rolle. Diese beiden Management- und Controllinginstrumente beinhalten auch strategische Elemente und sind im Gegensatz zur Stärken-Schwächeanalyse mehr auf die zukünftige Entwicklung eines Unternehmens gerichtet. Der Vorteil eines ausbalancierten Berichtswesens (Balanced Scorecard) besteht darin, dass sich dieses System nicht einseitig nur auf Finanzkennzahlen stützt, sondern ebenso Kennziffern der Kundenperspektive, interner Geschäftsprozesse, Lernprozesse sowie der Entwicklung einbezieht (vgl. Tab. 6). Auf der anderen Seite ist die Erstellung einer BSC mit einem relativ hohen zeitlichen und finanziellen Aufwand verbunden (Herbst, 2000, S. 149 f.; Friedag, 1998). Klein- und Mittelunternehmen sollten jedoch bedenken, dass aufgrund der überschaubaren Unternehmensstrukturen nicht unbedingt ein sehr kompliziertes, perfektionistisches Planungssystem notwendig ist. Da aber Planungs- und Managementfehler zu den wichtigsten Misserfolgsursachen von KMU zählen, ist jedes Unternehmen gut beraten, entsprechend den branchen-, markt- und betriebsbezogenen Gegebenheiten ein Konzept der Unternehmensplanung zu entwickeln (Töpfer, 1980). Um frühzeitig auftretende Fehlentwicklung besser zu erkennen und Daten schnell und unternehmens-

Tabelle 6. Beispiel einer Balanced Scorecard

Balanced Scorecard Perspektive	Strategische Ziele	Messgrößen	Zielwerte	Konkrete Maßnahmen
Ergebnisbeitrag Wir bieten unseren Kapitalgebern:	▪ Renditeerwartungen erfüllen ▪ Profitabilität steigern ▪ Wachstum beschleunigen ▪ Cash-Flow-Investment	▪ DCF Rendite ▪ Umsatzrentabilität ▪ Umsatzwachstum ▪ Cash-Flow	▪ > 5 % ▪ 10 % ▪ 15 % ▪ 100 Mio. €	▪ Kauf von Lizenzen ▪ Joint Venture
Kunde Kunden sollen uns folgendermaßen wahrnehmen:	▪ Kundenwünsche ermitteln und erfüllen ▪ Neue Kunden gewinnen und binden ▪ Wettbewerbsfähige Preise umsetzen	▪ CSI ▪ Umsatzanteil der Neukunden ▪ Preisindex	▪ ++ ▪ 15 % ▪ 0,9	▪ Kundenbefragung ▪ Akquisitionsprogramm ▪ Preismonitor einführen
Prozesse Hier müssen wir besonders gut sein:	▪ Marketing- und Vertriebsprozesse verbessern (Cross-Selling) ▪ Aufbau kostengünstigerer Distributionskanäle ▪ Kürzere Entwicklungszeiten für neue Leistungen	▪ Cross Selling Ratio ▪ Distributionskosten ▪ Anzahl der Produkte nicht älter als 2 Jahre	▪ 20 % ▪ 10 Mio. € ▪ 3	▪ Porzessoptimierung ▪ Direktvertrieb aufbauen ▪ F & E-Prozesse optimieren
Lernen und Wachstum So sichern wir unseren Erfolg langfristig:	▪ Innovationsführerschaft in Marktsegement B ▪ Zugang zu strategisch wichtigen Informationen gewinnen ▪ Motivation der Mitarbeiter steigern ▪ Qualität steigern	▪ Umsatzanteil Produkte nicht älter als 2 Jahre ▪ Zunahme der Zugriffe auf Datenbank ▪ Auswertung Mitarbeiterbefragung ▪ Senkung der Fehlerquote	▪ 20 % ▪ 40 % ▪ > 80 Punkte ▪ 5 %	▪ Marktbeobachtung ▪ Aufbau einer Wissensdatenbank ▪ Prämiensystem einführen ▪ TQM einführen

Quelle: Herbst 2000 S. 150

weit für Unternehmensanalysen verfügbar zu haben, empfiehlt sich der Aufbau eines EDV-gestützten Planungssystem.

Erstaunlich viele erfolgreiche (33 %) und erfolglose (26 %) Unternehmen geben an, Wissensmanagement zu nutzen oder genutzt zu haben. Die Bedeutung des Wissenskapitals im Unternehmen scheinen zwar schon viele KMU erkannt zu haben, aber es ist zu vermuten, dass die Qualität und der Umfang des Wissensmanagement stark variiert. Der Begriff Wissensmanagement umfasst die Entwicklung, Akquisition und die Nutzung von Know-how (vgl. Abbildung 17).[2]

---

2 Vertiefende Literaturhinweise zum Thema Wissensmanagement sind im Serviceteil zu finden.

Wissensinhalte	Prozesse
• Strategische Ziele • Einzubindende Nutzer • Erforderliches Wissen • Wissenslücken • Externe und interne Informationsquellen	• Aufbau von Prozessen, die das intellektuelle Vermögen standardisieren und Zugang für alle Mitarbeiter schaffen (entwickeln, teilen, nutzen, verbessern). • Aufbau von Wissensstrukturen, um Inhalt und Nutzung zu vereinfachen.
Organisation / Struktur	**IT / Systeme**
• Sponsorship • Knowledge-Management-Team • Support-Team • Aufbauorganisation vs. laufend Linienverantwortlichkeiten • Kulturwandel	• Hardware / Software • Datenbankdesign • Nutzerzugang und Netzwerk (z.B. Internet) • Datensicherheit • Nutzerschnittstellen

Abbildung 17. Elemente des Wissensmanagement

Quelle: Herbst, 2000, S. 157

Während Großunternehmen hohe Investitionsbeträge für die Entwicklung eigener Wissensmanagementsysteme inklusive spezieller Hard- und Software ausgeben, bestehen auf Seiten der mittelständischen Wirtschaft folgende Einwände gegen Wissensmanagement (Wuppertaler Kreis, 2000, S. 25):

- Das nötige Wissen und die Kompetenz sind im Unternehmen nicht in ausreichendem Maße vorhanden.
- Aufgrund begrenzter Personenkapazitäten ist es nur in Ausnahmefällen möglich, eine eigene EDV-Abteilung oder eine hauptberufliche Stelle für einen Wissensmanager einzurichten.
- Der engere Finanzspielraum bei KMU schränkt die Umsetzung der technischen Möglichkeiten stärker ein.

Obgleich die Gegenargumente zum Wissensmanagement nicht ganz von der Hand zu weisen sind, sollte dabei nicht vergessen werden, dass die

Vernachlässigung von Wissensmanagement die Zukunfts- und Wettbewerbsfähigkeit eines Betriebes nachhaltig beeinträchtigen kann und Wissensmanagement speziell für KMU einen spezifischen Erfolgsfaktor darstellt.

Als dritthäufigstes Managementinstrument wird Krisenplanung genannt: 23 % der erfolgreichen und 28 % der gescheiterten Unternehmen haben dieses Instrument eingesetzt. Der höhere Anteil bei den Gescheiterten hängt wahrscheinlich damit zusammen, dass sich die Unternehmen schon in einer Krise befanden und infolgedessen sich dem Thema Krisenplanung stärker zugewandt haben. Ein vorausschauendes Risiko-/Krisenmanagement setzt aber schon zu einem früheren Zeitpunkt ein und beinhaltet die intensive Auseinandersetzung mit den Krisenpotenzialen des Unternehmens und der Märkte. Darüber hinaus stellt sich für die Unternehmen die Frage, wie gut sie auf einen potenziellen Krisenfall vorbereitet sind und welche notwendigen Maßnahmen zur Bewältigung der Krise umzusetzen wären.[3]

Während die erfolgreichen Unternehmen unter den sonstigen verwendeten Instrumenten hauptsächlich Controlling/BWA, Qualitätsmanagement und Informationsmanagement angeben, nennen die gescheiterten Betriebe externe Beratung, Informationsmanagement und Controlling/BWA.

Wie bereits erwähnt, sind insbesondere bei den gescheiterten Unternehmen Schwächen sowohl in der Unternehmenskonzeption als auch der Unternehmensplanung erkennbar. Insofern erscheint es wenig verwunderlich, dass ein signifikant kleinerer Anteil von gescheiterten Betrieben „jederzeit" oder „meistens" über den Geschäftsverlauf informiert gewesen ist (vgl. Tab. 7).

Darüber hinaus wurden auch die eingesetzten Methoden in den Bereichen Controlling/Finanzen und Marketing abgefragt. Bei der Durchführung der Ergebnisrechnung konnte kein signifikanter Unterschied festgestellt werden: 70 % (n=729) der erfolglosen und 73 % (n=944) der erfolgreichen Betriebe haben eine monatliche Ergebnisrechnung erstellt.

In punkto Nachkalkulationen besteht zwischen den Gruppen ein statistisch signifikanter Unterschied. Etwa ein Viertel der Gescheiterten (n=518) und 18 % der Erfolgreichen (n=651) führen eine monatliche Nachkalkulationen durch. Fast ein Viertel der Erfolgreichen haben sogar nie eine Nachkalkulation vorgenommen, bei den Gescheiterten liegt dieser Anteil bei 18 %.

---

[3] Weitere Hinweise und Tipps zur Früherkennung von Krisen und zum Krisenmanagement finden sich im Serviceteil.

Tabelle 7. Vollständige Informationen über den Geschäftsverlauf

Informationslage Unternehmen

		Gruppen		
		Gescheiterte	**Erfolgreiche**	**Gesamt**
jederzeit/ meistens	**Anzahl**	647	1066	1713
	%	37,8%	62,2%	100,0%
	% von Gruppe	96,3%	99,5%	98,3%
nie/selten	**Anzahl**	25	5	30
	%	83,3%	16,7%	100,0%
	% von Gruppe	3,7%	,5%	1,7%
Gesamt	**Anzahl**	672	1071	1743
	%	38,6%	61,4%	100,0%
	% von Gruppe	100,0%	100,0%	100,0%

Chi²-Wert = 25,8; Signifikanzniveau 1 %

Der Befund sollte allerdings nicht zu dem Schluss verleiten, monatliche Nachkalkulationen erhöhten die Wahrscheinlichkeit des Scheiterns. Vielmehr stellt sich hier die Frage der Qualität der durchgeführten Nachkalkulationen.

Im Hinblick auf die Häufigkeit und Periodik der Finanzplanung zeigt der Befund ebenfalls keine besonderen Unterschiede zwischen beiden Unternehmensgruppen: 66 % (n=533) der erfolglosen Unternehmer und 65 % (n=758) der erfolgreichen planen ihre Finanzen einmal jährlich. Aufschlussreich in dem Zusammenhang ist jedoch, ob Abweichungen bei der Finanzplanung aufgetreten sind. Während ein Viertel (n=1005) der erfolgreichen Unternehmer „keine Abweichungen" zwischen Soll und Ist-Zustand festgestellt haben, liegt der Anteil bei den gescheiterten Unternehmern nur bei 5 % (n=766). Die deutliche Abweichung zwischen gescheiterten und erfolgreichen Unternehmen lässt vermuten, dass die erfolgreichen Betriebe in ihren Finanzplanungen realistischer vorgehen.

Im Marketingbereich zeigen sich mit Ausnahme der Auftragseingänge/-bestände statistisch signifikante Unterschiede beim Einsatz von Qualitätstests der Produkte, der Auswertung von Verkaufsumsätzen/Preisen und in der Periodik von Kundengesprächen. Sowohl bei den Erfolgreichen als auch bei den Gescheiterten geben mehr als drei Viertel an, ihre Produkte/Dienstleistungen einer Qualitätskontrolle zu unterziehen. Auffallend ist aber, dass im Vergleich zu den Insolventen ein größerer Teil der Erfolgreichen (23 %) überhaupt keine Qualitätstests durchgeführt hat (vgl. Tab. 8).

Tabelle 8. Qualitätstest der Produkte/Dienstleistungen

Qualitätstest Produkte/DL

		Gruppen		
		Gescheiterte	**Erfolgreiche**	**Gesamt**
nein	**Anzahl**	128	252	380
	%	33,7%	66,3%	128
	% von Gruppen	16,3%	23,1%	20,2%
ja	**Anzahl**	659	841	1500
	%	43,9%	56,1%	100,0%
	% von Gruppen	83,7%	76,9%	79,8%
Gesamt	**Anzahl**	787	1093	1880
	%	41,9%	58,1%	100,0%
	% von Gruppen	100,0%	100,0%	100,0%

Chi²-Wert = 13,1; Signifikanzniveau 1 %

Ein ähnlicher Befund ist auch bei Auswertungen von Verkaufsumsätzen und Preisen zu beobachten: Während 34 % (n=834) der Erfolgreichen hauptsächlich eine monatliche Datenauswertung vornehmen, liegt der Anteil bei den Gescheiterten um 5 Prozentpunkte höher. Allerdings fast ein Viertel (23 %, n=834) der Erfolgreichen hat die Verkaufsumsätze „nie" ausgewertet; bei den Gescheiterten hingegen liegt der Anteil mit rund 4 % deutlich darunter.

Sowohl die Gescheiterten (77 %, n=631) als auch die Erfolgreichen (68 %, n=773) haben überwiegend Kundengespräche im halbjährlichen Turnus durchgeführt.

3.3.4 Umweltschutzauflagen als Misserfolgs- oder Erfolgsfaktor

Die DtA-Studie enthielt auch eine Frage, ob Umweltschutzauflagen einen negativen Einfluss auf die Entwicklung des Unternehmens gehabt haben.

Tabelle 9. Einfluss von Umweltschutzauflagen

Einfluss ist …	Gescheiterte Unternehmen (n=1055)	Erfolgreiche Unternehmen (n=776)
stark negativ	7,5 %	5,8 %
negativ	6,7 %	10,0 %
mittelstarken	9,9 %	19,0 %
wenig	11,5 %	17,8 %
gar keinen negativen Einfluss	64,4 %	47,4 %

Chi²-Wert = 68,1; Signifikanzniveau 1 %

Aus Tabelle 9 ist erkennbar, dass drei Viertel der gescheiterten Unternehmen den negativen Einfluss von Umweltauflagen als gering oder nicht vorhanden einschätzen, bei den erfolgreichen sind es ca. 10 Prozentpunkte weniger. Wenngleich die Mehrheit der befragten Unternehmen Umweltschutzauflagen einen geringen oder überhaupt keinen Einfluss auf die Entwicklung ihres Unternehmens zuspricht, sieht zumindest ein Teil der Unternehmer negative Auswirkungen: 14 % der Gescheiterten gegenüber 16 % der Erfolgreichen sehen ihr Unternehmen durch Umweltschutzauflagen negativ oder stark negativ betroffen.

Mit welcher Art von Umweltauflagen sich die befragten Unternehmer konfrontiert sahen, ist aus Tabelle 10 ersichtlich. Unternehmen, die letztlich scheiterten, hatten demnach häufiger Schwierigkeiten mit Umweltauflagen zu Sanierungsmaßnahmen, Abwasser und Lärm. Bei den Nennungen erfolgreicher Unternehmen fällt auf, dass diese häufiger aktuellere Themen, wie z.B. Ökosteuer, Pfandfrage erwähnen.

Insgesamt jedoch deuten die Ergebnisse darauf hin, dass Umweltschutzauflagen letztlich nur eine geringe Bedeutung für den Misserfolg eines Unternehmens aufweisen. Auch Fritz (1997, S. 155) und andere Forscher kommen zum Ergebnis, dass letztlich die Berücksichtigung von Umweltschutzkriterien auf den Unternehmenserfolg positiv wirkt, wenn sowohl die direkten als auch die indirekten Effekte beachtet werden. Die vielfach geäußerte Klage über Wettbewerbsnachteile auf Grund von Umweltschutzauflagen und – abgaben ist auf der Basis der bisherigen empirischen Forschung wenig begründet.

Tabelle 10. Art von Umweltschutzauflagen

	Gescheiterte Unternehmen (n=124)	**Erfolgreiche Unternehmen (n=131)**
Behördliche Vorschriften	21,8 %	23,7 %
Abwasser	17,7 %	7,6 %
Abfallentsorgung	16,9 %	19,8 %
Sanierungsvorschriften	12,9 %	4,6 %
Bauvorschriften	8,9 %	4,6 %
Emissionsschutz	7,3 %	12,2 %
Lärmschutz	4,8 %	-
EU-Normen	3,2 %	0,8 %
Produkt-/ Produktionsumstellungen	2,4 %	3,1 %
Erstellung von Umweltgutachten	2,4 %	1,5 %
Ökosteuer	1,6 %	14,5 %
Recycling/Flaschen-/ Dosenpfand	–	7,6 %

3.4 Fazit und Ausblick

Wie die empirischen Ergebnisse der explorativen Datenanalyse zeigen, gibt es deutliche Unterschiede in der Gründungsplanung und Unternehmensführung der gescheiterten und erfolgreichen Unternehmen. Ein Großteil der bereits im Jahr 1987 von der DtA ermittelten Insolvenzfaktoren wie z.B. Informationsdefizite oder Qualifikationsmängel konnten auch in der aktuellen DtA-Studie belegt werden.

Obgleich nicht im Vordergrund der DtA-Studie, so kann doch davon ausgegangen werden, dass die Persönlichkeit als der alles dominierende Erfolgsfaktor, wie häufig behauptet, nur eine begrenzte Erklärungskraft für den Unternehmenserfolg hat (Frese, 1998; Brüderl et al., 1998, S. 34 ff.). Denn genauso wenig wie es nicht den *einen* Erfolgs- oder Misserfolgsfaktor gibt, lässt sich *der* spezifische erfolgreiche Unternehmertyp bestimmen. Gleichwohl nimmt die Unternehmerperson neben anderen Faktoren insbesondere bei kleineren Betrieben eine nicht zu vernachlässigende Stellung ein.

Nicht selten wird in empirischen Studien Eigenkapitalmangel als Hauptursache für eine Unternehmensinsolvenz genannt. Bei diesem Problem dürfte es sich aber eher um ein Symptom handeln und weniger um die eigentliche Ursache für das Scheitern des Unternehmens. Häufig verbergen sich hinter dem Problem einer ausreichenden Eigenkapitalausstattung Schwierigkeiten, die schon seit einem längeren Zeitraum im Unternehmen bestehen und mit Fehlern im Management und der Kundenorientierung zusammenhängen (Töpfer, 1990). Zu einem ähnlichen empirischen Befund kommen auch eine Insolvenzstudie der KfW und eine Studie von ISG und DIW. Demnach gibt es keinen engen Zusammenhang zwischen der Eigenkapitalausstattung und dem Unternehmenserfolg (Plattner, 2002).

Wie eine vergleichende Analyse von 40 empirischen Studien zu Erfolgsfaktoren zeigt, sind mehrere Faktoren für den Unternehmenserfolg bedeutsam. Zu den am häufigsten genannten Schlüsselfaktoren des Unternehmenserfolgs gehören die Qualität der Humanressourcen (Mitarbeiter, Unternehmensführung), die Kundennähe, die Innovationsfähigkeit, die Produktqualität und der Führungsstil (Fritz, 1997, S. 15).

Sowohl die Ergebnisse der Untersuchungen von Krisenursachen als auch von Erfolgsursachen sind in der Tendenz ähnlich. Betrachtet man die Ergebnisse jedoch genauer, lassen sich aber erhebliche Unterschiede feststellen. Die Erklärungen dafür liegen z.B. in der Zeitabhängigkeit der Erfolgsfaktoren (so waren in den 60er Jahren andere Faktoren für den Unternehmenserfolg entscheidend als heutzutage), in branchen- und unternehmensspezifischen Besonderheiten oder auch in regionalen Unterschieden.

Wie wichtig einzelne Erfolgsfaktoren für ein einzelnes Unternehmen *langfristig* sind, hängt sowohl von den gewählten Unternehmensstrategien als auch von Umfeldbedingungen der jeweiligen Branche ab.

Das komplexe Zusammenspiel verschiedener Erfolgsfaktoren beinhaltet jedenfalls viele Freiheitsgrade und stellt jeden Unternehmer immer wieder aufs Neue vor die schwierige und kreative Herausforderung, Lösungen für spezifische Kundenbedürfnisse zu finden. Hauptfunktion eines Unternehmens ist es nicht, Beschäftigungsabbau und Kostensenkung zu betreiben, sondern Märkte mit Gütern und Dienstleistungen zu versorgen. Kleine und mittlere Unternehmen leisten im Vergleich zu Großunternehmen für die volkswirtschaftliche Güterversorgung und Beschäftigungssituation einen größeren Beitrag. In diesem Sinne verdient jedwede Unternehmensgründung unabhängig davon ob erfolgreich oder nicht Anerkennung und Respekt.

Eine bedeutsame Rolle sowohl für Gründungen als auch für bestehende kleinere und mittlere Unternehmen (KMU) spielen aber auch gesellschaftliche Rahmenbedingungen, wie z.B. Steuer- und Gesetzesregelungen, Verfügbarkeit über Kapital und Ausbildung an Schulen. Die Rahmenbedingungen für KMU sind jedoch in Deutschland alles andere als zufriedenstellend, betrachtet man die jüngsten Ergebnisse des globalen Unternehmensgründungsmonitors (Sternberg/Bergmann, 2003, S. 23 ff.). Während Deutschland in punkto Infrastruktur (Büro- und Gewerbeflächen, Verkehrs-, Telekommunikationseinrichtungen), Patentrecht sowie öffentliche Förderstruktur noch relativ gut abschneidet, zeigen sich z.B. in den Bereichen Ausbildung, Steuern, Wissens-/Technologietransfer und Marktoffenheit deutliche Schwächen.

Wie die Ergebnisse der DtA-Studie belegen, lässt sich in der Unternehmensführung vieler Mittelständler noch einiges verbessern. Auf die offene Frage „Was würden sie aus heutiger Sicht anders machen, wenn Sie noch einmal gründen würden?“ nennen die erfolgreichen und gescheiterten Betriebe in erster Linie die Unternehmenskonzeption/Unternehmensplanung (20 %). Während bei den Erfolgreichen an zweiter und dritter Stelle „Finanzierung/Finanzplanung“ (17 %) und „Standortwahl/-analyse“ (12 %) genannt werden, sind es bei den Gescheiterten „Finanzierung/Finanzplanung“ (19 %) und „Externe Berater“ (11 %). Um den Unternehmenserfolg zu steuern wird es indes kaum ausreichen nur diese Aspekte zu berücksichtigen. Vielmehr sind dazu Innovationen in sämtlichen Bereichen der Geschäftsführung, Controlling, Produktentwicklung sowie im Marketing erforderlich.

Neben den vorherigen Ausführungen befinden sich im Anhang weitergehende Literaturhinweise, Checklisten und interessante Informationen aus dem Internet, die den Leser bei der praktischen Umsetzung unterstützen können.

Die explorative Datenanalyse hat gezeigt, dass sich die beiden Gruppen der erfolgreichen und gescheiterten Unternehmensgründungen zum Teil deutlich voneinander unterscheiden und liefert Hinweise, was die erfolgreichen Betriebe anders und besser machen. Welchen Faktoren im Zusammenwirken eine wesentliche Bedeutung für die Überlebenswahrscheinlichkeit und dem Unternehmenserfolg zukommt, lässt sich nur mittels einer multivariaten Analyse klären (vgl. Beitrag Woywode/Struck).

3.5 Literatur

Angele, J. (2002): Insolvenzen 1999 bis 2001 nach neuem Insolvenzrecht. In: Wirtschaft und Statistik, Nr. 6, S. 460-470.

Brüderl, J.; Preisendörfer, P.; Ziegler, R. (1998): Der Erfolg neugegründeter Betriebe. Eine empirische Studie zu den Chancen und Risiken von Unternehmensgründungen, 2. Auflage. Berlin (=Betriebswirtschaftliche Schriften Band 140).

Evers, J. (2001): Finanzierungsfehler und Konfliktgeschichte gescheiterter Bankfinanzierungen bei Kleinbetrieben im Verhältnis Bank – Kunde. Hamburg.

Frese, M. (1998) (Hrsg.): Erfolgreiche Unternehmensgründer: Psychologische Analysen und praktische Anleitungen für Unternehmer in Ost- und Westdeutschland. Göttingen.

Friedag, R. (1998): Visionen für Unternehmen. Die Balanced Scorecard – Ein neuer Ansatz für die betriebliche Praxis. In: Blick durch die Wirtschaft, Nr. 145 vom 31.07.1998, S. 5.

Friedrich, W. u.a. (1997): Ertragsentwicklung, Eigenkapitalausstattung und Insolvenzen im Bereich des industriellen Mittelstandes. Köln/Neuss.

Fritz, W. (1995): Marketing-Management und Unternehmenserfolg: Grundlagen und Ergebnisse einer empirischen Untersuchung. Stuttgart.

Fritz, W. (1997): Erfolgsursache Marketing. Warum marktorientiert geführte Unternehmen erfolgreich sind. Stuttgart.

Hammonds, K. (2001): Anderssein ist alles. In: Wirtschaftswoche, Nr. 12 vom 15.3.2001, S. 124-126.

Hennings, D.; Czaplinsky, E. (1997): Die Rolle der Bank in Sanierungsfällen. In: Bank Magazin, Nr. 12, S. 33-35.

Herbst, D. (2000): Erfolgsfaktor Wissensmanagement. Berlin.

Hermes Kreditversicherungs-AG (2002): HERMES-Fakten. Insolvenzprognose 2002. Hamburg.

ifm Infodienst (2001): Die wirtschafts- und gesellschaftspolitische Rolle der mittätigen Unternehmerfrauen in der mittelständischen Wirtschaft Baden-Württembergs. Nr. 4 (www.ifm-uni-mannheim.de/unter/infodi04.html).

Klandt, H. (1984): Aktivität und Erfolg des Unternehmensgründers: Eine empirische Analyse unter Einbeziehung des mikrosozialen Umfeldes. Bergisch Gladbach.

Köppen, R. (1999): Erfolgsfaktoren von Unternehmensberatungen: die Nachfolgeregelung in kleinen und mittleren Unternehmen. Wiesbaden (zugl. Diss. Univ. Karlsruhe 1999).

Kuipers, M. (1990): Erfolgsfaktoren der Unternehmensgründung. Eine Untersuchung erfolgreicher und erfolgloser Unternehmensgründer in der Schweiz. Bamberg (zugl. Diss. Hochschule St. Gallen).

Micka, B. (2002): Vor dem Beginn die Persönlichkeit testen. FTD vom 2.12.2002.

Moser, K.; Batinic, B.; Zempel, J. (Hrsg.) (1999): Unternehmerisch erfolgreiches Handeln. Göttingen.

Nöcker, R. (2002): Spielertypen sind keine guten Unternehmer. Gespräch mit dem Organisationspsychologen Michael Frese. FAZ vom 7.1.2002.

O.V.[1] (2002): Unternehmertum ist eine Frage der Persönlichkeit. FAZ vom 7.1.2002.

O.V.[2] (2002): Künftig mehr Initiative bei den Unternehmen. Spezial Haus- und Geschäftsbanken. In: Unternehmermagazin, Nr. 3, S. 40-42.

O.V.[3] (2001): Klassenziel klar verfehlt. In: Markt und Mittelstand, Nr.11, S. 52-53.

O.V.[4] (2000): Familienbetriebe sind am konservativsten. Nur selten moderne Management-Konzepte/Studie Maschinenbau, Nr. 244, FAZ vom 20.10.02, S. 14.

Paulini, M. (1997): Gesamtwirtschaftliche Bedeutung von Existenzgründungen. In: Ridinger, R. (Hrsg.): Gesamtwirtschaftliche Funktionen des Mittelstandes. Berlin (Veröffentlichungen des Round Table Mittelstand Band 1), S. 27-40.

Paulus, J. (1999): Schillernde Figur. In: Wirtschaftswoche, Nr. 40, S. 154-159.

Plattner, D. (2002): Warum Firmen Pleite machen. In: Mittelstands- und Strukturpolitik, Nr. 28, S. 37-54.

Ridinger, R. (Hrsg.) (1997): Gesamtwirtschaftliche Funktionen des Mittelstandes, Berlin (=Veröffentlichungen des Round Table Mittelstand Band 1).

Schlebusch, D.; Volz, N.; Huke, P. (1999): Unternehmenskrisen im Mittelstand – Entwicklung, Symptome, Bewältigung. In: Die Bank, Nr. 7, S. 452-456.

Schrick-Hildebrand, P. (2001): Konjunkturperspektiven 2002: Weltwirtschaft – Aussichten auf eine leichte Wachstumsbelebung. In: IKB Mitteillungen, Nr. 3, S. 3-6.

Sternberg, R.; Bergmann, H. (2003): Global Entrepreneurship Monitor. Unternehmensgründungen im weltweiten Vergleich. Länderbericht Deutschland 2002, Köln.

Struck, J. (1999): Eigenkapital als Investitionshemmnis. Eine Studie der Deutschen Ausgleichsbank. In: Betriebswirtschaftliche Forschung und Praxis, Nr. 3, S. 293-306.

Töpfer, A. (1980): Führungsmängel in Klein- und Mittelbetrieben beseitigen, heißt konkret: Mit Planung das Konkursrisiko abbauen. In: Management-Zeitschrift Industrielle Organisation, 49 Jg., S. 148-155.

Töpfer, A. (1990): Insolvenzursachen Turn-around Erfolgsfaktoren. Über existenzbedrohende Stolpersteine zum Unternehmenserfolg. In: zfo, Nr. 5, S. 323-329.

Trebag Treuhand und Beratung AG (1998): Krisenursachen im Insolvenzvorfeld mittelständischer Unternehmen. München, Salzburg.

Woywode, M. (1998): Determinanten der Überlebenswahrscheinlichkeit von Unternehmen: Eine empirische Überprüfung organisationstheoretischer und industrieökonomischer Erklärungsansätze. Baden-Baden (zugl. Diss. Univ. Mannheim 1997).

Wuppertaler Kreis e.V. (Hrsg.) (2000): Wissensmanagement in mittelständischen Unternehmen. Ein Leitfaden. Köln.

4 Zu den Ursachen des Erfolgs staatlich geförderter Unternehmen: Ergebnisse einer aktuellen empirischen Untersuchung

Michael Woywode und Jochen Struck

4.1 Einführung

Das derzeit vorherrschende große Interesse an Existenzgründungen, für das die Einführung der „Ich-AG" nur als ein Indiz genannt werden soll, ist vor allem mit der Hoffnung auf Schaffung zahlreicher neuer Arbeitsplätze verbunden. Auf die Bedeutung gerade der kleinen und jungen Unternehmen für das gesamtwirtschaftliche Beschäftigungswachstum hat insbesondere Birch (1981, 1987) bereits Ende der 70er Jahre in den USA aufmerksam gemacht. Ermutigt durch die Arbeiten von Birch sind viele empirische Studien entstanden, in denen die Entwicklungspfade kleiner und junger Unternehmen verfolgt oder Beschäftigungsbeiträge errechnet wurden, die von diesen Unternehmen ausgingen. Wichtige jüngere Beiträge zu dieser Literatur sind die Arbeiten von Brock und Evans (1986), Evans (1987 a,b), Hall (1987), Dunne et al. (1989 a,b) oder für die deutsche Wirtschaft von Wagner (1994), Brüderl et al. (1996), Harhoff et al. (1998) sowie Woywode und Lessat (2001).

Neben der Schaffung neuer und zukunftsträchtiger Arbeitsplätze werden Existenzgründungen aber auch zahlreiche andere Wirkungen zugeschrieben, etwa der von ihnen ausgehende Beitrag zum Strukturwandel und zur Regenerationsfähigkeit der Volkswirtschaft. Nicht zu unterschätzen sind indirekte Wirkungen, z. B. der von der New Economy ausgehende Druck auf etablierte Unternehmen zur Nutzung neuer I&K-Techniken (Internet etc).

Damit junge Unternehmen ihre Wirkungen nachhaltig entfalten können, muss eine hinreichende Zahl von ihnen längerfristig überleben – wenngleich auch neue Unternehmen mit kurzer Lebensdauer wichtige Beiträge für die Volkswirtschaft leisten (siehe wiederum das Beispiel der New Economy). In der langfristigen Überlebensfähigkeit besteht jedoch ein zentrales Problem vor allem junger Unternehmen. Verschiedenen empirischen Untersuchungen zufolge scheitern viele Unternehmen bereits in den ersten Lebensjahren (Brock/Evans, 1986, S. 140 ff.; Phillips/Kirchhoff, 1989; Geroski, 1991, S. 23 ff.). Über die Determinanten der Bestandsfestigkeit und damit der grundlegenden Voraussetzung für den Unternehmenserfolg ist bisher allerdings nur wenig bekannt.

Im Rahmen ihrer Wirtschaftspolitik fördern die Industrienationen seit Jahrzehnten Existenzgründungen. In der Bundesrepublik Deutschland werden über Institutionen wie die Deutsche Ausgleichsbank, die Kreditanstalt für Wiederaufbau oder das Rationalisierungskuratorium der deutschen Wirtschaft Existenzgründer mit Darlehensprogrammen, Beratungsleistungen und Anschubfinanzierungen unterstützt. Mit Ausnahme der Arbeiten von Brüderl et al. (1996) sowie Almus und Prantl (2000) wurden die Wirkungen staatlicher Förderung auf die Erfolgschancen von Unternehmen jedoch bisher empirisch nicht fundiert analysiert.

In dieser Studie analysieren wir daher die wirtschaftliche Entwicklung von 1.833 ost- und westdeutschen Unternehmen aller Branchen, die in den 90er Jahren von der Deutschen Ausgleichsbank im Rahmen des Eigenkapitalhilfe-Programms (EKH) gefördert wurden. Mit EKH können Gründer und junge Unternehmer ihr verfügbares Eigenkapital auf bis zu 40 % des Investitionsvolumens auffüllen. Gerade für Gründungen und junge Unternehmen gilt eine auskömmliche Eigenkapitalbasis als ein wichtiges Erfolgskriterium (Struck, 1999). Wir diskutieren die relevante Literatur bezüglich der Determinanten des Unternehmenswachstums und -scheiterns und entwickeln eine Anzahl von Hypothesen, die anhand eines speziell konstruierten Datensatzes der Deutschen Ausgleichsbank (DtA) empirisch überprüft werden. Dieser Datensatz basiert auf Informationen, die von Mitarbeitern der DtA zu den geförderten Unternehmen zum Gründungszeitpunkt erhoben wurden, sowie auf Angaben, die aus einer schriftlichen Unternehmensbefragung stammen, die im Jahr 2000 stattfand. 668 der 1.833 befragten Unternehmen sind im Untersuchungszeitraum gescheitert. 1.165 Unternehmen existierten dagegen noch zum Zeitpunkt der schriftlichen Befragung.

Unsere Resultate können folgendermaßen zusammengefasst werden: Wir bestätigen den Befund früherer Untersuchungen, dass die Bestandsfestigkeit mit zunehmender Unternehmensgröße steigt. Weiterhin stellen wir fest, dass sich die Überlebenswahrscheinlichkeit von Unternehmen danach unterscheidet, für welchen Zweck das Unternehmen staatliche Finanzierungsförderung in Anspruch genommen hat (Gründung, Übernahme, Privatisierung oder Wachstum). Es zeigt sich auch, dass die Überlebenswahrscheinlichkeit der Unternehmen von der gewählten Rechtsform und der Branchenzugehörigkeit abhängt. Mit zunehmender Höhe der finanziellen Förderung durch die DtA steigt auch die Überlebenswahrscheinlichkeit der Unternehmen. Weiterhin können wir nachweisen, dass die Motivation des Gründers, sein Humankapital aber auch sein persönliches Umfeld in interessanter, häufig komplexer Weise die Überlebenswahrscheinlichkeit seines Unternehmen beeinflussen. Neben den Determinanten der Überlebenswahrscheinlichkeit analysieren wir auch die Determinanten der Überlebensdauer sowie Determinanten der Höhe des ausgefallenen Kredits. Darüber hinaus untersuchen wir noch die Determinanten des Beschäftigungswachstums von Unternehmen. Es zeigt sich, dass viele der Einflussfaktoren auf Wachstum und Scheitern von Unternehmen interdependent sind und ihre Wirkungen daher nur gemeinsam interpretiert werden sollten. So können wir zeigen, dass größere Unternehmen zwar bessere Überlebenschancen besitzen, verglichen mit kleinen Unternehmen aber langsamer wachsen. Oder wir finden heraus, dass Unternehmen, die eine haftungsbeschränkende Rechtsform gewählt haben, im Durchschnitt zwar größere Kreditausfälle verursachen, im Gegenzug aber höhere Beschäftigungswachstumsraten aufweisen. Aus Sicht einer staatlichen Förderbank, die nicht ausschließlich nach dem Prinzip der Gewinnmaximierung arbeitet sondern auch gesamtwirtschaftliche Interessen verfolgt, wird die Entscheidung, an wen sie Kredite vergeben soll, durch diese gegenläufigen Wirkungszusammenhänge erheblich verkompliziert.

Im folgenden Abschnitt stellen wir zunächst einige grundsätzliche theoretische Überlegungen zu Wachstum und Bestandsfestigkeit von Unternehmen an und untermauern diese mit einschlägiger Literatur. Wir entwickeln eine Reihe von Hypothesen, die verschiedene branchen-, unternehmens- und personenspezifische Einflussfaktoren mit Wachstum und Bestandsfestigkeit von Unternehmen in Verbindung bringen. Das dritte Kapitel ist der Beschreibung der verwendeten Unternehmensdaten und der Operationalisierung der Variablen gewidmet. Im vierten Kapitel befindet sich die Darstellung der ökonometrischen Befunde zu den Determinanten des Erfolgs staatlich geförderter Unternehmen. Unsere Arbeit schließt mit dem fünften Kapitel, in dem wir ein Fazit ziehen und einen Ausblick auf zukünftige Forschung gegeben.

4.2 Theoretische Aspekte des Unternehmenswachstums und Unternehmensscheiterns

Es existieren in der Literatur bereits eine Reihe von Studien, in denen Determinanten des Unternehmenswachstums und -scheiterns analysiert werden. Anstatt ein eigenes Erklärungsmodell zu entwerfen, wollen wir uns im theoretischen Teil der Arbeit auf diejenigen Einflussfaktoren konzentrieren, die sich in früheren Studien zum Unternehmenswachstum und -scheitern als relevante Erklärungsfaktoren erwiesen haben. Die industrieökonomische und betriebswirtschaftliche Literatur weisen auf eine ganze Reihe von Faktoren hin, die potenziell hilfreich sind, um die Ursachen des Unternehmenserfolgs zu verstehen. Diese Faktoren lassen sich grob in drei Kategorien einteilen: (1) Faktoren, die auf der Branchenebene wirken, wie die Nachfrageentwicklung, die Technologieintensität, die Höhe der Mindestoptimalen Betriebsgröße oder die Höhe der Markteintritts- und Marktaustrittsbarrieren, (2) Faktoren auf der Unternehmensebene, wie die Unternehmensgröße, das Unternehmensalter, die Unternehmensstrategie oder die Eigentümerstruktur und (3) Faktoren, die auf der Ebene der Unternehmerperson wirken, wie die Höhe des Humankapitals, das Alter oder die Motivation des Unternehmers.

Ad (1) Eine wichtige Studie, in der explizit branchenspezifische Faktoren im Zusammenhang mit dem Unternehmenswachstum und -scheitern modelliert werden, stammt von Audretsch (1995). Er analysiert die Beziehung zwischen der Mindestoptimalen Betriebsgröße, der Technologieintensität und dem Unternehmenswachstum. Audretsch vermutet folgenden Zusammenhang: Neu gegründete Unternehmen sind gezwungen, die Mindestoptimale Betriebsgröße schnell zu erreichen, ansonsten müssen sie aufgrund von Wettbewerbsnachteilen aus dem Markt ausscheiden. In der Tat kann der Autor eine positive Korrelation zwischen der Mindestoptimalen Betriebsgröße in einer Branche und der Beschäftigungswachstumsrate von neu gegründeten Unternehmen nachweisen. Im Hinblick auf die Technologieintensität einer Industrie zeigt Audretsch, dass die Wachstumsraten von Unternehmen in Hochtechnologiebranchen überdurchschnittlich hoch sind.

Dunne et al. (1989 a,b) analysieren Determinanten des Unternehmenswachstums und des Scheiterns von amerikanischen Unternehmen des Verarbeitenden Gewerbes. Die Autoren zeigen, dass die Wachstumsraten der Unternehmen signifikant zwischen verschiedenen Branchen des Verarbeitenden Gewerbes variieren. Auch Harhoff et al. (1998) können branchenspezifische Unterschiede in den Wachstumsraten bestätigen. Sie benutzen eine Stichprobe von etwa 10.000 westdeutschen Unternehmen, die aus allen Wirtschaftszweigen stammen. In dieser Studie zeigt sich, dass insbesondere Unternehmen des Dienstleistungssektors durch überdurchschnittlich hohe Beschäftigtenwachstumsraten gekennzeichnet sind. Auf der Basis des gleichen Datensatzes kann Woywode (1998) nachweisen, dass sich auch die Überlebenschancen von Unternehmen in Abhängigkeit von Brancheneinflüssen signifikant unterscheiden. Konkret zeigt sich, dass die Konkurswahrscheinlichkeit von Unternehmen in der Bauindustrie ceteris paribus höher als in allen anderen Branchen. Dagegen ist die Wahrscheinlichkeit einer freiwilligen Liquidation besonders hoch im Handel und im Dienstleistungsbereich. Brüderl et al. (1996) bestätigen ebenfalls signifikante branchenspezifische Unterschiede in den Beschäftigungswachstums- und Scheiterraten.

Johnson et al. (1997) sehen eine enge Beziehung zwischen der Entwicklungsdynamik innerhalb einer Branche und den Wachstumsraten von Unternehmen. Genauer gesagt argumentieren sie, dass die Wachstumsraten von Unternehmen in wachsenden Branchen höher sein sollten als diejenigen von Unternehmen in stagnierenden oder schrumpfenden Branchen. Junge und wachsende Märkte sind in der Regel durch niedrige Markteintrittsbarrieren und folglich ausgeprägte Marktein- und -austrittsaktivitäten von Unternehmen charakterisiert. Entsprechend dem Entwicklungsstand der Branche ergeben sich für die einzelnen Unternehmen unterschiedlich gute Wachstums- und Überlebenschancen. So zeichneten sich Unternehmen der Telekommunikationsbranche, der Biotechnologiebranche, der Multimedia- oder der Computerbranche bis vor Kurzem durch ein überdurchschnittlich hohes Wachstum und außergewöhnlich gute Überlebenschancen aus. Zwischenzeitlich haben sich nun die wirtschaftlichen Aussichten für Unternehmen in den genannten Branchen deutlich verschlechtert und nur wenige Unternehmen können sich diesem Trend entziehen. In einer vor Kurzem veröffentlichten Arbeit weisen Horvath et al. (2001) am Beispiel der amerikanischen Brauereiindustrie und verschiedener anderer Industrien theoretisch wie auch empirisch signifikante Zusammenhänge zwischen dem Entwicklungsstadium einer Branche, den Gründungsraten und der Überlebenswahrscheinlichkeit neu eintretender beziehungsweise etablierter Unternehmen nach.

Ausgehend von der Erkenntnis, dass nur ein geringer Anteil neu gegründeter Unternehmen über deutlich positive Beschäftigtenwachstumsraten verfügt, analysierten Brüderl und Preisendörfer (2000) sowie Woywode und Lessat (2001) welche Faktoren dieses schnelle Unternehmenswachstum erklären können. In ihren Analysen stellen sie wiederum branchenspezifische Unterschiede bezüglich der Wahrscheinlichkeit fest, dass Unternehmen schnell wachsen. Insbesondere im unternehmensnahen Dienstleistungsbereich, in der kunststoffverarbeitenden Industrie sowie im Maschinenbau konnte man Mitte bis Ende der 90er Jahre nach Lessat und Woywode (2001) besonders viele dieser „High Flyer“ finden.

Ad (2) Der größte Teil der Literatur zum Unternehmenswachstum und -scheitern beschäftigt sich mit Analysen über den Zusammenhang zwischen Unternehmenscharakteristika und Unternehmenserfolg. Jüngere Studien von Evans (1987 a,b), Hall (1987), Dunne et al. (1988, 1989), Harhoff et al. (1998) sowie Almus und Nerlinger (2000) haben gezeigt, dass die Beschäftigungswachstumsraten mit zunehmender Unternehmensgröße sinken, allerdings mit einer abnehmenden Rate. Andererseits zeigt sich in diesen Studien aber auch deutlich, dass die Überlebenschancen von Unternehmen mit zunehmender Unternehmensgröße steigen. Als Grund hierfür werden in der Literatur zumeist Wettbewerbsvorteile größerer im Vergleich zu kleineren Unternehmen angegeben – beispielsweise in Folge sogenannter *Economies of Scale*.

Weiterhin wird in den meisten empirischen Studien eine negative Beziehung zwischen dem Unternehmensalter und der Beschäftigungswachstumsrate bestätigt. Dagegen ist der Zusammenhang zwischen dem Alter der Unternehmen und den Überlebenschancen weit weniger eindeutig. In den entsprechenden Studien gelangt man zu sehr unterschiedlichen Ergebnissen. Zwischen dem Unternehmensalter und der Überlebenswahrscheinlichkeit von Unternehmen werden sowohl negative, positive, als auch nicht-monotone Zusammenhänge nachgewiesen (Hannan/Freeman, 1989; Brüderl/Schüssler, 1990; Levinthal, 1990; Jovanovic, 1982; Ericson/Pakes, 1995).

Unternehmen unterscheiden sich jedoch nicht nur hinsichtlich ihrer Größe und ihres Alters, sondern beispielsweise auch bezüglich ihrer Eigentümerstruktur. Ganz grob kann man abhängige und unabhängige Unternehmen voneinander unterscheiden. Ein Unternehmen wird als abhängig charakterisiert, wenn die Mehrheit seines Kapitals in den Händen anderer Unternehmen liegt. Abhängigkeit mag dabei für das betroffene Unternehmen durchaus von Vorteil sein. Verglichen mit unabhängigen Unternehmen besitzen abhängige Unternehmen auf unvollkommenen Faktormärkten zumeist einen besseren Zugang zu Ressourcen, der im Allgemeinen notwendig ist, um erfolgreich am Markt zu operieren. So spricht einiges dafür, dass abhängige Unternehmen durch höhere Wachstumsraten gekennzeichnet sein sollten als unabhängige Unternehmen. Andererseits besteht für das abhängige Unternehmen aber die Gefahr, dass sich das beherrschende Unternehmen aus wirtschaftlichen, strategischen oder anderen Gründen zur Liquidation des beherrschten Unternehmens entschließen könnte (Woywode, 1998).

In der industrieökonomischen Literatur geht man im Allgemeinen davon aus, dass für Unternehmen, aufgrund asymmetrischer Informationen zwischen Kapitalgebern und -nehmern sowie der Gefahr opportunistischen Verhaltens, Finanzierungsrestriktionen an den Kapitalmärkten existieren. Insbesondere junge, innovative Unternehmen sollten von diesen Kapitalmarktrestriktionen betroffen sein. Sie führen dazu, dass Unternehmen in vielen Fällen mit einer suboptimalen Kapitalausstattung operieren müssen. Die Folge suboptimaler Kapitalausstattung sollte eine unterdurchschnittliche Performanz der betroffenen Unternehmen sein. In der vorliegenden Studie analysieren wir die Erfolgschancen von Unternehmen, die *alle* eine staatliche Finanzförderung erhalten hatten. Die Unternehmen unterscheiden sich jedoch bezüglich der Darlehenshöhe, die ihnen im Rahmen des EKH-Programms durch die Deutsche Ausgleichsbank für ihre weitere Geschäftstätigkeit gewährt wurde. In einer ersten Approximation könnte man folgenden Zusammenhang vermuten: Je mehr finanzielle Förderung ein Unternehmen erhält, desto besser sollte seine finanzielle Ausstattung *ceteris paribus* sein und desto besser sind vermutlich auch die Erfolgschancen des Unternehmens.

Dunne et al. (1989 a, b) analysieren die Beschäftigungsdynamik verschiedener Typen neu gegründeter Unternehmen. Sie unterscheiden zwischen originären Unternehmensgründungen, Neugründungen, die in enger Beziehung zum Kerngeschäft des beherrschenden Unternehmens stehen und Neugründungen, die in bezug auf die Branche in keiner Beziehung zum beherrschenden Unternehmen stehen. Unternehmensgründungen, deren Wirtschaftsaktivitäten in enger Beziehung zu dem beherrschenden Unternehmen stehen, verzeichneten in dieser Untersuchung den größten Beitrag zur Gesamtbeschäftigung. Brüderl et al. (1996) untersuchen die Überlebenschancen originärer und sogenannter derivativer Unternehmensgründungen. Bei derivativen Unternehmensgründungen führt das neue Unternehmen wesentliche Teile des Geschäftsbetriebs eines ehemals existierenden Unternehmens fort. Sofern es gelingt, wichtige Ressourcen des alten Unternehmens, seien es Kundenbeziehungen, Produktions-Know-how etc., auf das neue Unternehmen zu übertragen, müssten sich, so vermuten die

Autoren, die Erfolgschancen des Nachfolgeunternehmens signifikant verbessern. Brüderl et al. können nun zeigen, dass derivative Unternehmensgründungen tatsächlich bessere Erfolgsaussichten besitzen als originäre Gründungen.

Harhoff et al. (1998) argumentieren, dass der haftungsrechtliche Status eines Unternehmens, der durch die gewählte Rechtsform festgelegt wird, die Wachstumsrate des Unternehmens beeinflussen sollte. Unternehmer legen mit ihrer Rechtsformwahl auch den Status der Haftungsbeschränkung fest. Die Autoren können nachweisen, dass Unternehmen mit beschränkter Haftung überdurchschnittlich hohe Wachstumsraten besitzen andererseits aber auch über ein erhöhtes Konkursrisiko verfügen. Eine mögliche Erklärung dieses Resultats mag darin liegen, dass Unternehmer, die eine Rechtsform mit beschränkter Haftung gewählt haben, einen Anreiz haben, überdurchschnittlich riskante Projekte zu verfolgen, die im Erfolgsfall mit einem überdurchschnittlich hohen Ertrag belohnt werden. Der Trade-off aus Sicht des Unternehmers und etwaiger Gläubiger besteht allerdings in einem signifikant erhöhten Scheiterrisiko.

In der ökonomischen Literatur wird an vielen Stellen darauf hingewiesen, dass die Erwartungen der Unternehmer über den zukünftigen Geschäftsverlauf ihr gegenwärtiges Handeln beispielsweise in Bezug auf Investitionen oder Innovationsaktivitäten stark beeinflussen. Investitions- und Innovationsverhalten können nun ebenfalls auf die Erfolgschancen von Unternehmen einwirken. Unternehmen, die für die Zukunft mit einer wachsenden Nachfrage rechnen, haben in den meisten Fällen ein Interesse daran, ihre Produktionskapazitäten auszuweiten. Aus diesem Grund werden sie häufig Ausrüstungs- beziehungsweise Erweiterungsinvestitionen tätigen und dabei vermutlich die Beschäftigung erhöhen. Handelt es sich bei den Investitionen allerdings um Rationalisierungsinvestitionen, so ist es wahrscheinlich, dass mit der Investition auch ein Beschäftigungsabbau einhergeht. Die Korrelation zwischen der Höhe der Investition und der Arbeitsplatzschaffung sollte mit dem optimalen Verhältnis von Kapital zu Arbeit in einer Branche variieren.

Theoretische Modelle über die Beschäftigungseffekte von Innovationen nehmen häufig an, dass Unternehmen, die erfolgreich Forschungs- und Entwicklungsaktivitäten betreiben, einen Wettbewerbsvorteil gegenüber Konkurrenten besitzen. Die Effekte von Innovationen auf Beschäftigung sind jedoch zweierlei: Während erfolgreiche Produktinnovationen zusätzliche Marktnachfrage generieren, die sich dann in einem positiven Beschäftigungswachstum der Unternehmen niederschlagen kann, sind Prozessinnovationen, die auf Kostensenkung abzielen, meist begleitet von einem Beschäftigungsrückgang (Katsoulacos, 1986).

Eine Ursache für Unternehmenswachstum kann auch in einem vorteilhaften geographischen Standort des Unternehmens liegen (Woywode/Lessat, 2001). In ländlichen Regionen sind Inputfaktoren, die das Unternehmen zum Prosperieren benötigt, wie Fachkräfte und spezifische Inputs, vermutlich knapper als in städtischen Gebieten. Die Wahrscheinlichkeit, positive Spillover-Effekte nutzen zu können, ist in städtischen Agglomerationen besonders hoch; sie wächst mit der Nähe zu anderen Unternehmen sowie zu öffentlichen Infrastruktureinrichtungen. Weiterhin besitzen Städte ein größeres Nachfragepotential als ländliche Regionen. Verglichen mit diesen, herrscht in städtischen Agglomerationen aber ein stärkerer Wettbewerb auf Inputmärkten mit der Folge höherer Faktorpreise. Daher könnte man vermuten, dass Unternehmen, die sich im städtischen Umland ansiedeln, unter den bestmöglichen Konditionen operieren und demnach bessere Erfolgschancen besitzen als Unternehmen in ländlichen Räumen oder in städtischen Agglomerationen.

In der vorliegenden Untersuchung stammen die analysierten Unternehmen aus allen Regionen Ost- und Westdeutschlands. Aufgrund der unterschiedlichen ökonomischen Voraussetzungen in Ost- und Westdeutschland und der idiosynkratischen Entwicklungsprozesse seit der Wiedervereinigung ist zunächst zu vermuten, dass sich die Erfolgschancen von Unternehmen in beiden Teilen Deutschlands signifikant voneinander unterscheiden. In den ersten Jahren nach der Wende waren die Erfolgsaussichten ostdeutscher Unternehmen vor allem aufgrund des enormen Nachholbedarfs der Bevölkerung und der massiven Infrastrukturinvestitionen der öffentlichen Hand ausgesprochen gut (Hinz, 1994). Unternehmen, die in Ostdeutschland in dieser Phase gegründet wurden, hatten günstige Startbedingungen. Mitte der 90er Jahre verschlechterten sich jedoch die wirtschaftlichen Bedingungen in Ostdeutschland allmählich; auch im Vergleich zu Westdeutschland. Somit spiegeln sich in den Erfolgschancen ost- und westdeutscher Unternehmen vermutlich nicht nur regionale Einflüsse sondern auch sogenannte Kohorten- und Periodeneffekte wider.

Ad (3) In der Managementliteratur wird der Person des Unternehmers eine wichtige Rolle bei der Erklärung der Unterschiede im Unternehmenserfolg zwischen einzelnen Unternehmen beigemessen (Finkelstein/Hambrick, 1990; Boone et al. 1996). Dabei spielt das Humankapital des Unternehmers eine zentrale Rolle (Becker, 1993). Es wird in diesem Zusammenhang meistens durch das Alter, die Ausbildung sowie die Branchen- bzw. Berufserfahrung des Unternehmers operationalisiert. Preisendörfer und Voss (1990) sowie Bates (1990) untersuchen den Zusammenhang zwischen dem Alter des Unternehmers und der Überlebenswahrscheinlichkeit von Unternehmen. In Anlehnung an die Humankapitaltheorie vermuten sie, dass mit zunehmendem Alter des Unternehmers auch seine Berufserfahrung oder abstrakt formuliert, sein Humankapital steigt. Höheres Humankapital steigert die Produktivität des Unternehmers und damit auch die Effizienz des von ihm geführten Unternehmens. Da eine überdurchschnittlich hohe Produktivität des Unternehmers insbesondere dem Risiko eines Konkurses entgegenwirkt, ist zu vermuten, dass die Insolvenzwahrscheinlichkeit eines Unternehmens mit steigendem Alter des Unternehmers sinkt.

Akademische wie berufliche Ausbildung wirken nach Ansicht von Vertretern der klassischen Humankapitaltheorie ebenfalls auf die Produktivität des Unternehmers und damit auf den Erfolg des Unternehmens. Die Produktivität des Unternehmers mag auch dadurch positiv beeinflusst werden, dass er vor der Gründung als abhängig Beschäftigter Managementerfahrung sammeln konnte oder dass er vor der Gründung bereits einmal selbständig war. Gründungen aus der Arbeitslosigkeit, die häufig als sogenannte Push-Gründungen bezeichnet werden, sollten dagegen geringere Erfolgschancen besitzen (Evans/Leighton, 1990).

Ein positiver Zusammenhang zwischen dem Ausbildungsabschluss und dem Unternehmenserfolg kann aber auch aus anderen Gründen bestehen. Leicht beobachtbare Indikatoren des Humankapitals wie Ausbildung, Berufserfahrung oder Branchenerfahrung werden beispielsweise von Banken im Rahmen der Bonitätsprüfung bei einer anstehenden Kreditvergabe verwendet. Die Ausbildung des Unternehmers wird in diesem Falle von externen Anspruchsgruppen als Signal für seine Produktivität gewertet (Spence, 1971). Das Signal über die Produktivität des Unternehmers muss jedoch nicht mit seiner tatsächlichen Produktivität übereinstimmen. Die Signalwirkung schulischer und beruflicher Ausbildung könnte bewirken, dass sich Unternehmer mit einem sozial hoch angesehenen Ausbildungsabschluss unabhängig von ihrer tatsächlichen Produktivität beispielsweise geringeren Kapitalmarktrestriktionen gegenüber sehen als Unternehmer mit einem niedrigen Ausbildungsabschluss. Insbesondere Unternehmer, die über eine akademische Ausbildung verfügen oder sogar einen prestigereichen Doktortitel beziehungsweise Professorentitel erworben haben, sollten von einem positiven „signaling"-Effekt akademischer Ausbildung gegenüber externen Anspruchsgruppen profitieren. Aus welchen Gründen auch immer: Die meisten Studien kommen zu dem Schluss, dass eine positive Korrelation zwischen der Höhe des Humankapitals des Unternehmers und der Unternehmensperformance besteht (Bates, 1990; Brüderl et al., 1992; Brüderl et al., 1996).

Eine weitere unternehmerbezogene Variable, die in der Vergangenheit mehrfach im Mittelpunkt von Untersuchungen zum Unternehmenserfolg stand, ist das Geschlecht des Unternehmers (siehe u.a. Voigt, 1994; Brüderl et al., 1996; Döbler, 1998; Boden/Nucci, 1998; John, 2003). Verschiedentlich wurde versucht, Unterschiede in den Erfolgschancen männlicher und weiblicher Gründer durch Verweis auf unterschiedliche Entscheidungskalküle zu erklären. So geht es männlichen Unternehmern möglicherweise häufiger als weiblichen Unternehmern darum, ihr persönliches Einkommen zu maximieren, während letztere in erster Linie daran interessiert sein könnten, ein Einkommen zu erzielen, das ein niedrigeres individuelles Anspruchsniveau befriedigt. Aus den unterschiedlichen Entscheidungskalkülen, leiten sich möglicherweise unterschiedliche Konsequenzen für die Überlebenschancen und Wachstumsraten von Unternehmen ab. Aus diesem Grund sollen in den späteren Schätzungen geschlechtsspezifische Einflüsse auf den Unternehmenserfolg kontrolliert werden.

Insbesondere junge Unternehmen und Gründungen sind personendominiert. Die Unternehmerperson bestimmt die Geschicke des Unternehmens entscheidend. Ihr steht i.d.R. keine Managementgremium (Vorstand) zur Seite, wie dies bei größeren Unternehmen der Regelfall ist. Die persönliche Situation (Krankheit) oder die Situation des privaten Umfelds (Unterstützung durch Partner etc) können daher erheblichen Einfluss auf den Unternehmenserfolg haben. Dieser Aspekt wurde in der Erfolgsfaktorenforschung bislang jedoch nur selten betrachtet. Die Deutsche Ausgleichbank hat in einer eigenen Studie über die Bestandsfestigkeit geförderter Unternehmen auf die Bedeutung der persönlichen Situation des Unternehmers bereits vor mehr als 10 Jahren hingewiesen (DtA, 1988).

Studien, in denen psychologische Eigenschaften des Unternehmers mit der Unternehmensleistung verknüpft werden, finden heraus, dass oftmals stark leistungsorientierte, hoch motivierte Unternehmer an der Spitze überdurchschnittlich erfolgreicher Unternehmen stehen. Das Motiv „sein eigener Chef sein", gehört ebenso zu diesen leistungsorientierten Motiven, wie das Streben nach einem hohen gesellschaftlichen Status oder einem hohen Einkommen aus Unternehmertätigkeit. Selbst wenn die Beobachtung solcher Charakteristika des Unternehmers schwierig ist, sollte nicht vergessen werden, dass gerade diese individuellen Aspekte eine wichtige Rolle bei der Erklärung des Unternehmenswachstums und der Überlebenschancen von Unternehmen zu spielen scheinen (Frank/Korunka, 1996; Douglas/Shepherd, 1999).

Im folgenden stellen wir eine Reihe von Hypothesen über mögliche Determinanten des Überlebens und Wachstums von Unternehmen auf, die wir im Rahmen unserer empirischen Analysen überprüfen:

H1: Je größer ein Unternehmen desto geringer die Beschäftigungswachstumsraten und desto größer die Überlebenschancen des Unternehmens.

H2: Verglichen mit originären Unternehmensgründungen besitzen derivative Unternehmensgründungen höhere Beschäftigungswachstumsraten und bessere Überlebenschancen.

H3: Je höher die finanzielle Förderung des Unternehmens mit DtA-besicherten Krediten, desto höher sind die Wachstumsraten und Überlebenschancen von Unternehmen.

H4: Unternehmen mit beschränkter Haftung haben eine überdurchschnittlich hohe Insolvenzwahrscheinlichkeit, überdurchschnittlich hohe Forderungsausfälle und überdurchschnittlich hohe Wachstumschancen.

H5: Unternehmen, die in konjunkturell guten Jahren gegründet wurden sind dauerhaft erfolgreicher als Unternehmen, die in konjunkturell schlechten Jahren gegründet wurden.

H6: Verglichen mit westdeutschen Unternehmen, besitzen ostdeutsche Unternehmen höhere Wachstumsraten und Überlebenschancen.

H7: Je optimistischer die Erwartungen des Unternehmers zum Zeitpunkt des Kreditantrags desto besser ist die Überlebenswahrscheinlichkeit seines Unternehmens und desto höher sind die Wachstumsraten des Unternehmens.

H8: Je höher das Humankapital eines Unternehmers (bzw. Gründers) ausfällt, desto besser sind die Überlebenschancen und Wachstumsaussichten des Unternehmens.

H9: Schlechte Arbeitsmarktperspektiven als Selbständigkeitsmotiv sowie Arbeitslosigkeit vor der Gründung verschlechtern die Überlebens- und Wachstumschancen.

H10: Je stärker ein Unternehmer zum Zeitpunkt der Gründung durch „leistungsorientierte" Motive geprägt ist, desto besser sind die Überlebens- und Wachstumschancen seines Unternehmens.

H11: Aufgrund von Unterschieden in den Marktstrukturen und den vorherrschenden Wettbewerbsbedingungen zwischen einzelnen Branchen erwarten wir branchenspezifische Variationen in Bezug auf die Überlebenschancen und Wachstumsraten von Unternehmen.

Bevor wir diese Hypothesen einer ökonometrischen Analyse unterziehen, stellen wir im folgenden Abschnitt zunächst den von uns verwendeten Datensatz sowie die relevanten Variablen ausführlich dar.

4.3 Datenquellen und Variablen

4.3.1 Datensätze

Die empirische Überprüfung der formulierten Hypothesen über die Determinanten des Erfolgs staatlich geförderter Unternehmen erfolgt auf Basis eines Datensatzes, in dem Angaben zu 1.833 ost- und westdeutschen Unternehmen aus allen Branchen enthalten sind, die zwischen 1990 und 1996 von der Deutschen Ausgleichsbank im Rahmen des Eigenkapitalhilfe-Programms (EKH) gefördert wurden. Der Datensatz beinhaltet Informationen, die zu den geförderten Unternehmen zum Gründungszeitpunkt erhoben wurden, sowie Angaben, die aus einer schriftlichen Unternehmensbefragung stammen, die im Jahr 2000 stattfand. 688 der 1.833 befragten Unternehmen waren im Untersuchungszeitraum gescheitert. 1.165 Unternehmen existierten dagegen noch zum Zeitpunkt der schriftlichen Befragung.

Die Deutsche Ausgleichsbank erhebt zum Antragszeitpunkt wichtige Angaben zu den Gründern wie deren Alter, Geschlecht und ihren beruflich-akademischen Hintergrund. Weiterhin wird die Branchenzugehörigkeit, Rechtsform, Eigentumsverhältnisse, Beschäftigtenzahlen, geplantes Investitionsverhalten sowie Angaben zum Startkapital erfasst. Im Rahmen der Befragung im Jahr 2000 wurden Angaben zum zurückliegenden Geschäftsverlauf und zu betrieblichen Entscheidungen abgefragt. Sofern ein gefördertes Unternehmen seine Geschäftstätigkeit aufgab, wurde diese Tatsache ebenso vermerkt wie der Zeitpunkt der Geschäftsaufgabe und die Höhe der nicht zurückgezahlten Kredite. Für die Analyse des Beschäftigungswachstums wurden die Querschnittsinformationen aus der Befragung zum Gründungszeitpunkt sowie derjenigen des Jahres 2000 zu den einzelnen Unternehmen mit Hilfe einer eindeutigen Identifikationsnummer miteinander verbunden.

Als Grundgesamtheit für die Ziehung der insolventen Unternehmen dienten alle notleidend gewordenen DtA-Ausfälle (abgerechnete Darlehen) im EKH-Programm mit Stand Mitte des Jahres 2000, bei denen der Bewilligungszeitpunkt zwischen 1990 und 1996 lag. Als Grundgesamtheit für die Ziehung der nicht-insolventen Unternehmen dienten alle DtA-geförderten Darlehensnehmer im EKH-Programm der Zusagejahre 1990 bis 1996, deren Darlehen bis Mitte 2000 nicht zu den notleidenden Darlehen (Ausfällen) zählten. Nähere Angaben zur Struktur der Stichprobe und zu deskriptiven Merkmalen des auswertbaren Datensatzes enthält der Aufsatz von Armin Bindewald in diesem Buch.

4.3.2 Beschreibung der Variablen

In den empirischen Analysen werden mehrere abhängige Variablen verwendet. Primär konzentrieren wir uns auf die Analyse der Überlebenswahrscheinlichkeit und die Erklärung der Beschäftigtenwachstumsraten. Darüber hinaus untersuchen wir aber auch die Überlebensdauer sowie Determinanten der Höhe des ausgefallenen Kredits und Determinanten des Anteils des ausgefallenen Kredites am Gesamtkredit. Die letztgenannten Variablen sind sicherlich aus Sicht kreditgewährender Banken von besonderem Interesse. Im folgenden definieren wir zunächst die abhängigen später die unabhängigen Variablen.

Abhängige Variablen

Überlebenschancen: Die erste zu erklärende Variable in unseren Schätzungen ist die Überlebenswahrscheinlichkeit. Sie ist als Dummy-Variable kodiert, die den Wert „1“ annimmt, wenn das Unternehmen im Untersuchungszeitraum gescheitert ist. Ansonsten hat die Variable den Wert „0“. Neben der Überlebenswahrscheinlichkeit interessiert in vielen Fällen auch die Überlebensdauer. Die Überlebensdauer ist als Zeitraum zwischen der Gründung des Unternehmens und seiner Liquidation definiert. Hat ein Unternehmen den gesamten Untersuchungszeitraum überlebt, so wird der Datensatz als rechtszensiert bezeichnet.

Die Höhe des Kreditausfalls: In den Datenbanken der DtA sind Angaben zur Höhe des gewährten und des ausgefallenen Kredits enthalten. Wir verwenden sowohl den absoluten Betrag des ausgefallenen Kredits als auch einen Quotienten, der sich als ausgefallener Kredit im Verhältnis zum gewährten Kredit ergibt, als abhängige Variable.

Beschäftigungswachstumsrate: Die Berechnung der Beschäftigungswachstumsrate erfolgt für jedes Unternehmen über den längsten Beobachtungszeitraum, für den Unternehmensangaben verfügbar sind. Um für die unterschiedlichen Beobachtungszeiträume zu normieren, verwenden wir die durchschnittliche jährliche Wachstumsrate *Br*, die nach der folgenden Formel berechnet wird:

$$(1) \quad Br = \frac{\log E(t_2) - \log E(t_1)}{t_2 - t_1},$$

wobei B*(t)* die Anzahl der Beschäftigten zum Zeitpunkt *t* darstellt und t_1 sowie t_2 die Jahre bezeichnen, zu denen die Beschäftigtenzahlen gemessen wurden.

Unabhängige Variablen

Die Unternehmensgröße: Die Größe des Unternehmens wird als Anzahl der Mitarbeiter zum Antragszeitpunkt bei der DtA operationalisiert. Dabei haben wir Vollzeitäquivalente berechnet. Neben den Vollzeitmitarbeitern zählen zu den Mitarbeitern auch die Geschäftsführer, Teilzeitkräfte und helfende Familienangehörige. Teilzeitkräfte und Familienangehörige wurden als halbe Arbeitskräfte gewertet. Die Anzahl der Mitarbeiter wird teilweise auch in logarithmierter und in logarithmiert, quadrierter Form in den Schätzungen verwendet.

Mit der Investition geplante zusätzliche Arbeitsplätze: Für die Unternehmen in der Stichprobe wurde bei der Kreditbeantragung die Höhe der geplanten Investitionen erhoben. Weiterhin erfragt die Deutsche Ausgleichsbank auch, wie viele Arbeitsplätze ein Unternehmen mit dem Kredit schaffen möchte. In diesen Planzahlen spiegelt sich einerseits die Erwartung des Unternehmers über die zukünftige wirtschaftliche Entwicklung des Unternehmens wider und andererseits sein persönlicher Ehrgeiz.

Die Rechtsform: Bei der Rechtsform interessiert in erster Linie, ob sie eine Haftungsbeschränkung der Eigentümer impliziert oder nicht. (1) Einzelfirma, (2) Gesellschaft bürgerlichen Rechts, (3) Offene Handelsgesellschaft sowie (4) Kommanditgesellschaft beinhalten keine Haftungsbeschränkung der Eigentümer. Die (5) Gesellschaft mit beschränkter Haftung, (6) GmbH & Co KG sowie (7) die Aktiengesellschaft dagegen schon. Die Variable LIABLE nimmt den Wert „1“ an, wenn das betreffende Unternehmen eine Rechtsform mit Haftungsbeschränkung gewählt hat, ansonsten ist LIABLE gleich „0“. Um möglichen Simultanitätsproblemen bei der Schätzung vorzubeugen, wird die Rechtsform, die das Unternehmen zum Antragszeitpunkt besaß, in der Schätzung verwendet.

Höhe der finanziellen Förderung: Die Variable BEWILLIGTER KREDIT bezeichnet die Höhe des bewilligten Darlehens durch die DtA. Wir gehen davon aus, dass durch die Bewilligung von Krediten etwaige Liquiditätsengpässe auf Seiten des Unternehmens beseitigt werden können. Weiterhin konstruieren wir auch eine Variable, die das Verhältnis von eingesetzten Eigenmitteln zu Fremdkapitalmitteln im Zuge der Investition angibt.

Ost/West: Wir berücksichtigen in den Schätzungen auch, ob das geförderte Unternehmen seinen Firmensitz in den Neuen oder in den Alten Bundesländern hat. Für den Ost/West-Standort kontrollieren wir mit einer Dummyvariable, die den Wert „1“ annimmt, wenn das Unternehmen in den Neuen Bundesländern angesiedelt ist; „0“ andernfalls. Weiterhin analysieren wir mögliche erfolgsrelevante Effekte auf der Ebene der Bundesländer.

Art der Förderung: Aus dem Kreditantrag geht hervor, ob es sich bei der Finanzierung für das Unternehmen um eine Neuerrichtung, Fortführung, Beteiligung, Privatisierung oder eine Festigung handelt. Entsprechend wird in den Schätzungen nach dem Zweck der finanziellen Förderung unterschieden, da zu vermuten ist, dass es sich bei den für unterschiedliche Zwecke Antrag stellenden Unternehmen um verschiedenartige Typen von Unternehmen handelt, die sich systematisch in Bezug auf erfolgsrelevante Charakteristika unterscheiden. Als Basiskategorie dienen Unternehmen, die eine Finanzierung zum Zwecke der Fortführung beantragten. Für Unternehmen, die eine Finanzierung zum Zwecke der Neuerrichtung beantragten, ist das Gründungsdatum näherungsweise identisch mit dem Datum der Antragstellung. In einigen der folgenden Schätzungen verwenden wir daher das Antragsdatum bei Neuerrichtungen als Gründungsdatum.

Kohorteneffekte: Um mögliche Kohorteneffekte für unterschiedliche Gründungskohorten zu kontrollieren, wurden Jahresdummyvariablen für einzelne Gründungskohorten gebildet. Mit Hilfe dieser Jahresdummyvariablen sollen mögliche Unterschiede in den Erfolgschancen für die Gründungskohorten von 1990 bis 1996 in den Schätzungen berücksichtigt. Als Basiskategorie dienen Unternehmen, bei denen ein Finanzierungsantrag von der DtA im Jahr 1990 bewilligt wurde.

Wirtschaftszweig: Für die vier Wirtschaftszweige produzierendes Gewerbe, Baugewerbe, Handel und Dienstleistungen wurden Dummyvariablen generiert. Diese Dummyvariablen kontrollieren branchenspezifische Effekte im Hinblick auf den Unternehmenserfolg. Die Branche sonstige Dienstleistungen fungiert als Basiskategorie. Neben den Brancheneffekten können wir in den Schätzungen auch berücksichtigen, ob es sich bei den Unternehmen um Handwerksbetriebe handelt oder ob sie zu den freien Berufen zählen.

Berufsgruppe: Die Berufsgruppen Handwerk und Freie Berufe werden im neuen Wirtschaftszweigcode (NACE) nicht mehr abgebildet bzw. sind in die o.g. Wirtschaftszweige aufgelöst. Um diese Berufsgruppen dennoch identifizieren zu können, werden sie von der DtA im Rahmen der Antragserfassung separat erhoben und in eigenen Variablen abgelegt.

Humankapital des Unternehmers: Das Humankapital des Unternehmers wird anhand zweier Indikatoren gemessen: einerseits durch das Alter des Unternehmers zum Antragszeitpunkt, andererseits durch die Art der beruflichen Betätigung vor der Unternehmensgründung. Das Alter des Unternehmers wird in mehreren Spezifikationen in die Schätzung aufgenommen, zum Beispiel als loglinearer Term. Weiterhin wurde erhoben, welche berufliche Position ein Unternehmer vor der Gründung einnahm. Es wurde danach unterschieden, ob der Unternehmer vor der Gründung leitender Angestellter, einfacher Angestellter, Arbeiter, Arbeitsloser oder Selbständiger war beziehungsweise ob er keine Erfahrung auf dem Arbeitsmarkt vorweisen konnte.

Neben diesen mehr oder weniger objektiven Massen des Humankapitals wurden rückblickend Einschätzungen des Gründers darüber erhoben, welche Motive ihm bei der Gründung ihres Unternehmens besonders wichtig gewesen sind. So konnte der Unternehmer auf einer fünfstufigen Ratingskala angeben, wie wichtig für ihn im Rahmen seiner Unternehmensgründung das Streben nach Fortführung des elterlichen Betriebs, das Streben sein eigener Chef zu sein, das Streben nach Selbstverwirklichung, das

Streben nach höherem Einkommen oder nach einem höheren sozialen Status gewesen ist. Der Wert „1“ bedeutet „sehr wichtig“, der Wert „5“ dagegen „vollkommen unwichtig“.

Geschlecht des Unternehmers: Wir konstruieren auch eine Dummyvariable, die das Geschlecht des/der Unternehmer/in angibt. Die Dummyvariable, nimmt den Wert „1“ an, wenn der Unternehmer männlich ist und „0“ wenn er weiblich ist.

4.4 Empirische Ergebnisse

4.4.1 Determinanten des Scheiterns staatlich geförderter Unternehmen

Wir beginnen mit einer Analyse der Scheiterwahrscheinlichkeit geförderter Unternehmen. Zunächst schätzen wir zwei Modelle, die sich dahingehend unterscheiden, ob alle Unternehmen in der Schätzung berücksichtigt wurden (Modell 1) oder nur eine Untergruppe des Datensatzes, nämlich Neuerrichtungen, die in den Jahren 1990-1995 ein kreditfinanziertes Darlehen erhielten (Modell 2). Durch die Reduktion der Stichprobe auf Unternehmensgründungen ändern sich die meisten Schätzergebnisse nur unwesentlich. Die Ergebnisse für beide Schätzungen sind in Tabelle 1 aufgeführt. Der verwendete Schätzansatz ist in beiden Fällen ein Logitansatz. Die abhängige Variable der Schätzung nimmt den Wert „1“ an, wenn das Unternehmen im Untersuchungszeitraum gescheitert ist. Ansonsten beträgt der Wert der abhängigen Variable „0“.

Die Ergebnisse des ersten Modells können wie folgt interpretiert werden: Mit zunehmender Höhe der Beschäftigtenzahl zum Antragszeitpunkt – und damit zunehmender Größe eines Unternehmens – steigt die Wahrscheinlichkeit, dass ein Unternehmen den gesamten Untersuchungszeitraum überlebt. Dieses Ergebnis steht im Einklang mit unseren theoretischen Vorüberlegungen und den Ergebnissen früherer Studien (Brüderl et al., 1996). Interessanterweise verhält es sich mit der geplanten Zahl an zusätzlichen, das heißt durch die Investition ermöglichten Arbeitsplätzen genau umgekehrt. Je höher die Zahl der *geplanten* zusätzlichen Arbeitsplätze zum Antragszeitpunkt, desto größer ist die Wahrscheinlichkeit, dass das Unternehmen scheitert. Vielleicht liegt es daran, dass Unternehmer, die große Beschäftigungszuwächse planen, sich und ihre Unternehmen systematisch überschätzen. Derartig geführte Unternehmen werden dann häufig Opfer der zu optimistischen Planungen ihrer Führungskräfte.

Tabelle 1. Schätzergebnisse zweier Logitmodelle zu Determinanten des Scheiterns von Unternehmen

Scheitern = 1	**Logitmodell**	
Unabhängige Variablen	**Alle Unternehmen** **Coef. (T-Wert)**	**Neuerrichtungen** **Coef. (T-Wert)**
Unternehmensbezogene Variablen		
Beschäftigte bei Antrag	-3.82 (-8.06) *	-5.61 (-5.23) *
Beschäftigte bei Antrag²	-0,01 (-7.38) *	-0,01 (-5.70) *
Geplante Arbeitsplätze	4.01 (8.34) *	5.88 (5.44) *
Rechtsform GmbH	-0.27 (-1.17)	-0.27 (-1.01)
Bewilligungsvolumen	-0.01 (-5.24) *	-0.01 (-5.05) *
Ostdeutschland	0.87 (4.40) *	1.04 (4.62) *
Investitionsphase		
Neuerrichtung	0.12 (2.40) *	-
Fortführung	Basiskategorie	-
Beteiligung	2.07 (2.36) *	-
Privatisierung	1.72 (3.36) *	-
Wachstum	2.34 (5.37) *	-
Kohorten		
Zusagejahr 1990	Basiskategorie	Basiskategorie
Zusagejahr 1991	2.07 (7.79) *	2.33 (7.72) *
Zusagejahr 1992	0.55 (2.51) *	0.82 (3.38) *
Zusagejahr 1993	1.21 (4.03) *	1.63 (4.63) *
Zusagejahr 1994	- 1.07 (-4.11) *	-1.04 (-3.38) *
Zusagejahr 1995	2.45 (5.69) *	2.72 (5.74) *

Tabelle 1 (Fortsetzung)

Scheitern = 1	**Logitmodell**	
Unabhängige Variablen	**Alle Unternehmen** **Coef. (T-Wert)**	**Neuerrichtungen** **Coef. (T-Wert)**
Wirtschaftszweig		
Verarbeitendes Gewerbe	1.13 (3.31) *	1.14 (2.65) *
Baugewerbe	0.42 (1.87)	0.44 (1.71)
Handel	0.92 (4.97) *	0.85 (3.99) *
Sonstige Dienstleistungen	Basiskategorie	Basiskategorie
Motiv		
Fortführung elterlicher Betrieb	0.17 (2.51) *	0.26 (3.09) *
Höheres Einkommen	-0.21 (-3.34) *	-0.23 (-3.39) *
Eigener Chef sein	0.22 (3.50) *	0.21 (2.90) *
Selbstverwirklichung	-0.08 (-1.37)	-0.08 (-1.25)
Schlechte Arbeitsmarktperspektiven	-0.01 (-0.12)	-0.04 (-0.71)
Soziale Stellung	-0.01 (-0.12)	0.04 (0.52)
Berufsstatus vor geförderter Selbständigkeit		
Leitender Angestellter	0.37 (2.90) *	0.36 (1.59)
Angestellter	Basiskategorie	Basiskategorie
Selbständig	0.80 (2.23) *	0.76 (2.10) *
Arbeiter	-0.57 (-2.15) *	-0.60 (-1.96) *
Arbeitslos	0.37 (1.46)	0.35 (1.19)
Anderer Berufsstatus	-0.40 (-1.20)	-0.25 (-0.68)

Tabelle 1 (Fortsetzung)

Scheitern = 1	**Logitmodell**	
Unabhängige Variablen	**Alle Unternehmen** Coef. (T-Wert)	**Neuerrichtungen** Coef. (T-Wert)
Weitere personenbezogene Variablen		
Geschlecht: Mann	0.07 (0.34)	-0.01 (-0.01)
Persönliche Belastungen	0.41 (2.55) *	0.47 (2.52) *
Alter des Unternehmers	-0.02 (-1.91)	-0.02 (-1.36)
Cons	1.07 (1.30)	2.24 (1.73)
Chi^2- test Beschäftigungsdummies	96.57 (2)	51.93 (2)
Chi^2- test Förderdummies	55.06 (4)	-
Chi^2- test Kohortendummies	168.53 (5)	149.13 (5)
Chi^2- test Branchendummies	28.59 (3)	18.66 (3)
Pseudo r^2	0.54	0.47
LR chi^2	1314.72 (32)	762.28 (28)
# Beobachtungen	1.833	1291

* Signifikanzniveau 5 %

Unternehmen mit beschränkter Haftung weisen keine signifikant höhere oder niedrigere Schließungswahrscheinlichkeit auf als andere Unternehmen. Dieses Ergebnis widerspricht auf den ersten Blick unserer theoretischen Vermutung, dass Unternehmer mit riskanten Projekten, überdurchschnittlich häufig scheitern sollten (Harhoff et al., 1998). An dieser Stelle muss jedoch bemerkt werden, dass wir Insolvenzen und freiwillige Liquidationen in dem vorliegenden Datensatz nicht voneinander trennen können. Es mag also durchaus sein, dass das Insolvenzrisiko mit dem haftungsrechtlichen Status des Unternehmens in einem signifikanten Zusammenhang steht; dieser wird jedoch in der vorliegenden Studie durch die Zusammenfassung unterschiedlicher Schließungsarten überdeckt.

Weiterhin finden wir heraus, dass mit zunehmender Höhe der bewilligten Förderdarlehen die Überlebenschancen von Unternehmen steigen. Dieses Ergebnis ist konsistent mit unseren Überlegungen, die davon ausgingen, dass sich mit zunehmender finanzieller Förderung die Liquiditätslage der Unternehmens verbessert. Die finanziell besser geförderten Unternehmen entrinnen dem akuten Selektionsdruck der Märkte. Allerdings ist dies nur so lange der Fall, bis von den Unternehmen die Rückzahlung der Kredite gefordert wird. In dem vorliegenden Datensatz sind die meisten geförderten Unternehmen zum Ende des Untersuchungszeitraums noch tilgungsfrei gewesen. Ob also die staatliche Finanzförderung dauerhaft positive Effekte auf die Überlebenschancen der Unternehmen besitzt, lässt sich daher nicht abschließend sagen. Immerhin verbessern sich aber kurz- und mittelfristig die Überlebenschancen der Unternehmen mit zunehmender finanzieller Förderung.

Die Schätzergebnisse des Modells (1) deuten darauf hin, dass Ostunternehmen ein signifikant höheres Risiko des Scheiterns besitzen verglichen mit Westunternehmen. Die Schätzergebnisse des Modells (2) bestätigen dieses Ergebnis auch für Neuerrichtungen. Offensichtlich besaßen Unternehmensgründungen nach 1990 in Westdeutschland bessere Erfolgschancen als in Ostdeutschland. Hinz (1994) kam in einer Untersuchung, die den Zeitraum 1990 bis 1994 betraf noch zum gegenteiligen Ergebnis. Der Autor führte die überdurchschnittlich guten Überlebenschancen ostdeutscher Gründungen der Jahre 1990 und 1991 im Vergleich zu westdeutschen Gründungen derselben Jahre darauf zurück, dass ostdeutsche Unternehmer von einem hohen Nachholbedarf profitierten, dass die Gründungen stark gefördert wurden und dass ostdeutsche Gründer weniger Alternativen am Arbeitsmarkt besaßen als westdeutsche Gründer. Die vorteilhaften Startbedingungen für ostdeutsche Unternehmensgründungen sind in der Zwischenzeit vermutlich entfallen oder haben sich sogar ins Gegenteil verkehrt.

In einer separaten Schätzung für Ostdeutschland, deren Ergebnisse hier nicht berichtet werden, wurden signifikante Unterschiede in den Erfolgschancen von Unternehmensgründungen in Bezug auf Bundesländer nachgewiesen. Es zeigt sich, dass Unternehmensgründungen in Sachsen und Thüringen hinsichtlich ihrer Überlebenschancen besser abschneiden als Gründungen in den übrigen Neuen Bundesländern. Die Erklärungskraft dieser Bundeslandeffekte ist jedoch eher begrenzt. Möglicherweise sind für den Erfolg der Unternehmen in erster Linie regionale oder lokale Rahmenbedingungen entscheidend und diese unterscheiden sich auch innerhalb der einzelnen Bundesländer erheblich.

Im folgenden analysieren wir, wie sich die Bestandsfestigkeit von Unternehmen in den verschiedenen Investitionsphasen unterscheidet. Unternehmen, die ein Festigungs- oder Beteiligungsdarlehen erhalten haben, weisen ebenso wie Privatisierungen eine signifikant höhere Scheiterwahrscheinlichkeit auf als Unternehmensübernahmen. Die Bestandsfestigkeit von Neuerrichtungen ist zwar signifikant geringer als diejenige von Fortführungen, sie ist aber höher als diejenige von Privatisierungen, Beteiligungen oder Festigungen. Diese Ergebnisse zum Zusammenhang von Investitionsphase und Überlebenschancen sind teilweise recht überraschend. Zwar zeigt sich im Einklang mit Hypothese 2, dass Neuerrichtungen ein geringfügig höheres Scheiterrisiko als Fortführungen besitzen. Vor dem Hintergrund der einschlägigen Literatur hätte man aber vermutet, dass Neuerrichtungen eine höhere Scheiterwahrscheinlichkeit aufweisen als Unternehmen, die eine Finanzierung im Rahmen einer Privatisierung, Beteiligung oder Festigung beantragten, handelt es sich doch gewissermaßen um Wachstumsfinanzierungen (siehe z.B. Brüderl et al., 1996). Unser Ergebnis ist möglicherweise auf einen besonderen Selektionseffekt zurückzuführen, der im Zusammenhang mit der Gewährung von Förderdarlehen durch die DtA auftreten kann. Die DtA-Darlehen werden i.A. durch die Hausbanken vermittelt und sind häufig mit Haftungsfreistellungen für die Hausbanken verbunden. Beim Eigenkapitalhilfedarlehen, mit dem das vorhandene Eigenkapital auf bis zu 40 % des Investitionsvolumens aufgestockt werden kann, nehmen Bund und DtA den Hausbanken sogar das vollständige Risiko ab. Auf diese Weise sollen Hausbanken ermutigt werden, auch Vorhaben mit geringen Sicherheiten und damit höherem Risiko zu finanzieren. Sofern das kreditnachfragende Unternehmen über Sicherheiten verfügt, was bei Privatisierungen, Fortführungen oder expandierenden Unternehmen häufiger der Fall sein dürfte als bei Neugründungen, hat das Kreditinstitut einen Anreiz, den Kredit ohne Einschaltung der Deutschen Ausgleichsbank zu gewähren, denn es kann sich so einigen Verwaltungsaufwand sparen. Wird der Antragsteller dagegen als riskant eingestuft, verfügt er insbesondere nicht über ausreichende eigene Sicherheiten, so wird das Kreditinstitut die Sicherungsgarantie der DtA in Anspruch nehmen. Während das ex ante inhärente Scheiterrisiko der geförderten Neugründungen nahezu normalverteilt sein sollte, könnte es sich bei den ansonsten durch die DtA geförderten Unternehmen um überdurchschnittlich riskante Unternehmen handeln. Dieser Zusammenhang würde das niedrigere Scheiterrisiko von Unternehmensgründungen verglichen mit Privatisierungen, Beteiligungen und Festigungen erklären.

Fünf Kohortendummies, die im Modell (2) eingeführt werden, sollen für die möglicherweise unterschiedlichen, sich im Zeitverlauf verändernden wirtschaftlichen und konjunkturellen Rahmenbedingungen der einzelnen Gründungskohorten (1990-1995: Basiskategorie = Gründungskohorte 1990) kontrollieren. Wir finden heraus, dass im Vergleich zu den Unternehmensgründungen des Jahres 1990 alle anderen Geburtskohorten ein signifikant erhöhtes Scheiterrisiko aufwiesen mit Ausnahme der Geburtskohorte 1994. Nach unseren Erkenntnissen haben sich die Überlebensbedingungen für Gründungskohorten von Unternehmen in Deutschland von 1990 auf 1991 zunächst deutlich verschlechtert. Zwischen 1991 und 1994 verzeichneten Gründungskohorten dann eine leichte Verbesserung ihrer Überlebenschancen. Ab 1995 kam es allerdings wieder zu einer erheblichen Verschlechterung. Die Kohortendummies sind in einem gemeinsamen Test signifikant auf dem 1 %-Niveau, das heißt es bestehen signifikante, kohortenspezifische Unterschiede in Bezug auf die Überlebenschancen der Unternehmen.

Verglichen mit Unternehmen des Dienstleistungsbereichs haben Unternehmen des verarbeitenden Gewerbes und des Handels in beiden Modellen ein signifikant erhöhtes Scheiterrisiko. Offensichtlich bietet der Dienstleistungsbereich, relativ zu anderen Branchen und unter Kontrolle möglicher anderer Einflussfaktoren, für geförderte Unternehmen die besten Entwicklungschancen.

Wir erfragten im Rahmen unserer Zweiterhebung auch, welche Motive den Unternehmer zum Zeitpunkt der Gründung antrieben. Unternehmer, die angaben, dass für sie die Tatsache „Chef zu sein“ sehr wichtig war, besaßen eine signifikant höhere Überlebenswahrscheinlichkeit als Unternehmer, für die dies nicht wichtig war. Weiterhin zeigt sich, dass das Fortführungsmotiv bei überlebenden Unternehmen ebenfalls stärker ausgeprägt ist als bei gescheiterten. Dagegen wirkt es sich negativ auf die Überlebenschancen von Unternehmen aus, wenn die Unternehmer vorhaben, mit der Gründung „ein höheres Einkommen zu erzielen“. Der Drang, selbst den Ton angeben zu wollen und die Verbundenheit zu dem elterlichen (Familien-) Unternehmen scheinen demnach erfolgversprechende Persönlichkeitsmerkmale von Gründern zu sein. Wer lediglich schnell mehr verdienen möchte, sollte sich dafür wohl eher andere Handlungsfelder suchen als das eigene Unternehmen, denn dadurch erhöht sich das Scheiterrisiko des Unternehmens. Für die übrigen Gründungsmotive konnten keine signifikanten Zusammenhänge mit der unternehmerischen Bestandsfestigkeit ermittelt werden. Entgegen immer wieder aufkeimenden Vorurteilen ist eine schlechte Arbeitsmarktperspektive als Gründungsmotiv, laut den Ergebnissen unserer Studie, nicht mit einem höheren Scheiterrisiko verbunden – und zwar weder bei Neuerrichtungen, noch bei anderen Investitionsanlässen.

Aus den Ergebnissen des Modell (1) geht hervor, dass Unternehmer, die vor der Gründung in einer leitenden Position tätig waren oder die vorher bereits einmal selbständig waren, verglichen mit Personen, die vor der Gründung einfache Angestellte waren, ein signifikant erhöhtes Scheiterrisiko besitzen. Dagegen verfügen frühere Arbeiter verglichen mit früheren Angestellten tendenziell über ein signifikant niedrigeres Scheiterrisiko. In Modell 2 zeigt sich, dass der Koeffizient, der sich auf leitende Angestellte bezieht, nur noch signifikant auf dem 10 %-Niveau ist, die Erfolgsaussichten vormals selbständiger Personen sind jedoch auch bei Neuerrichtungen schlechter als diejenigen von ehemaligen Angestellten. Bezogen auf die DtA-geförderten Gründungen aus der Arbeitslosigkeit kann ein höheres Scheiterrisiko von Gründungen allein deswegen, weil der Gründer bzw. die Gründerin aus der Arbeitslosigkeit kommt, nicht nachgewiesen werden. Allerdings sind die von der DtA geförderten Gründungen wohl nicht repräsentativ für alle Gründungen aus der Arbeitslosigkeit. In einer vergleichenden Untersuchung der Bestandsfestigkeit DtA geförderter und mit Überbrückungsgeld geförderter Gründungen von Arbeitslosen werden große Unterschiede in der Bestandsfestigkeit zu Gunsten DtA-geförderter Gründungen festgestellt (Struck, 1998). Die besseren Erfolgsaussichten von Arbeitern liegen zwar bei Gründungen knapp über dem 5 %-Niveau, sind aber auch hier noch nennenswert.

Insbesondere das Ergebnis, dass Unternehmen, die von ehemals leitenden Angestellten geführt werden, über überdurchschnittlich hohe Scheiterrisiken verfügen, scheint erklärungsbedürftig, widerspricht es doch den Vorhersagen der Humankapitaltheorie und damit auch unserer Hypothese 8. Eine Erklärung des Zusammenhangs könnte in Anlehnung an die Erkenntnisse von Cooper et al. (1997) darin bestehen, dass ehemalige leitende Angestellte mit ihrer Unternehmensgründung sehr hohe Erwartungen unter anderem auch in Bezug auf ihr finanzielles Einkommen verbinden. Wenn sich diese hohen Erwartungen nicht erfüllen – was vermutlich häufig der Fall sein wird – wechseln solche Unternehmer dann typischerweise in gut bezahlte Angestelltenpositionen zurück; eine Option, die den übrigen Unternehmern häufig nicht offen steht. Nach Amit et al. (1995) sollten solche ehemaligen Führungskräfte höhere Opportunitätskosten besitzen als alle anderen Unternehmer. Bei sinkender Rentabilität des Unternehmens würden sich ehemals leitende Angestellten daher früher für die Auflösung ihres Unternehmens entscheiden als andere Unternehmer. Auf diese Weise ließe sich der vermeintlich kontraintuitive Befund erklären.

In verschiedenen empirischen Arbeiten wird argumentiert, dass eine, der jetzigen Gründung vorausgegangene frühere Selbständigkeit dazu führt, dass Unternehmer Erfahrungen sammeln, die für sie bei einer erneuten Selbständigkeit nützlich sein können. Dies sollte sich positiv auf die Überlebenschancen der von früheren Selbständigen geführten Unternehmen auswirken. Dabei sei nicht einmal danach zu unterscheiden, ob der Unternehmer ehedem erfolgreich gewesen ist oder nicht (Brüderl et al., 1996). Die Ergebnisse unserer Studie unterstützen diese These jedoch nicht. Laut den Ergebnissen beider Modelle besitzen ehemals Selbständige mit ihren neuen Unternehmen signifikant höhere Scheiterraten als ehemals Angestellte. Das heißt nicht, dass sich die Deutsche Ausgleichsbank oder andere Kreditinstitute aus der Förderung solcher ehemals Selbständiger zurückziehen sollten. Die Wahrscheinlichkeit, dass ein ehemals Selbständiger im Vergleich zu einem ehemals Angestellten scheitert ist *ceteris paribus* lediglich 10 % erhöht. Vor einer Kreditentscheidung wäre es jedoch empfehlenswert zu analysieren, worin gegebenenfalls die Ursachen für das Scheitern des Unternehmers gelegen haben und von Seiten der Kapitalgeber sollte darauf geachtet werden, dass etwaige Fehler von dem Unternehmer nicht erneut gemacht werden.

In beiden Modellen ist eine Abhängigkeit der Bestandsfestigkeit vom Geschlecht nicht zu erkennen. Hingegen besaßen Unternehmer, die bei der Befragung im Jahr 2000 angaben, dass sie zum Zeitpunkt der Gründung besonderen Belastungen ausgesetzt gewesen waren, zu denen vor allem Krankheit, Tod des Partners, Scheidung oder die Geburt von Kindern gehörten, in beiden Modellen ein signifikant erhöhtes Scheiterrisiko.

In Bezug auf das Alter des Unternehmers finden wir in Modell (1) folgenden Effekt, der allerdings das 5 %-Niveau nicht ganz erreicht: Je älter die Unternehmer zum Antragszeitpunkt sind, desto wahrscheinlicher ist, dass das Unternehmen den Untersuchungszeitraum überlebt. Hier bestätigt sich die Vermutung der Humankapitaltheorie, dass mit zunehmendem Alter des Unternehmers seine Produktivität steigt und sich dadurch die Überlebenschancen des Unternehmens verbessern. Wir analysierten auch nichtlineare Zusammenhänge zwischen dem Alter und der Überlebenswahrscheinlichkeit, erhielten jedoch hierbei einen schlechteren Fit mit den Daten und verwarfen daher diese Spezifikationen. Der Effekt des Alters des Unternehmers auf den Erfolg von Unternehmensgründungen ist allerdings in Modell 2 nicht mehr signifikant. Möglicherweise spielt bei der Leitung bestehender Unternehmen das Alter, die Erfahrung oder abstrakter formuliert das Humankapital eine größere Rolle als bei Unternehmensgründungen.

Wie aus dem recht hohen R^2-Wert von 54 % beziehungsweise 47 % hervorgeht, besitzen die beiden Logitmodelle eine hohe Erklärungskraft in Bezug auf die Scheiterursachen von Unternehmen. Zusätzlich validierten wir unsere, auf Basis des Logitmodells erzielten Ergebnisse, auch mit Hilfe eines semiparametrischen Cox-Hazardratenmodells. In den Hazardratenmodellen wird neben der Information, ob ein Unternehmen den Untersuchungszeitraum überlebt hat oder nicht, auch Information darüber verwendet, wie lange das betreffende Unternehmen überlebte. Es zeigte sich bei einem Vergleich der Ergebnisse beider Schätzmethoden, dass die Vorzeichen der Koeffizienten ebenso wie die Signifikanzen bei nahezu allen Variablen unverändert erhalten bleiben.

4.4.2 Analysen zu den Determinanten der Höhe der ausgefallenen Kredite

Viele Unternehmen, denen die Deutsche Ausgleichsbank einen Kredit gewährte, konnten ihn auch zurückzahlen. In den vergangenen Jahren ist jedoch die Zahl der Unternehmen, bei denen teilweise Zahlungsausfälle oder sogar Totalausfälle beklagt werden mussten, bei der DtA wie auch bei allen anderen Kreditinstituten gestiegen. Eine aus Sicht der Banken besonders interessante Größe im Zusammenhang mit scheiternden Unternehmen betrifft nun die Höhe des ausgefallenen Kredits. Mit den folgenden Auswertungen wollen wir der Frage nachgehen, von welchen Faktoren die Höhe des, von der Deutschen Ausgleichsbank gewährten, ausgefallenen Kredits beeinflusst wird. Bei mehr als 30 % der befragten Unternehmen in der Stichprobe hatte die Deutsche Ausgleichsbank Kreditausfälle zu beklagen. Dabei handelt es sich entweder um teilweise oder vollständige Ausfälle des gewährten Kredits. In Modell (1) der Tabelle 2 wird die absolute Höhe des ausgefallenen Kreditbetrags als abhängige Variable verwendet. In Modell (2) und (3) wird dagegen der prozentuale Anteil des ausgefallenen im Vergleich zum bewilligten Kreditbetrag als zu erklärende

Variable genommen. Da eine Vielzahl der geförderten Unternehmen keinen Kreditausfall verzeichneten oder noch nicht feststeht, ob sie in Zukunft einen Kreditausfall verzeichnen werden, mit anderen Worten der Wert der abhängigen Variable für viele Beobachtungen den Wert „0“ annimmt, wird für die Schätzung der Modelle (1) – (3) ein heteroskedastierobuster Tobitschätzansatz verwendet. Die Ergebnisse der Tobitschätzungen für die Modelle (1) – (3) sind in Tabelle 2 dargestellt.

Aus den Schätzergebnissen des Modells (1), in dem die Höhe des ausgefallenen Kredits vorhergesagt wird, lässt sich ersehen, dass die Höhe des ausgefallenen Kreditvolumens *ceteris paribus* in kurvilinearer Weise mit der Beschäftigtenzahl zum Förderantragszeitpunkt zusammenhängt. Mit zunehmender Zahl der Beschäftigten zum Antragszeitpunkt sinkt die Kreditausfallhöhe zunächst, für Unternehmen mit mehr als 50 Beschäftigten zum Antragszeitpunkt steigt sie aber wieder. Wie dieser nichtlineare Zusammenhang zwischen der Unternehmensgröße und der Kreditausfallhöhe zu erklären ist, wird in einer Folgestudie untersucht. Weiterhin zeigt sich, dass Unternehmen, die hohe Beschäftigungszuwächse im Zusammenhang mit ihren Investitionen versprochen hatten, überdurchschnittlich hohe Forderungsausfälle verursachten. Dieses Ergebnis korreliert mit der für diese Unternehmen bereits festgestellten geringeren Bestandsfestigkeit.

Im Vergleich zu Unternehmen ohne eine haftungsbeschränkende Rechtsform verursachten Unternehmen mit haftungsbeschränkender Rechtsform signifikant höhere Forderungsausfälle. Dieses Resultat deutet darauf hin, dass Unternehmer in einigen Fällen haftungsbeschränkende Rechtsformen genutzt haben könnten, um bei riskanten Projekten die Kosten des unternehmerischen Scheiterns auf die Gläubiger zu überwälzen. Es wäre jedoch voreilig, aus diesem Ergebnis eine pauschale, restriktive Kreditvergabepolitik der Banken gegenüber GmbHs oder GmbH & Co KGs ableiten zu wollen. Für eine abschließende Bewertung der Kosten und Nutzen von Krediten, die an Unternehmen mit haftungsbeschränkenden Rechtsformen gewährt werden, müssen wir auch mögliche positive Aspekte dieser speziellen Rechtsformen berücksichtigen, die Gegenstand der Analysen zum Beschäftigungswachstum im nächsten Abschnitt sein werden.

Mit steigender Förderungshöhe steigt erwartungsgemäß auch die durchschnittliche Höhe des verursachten Ausfallvolumens. Überraschend deutlich können wir nachweisen, dass Unternehmen in Ostdeutschland im Durchschnitt signifikant höhere Forderungsausfälle verursachten als geförderte westdeutsche Unternehmen. Dieser Effekt kann nicht darauf zu-

Tabelle 2. Schätzergebnisse von drei heteroskedastierobusten Two-Limit-Tobitmodellen zur Erklärung der Höhe des ausgefallenen Kredits

	Modell (1)	Modell (2)	Modell (3)
	Absolute Ausfallhöhe	**Prozentualer Anteil des ausgefallenen am zugesagten Kreditvolumen**	
	Alle Unternehmen Coef. (T-Wert)	**Alle Unternehmen** Coef. (T-Wert)	**Neuerrichtungen** Coef. (T-Wert)
Unternehmensbezogene Variablen			
Beschäftigte bei Antrag	736.18 (1.36)	0.62 (1.40)	-5.05 (-3.89) *
Beschäftigte bei Antrag^2	-4.53 (-3.01) *	-0.02 (-3.46) *	-0.19 (-2.15) *
Geplante Arbeitsplätze	1361.70 (4.84) *	0.48 (3.51) *	8.32 (7.10) *
Rechtsform GmbH	43024.38 (3.21) *	17.95 (2.86) *	16.07 (1.84)
Bewilligungsvolumen	310.87 (9.60) *	-0.72 (-4.13) *	-0.12 (-3.70) *
Ostdeutschland	97213.52 (6.53) *	57.62 (8.51) *	77.60 (8.69) *
Investitionsphase			
Neuerrichtung	60741.69 (3.02) *	26.33 (2.93) *	-
Fortführung	Basiskategorie	Basiskategorie	
Beteiligung	106685.40 (1.84)	45.43 (1.67)	-
Privatisierung	138054.10 (5.15) *	57.76 (4.62) *	-
Wachstum	154664.00 (6.69) *	68.01 (6.47) *	-
Kohorten			
Zusagejahr 1990	Basiskategorie	Basiskategorie	Basiskategorie
Zusagejahr 1991	163284.90 (8.22) *	97.86 (10.62) *	119.10 (10.13) *
Zusagejahr 1992	61217.63 (3.42) *	34.80 (4.26) *	55.50 (5.50) *
Zusagejahr 1993	106913.00 (4.97) *	64.38 (6.45) *	87.64 (6.69) *
Zusagejahr 1994	-38024.92 (-1.89)	-16.43 (-1.81)	-17.76 (-1.50)
Zusagejahr 1995	229200.90 (7.99) *	113.06 (8.40) *	132.97 (7.40) *
Zusagejahr 1996	209975.90 (4.87) *	139.22 (6.87) *	216.26 (7.52) *

Tabelle 2 (Fortsetzung)

	Modell (1)		Modell (2)		Modell (3)	
	Absolute Ausfallhöhe		Prozentualer Anteil des ausgefallenen am zugesagten Kreditvolumen			
	Alle Unternehmen		Alle Unternehmen		Neuerrichtungen	
	Coef.	(T-Wert)	Coef.	(T-Wert)	Coef.	(T-Wert)
Wirtschaftszweig						
Verarbeitendes Gewerbe	104386.30	(5.12) *	39.69	(4.13) *	49.52	(3.29) *
Baugewerbe	51112.37	(3.35) *	25.24	(3.61) *	31.31	(3.30) *
Handel	77219.15	(5.82) *	37.52	(6.17) *	37.64	(4.66) *
Sonstige Dienstleistungen	Basiskategorie		Basiskategorie		Basiskategorie	
Motiv						
Fortführung elterlicher Betrieb	11671.56	(3.04) *	3.16	(1.78)	5.87	(2.15) *
Höheres Einkommen	-4191.44	(-2.06) *	-4.10	(-2.23) *	-8.68	(-3.52) *
Eigener Chef sein	17697.28	(4.19) *	8.54	(4.38) *	7.76	(2.87) *
Selbstverwirklichung	-3700.77	(-0.94)	-3.12	(-1.71)	-2.37	(-0,96)
Schlechte Arbeitsmarktperspektiven	3416.90	(1.03)	0.28	(0.18)	0.56	(0.27)
Soziale Stellung	-5333.05	(-2.25) *	-3.28	(-1.67)	-1.69	(-0.66)
Berufsstatus vor geförderter Selbständigkeit						
Leitender Angestellter	9160.84	(0.69)	7.08	(1.16)	10.90	(1.30)
Angestellter	Basiskategorie		Basiskategorie		Basiskategorie	
Selbständig	49882.13	(2.39) *	29.04	(2.98) *	36.57	(2.74) *
Arbeiter	-55577	(-2.98) *	-26.13	(-3.07) *	-19.35	(-1.67)
Arbeitslos	17841.88	(0.95)	6.90	(0.80)	8.56	(0.78)
Sonstige Erfahrungen	-88107.27	(-3.97) *	-39.77	(-3.96) *	-33.31	(-2.59) *
Weitere personenbezogene Variablen						
Geschlecht: Mann	32579.06	(2.46) *	5.60	(0.92)	1.83	(0.22)
Persönliche Belastungen	13710.86	(1.24)	8.83	(1.73)	11.28	(1.65)
Alter des Unternehmers	-267.79	(-0.39)	-0.24	(-0.75)	-0.52	(-1.21)

Tabelle 2 (Fortsetzung)

	Modell (1)	Modell (2)	Modell (3)
	Absolute Ausfallhöhe	**Prozentualer Anteil des ausgefallenen am zugesagten Kreditvolumen**	
	Alle Unternehmen	**Alle Unternehmen**	**Neuerrichtungen**
	Coef. (T-Wert)	**Coef. (T-Wert)**	**Coef. (T-Wert)**
cons	-466805 (-10.13) *	-150.65 (-7.18) *	-152.25 (-5.54) *
Chi^2- test Beschäftgungsdummies	5,23 (2)	5.98 (2)	16.00 (2)
Chi^2- test Förderdummies	16,01 (4)	13.80 (4)	-
Chi^2- test Kohortendummies	33.65 (6)-	47.38 (6)-	35.95 (6)
Chi^2- test Branchendummies	14.71 (3)	14.11 (3)	8.75 (3)
Pseudo r^2	0.05	0.10	0.11
LR chi^2	921.65 (33)	919.81 (29)	575.17 (29)
# Beobachtungen	1721	1721	1226

* Signifikanzniveau 5 %

rückgeführt werden, dass Ostunternehmen höhere Zusagevolumen erhalten haben, da das Bewilligungsvolumen als unabhängige Variable Bestandteil des Modells ist. Unser Ergebnis kann also in erster Linie als Indiz dafür gewertet werden, dass in Ostdeutschland häufiger als in Westdeutschland eine Alles-oder-Nichts-Situation entsteht, bei der die Banken auf einen signifikanten Teil ihrer Forderungen verzichten müssen.

Weiterhin zeigt sich in den Ergebnissen unserer Analysen, dass Unternehmen, die Privatisierungs-, Wachstums- oder Neuerrichtungsdarlehen erhalten hatten, im Vergleich zu Unternehmen, die Fortführungsdarlehen beantragt hatten, signifikant höhere Forderungsausfälle verzeichneten. Fortgeführte Unternehmen sind also nicht nur bestandsfester, im Falle des Scheiterns kann bei ihnen auch ein höherer Teil des Darlehensvolumens zurückgewonnen werden.

Wie schon im Zusammenhang mit den Überlebenschancen zeigen sich auch hier bei der Analyse der absoluten Kreditausfallhöhe kohortenspezifische Unterschiede. Im Vergleich zu Unternehmen des Gründungsjahrgangs 1990 stieg die kohortenspezifischen Kreditausfallhöhe 1991 zunächst an, um bis 1994 wieder zu sinken und dann aber wieder deutlich zu steigen.

Noch einige Bemerkungen zu den branchenspezifischen Unterschieden bei den Forderungsausfällen. Bei Unternehmen des Dienstleistungsbereichs verzeichnete die Deutsche Ausgleichsbank kontrollierend für andere Einflussfaktoren die geringsten Ausfälle im Vergleich zu allen anderen Branchen. Die durchschnittlichen Forderungsausfälle im verarbeitenden Gewerbe waren im Durchschnitt am höchsten, gefolgt vom Handel und vom Baugewerbe.

Nun zu den unternehmerspezifischen Erklärungsfaktoren für die Kreditausfallhöhe. Von männlichen Unternehmern gegründete Unternehmen verzeichnen signifikant höhere Kreditausfälle als von Frauen gegründete Unternehmen. Möglicherweise neigen Männer stärker als Frauen zu risikoreichen Unternehmen oder/und geraten häufiger in eine „Alles-oder-Nichts-Situation“. Ähnlich wie im Falle der haftungsbeschränkenden Rechtsform wäre es an dieser Stelle aber voreilig die Kreditvergabe an männliche Gründer unter Verweis auf die zu erwartenden höheren Kosten zu restringieren. Denn die von männlichen Gründern geführten Unternehmen mögen im Erfolgsfalle höhere Wohlfahrtseffekte in Form höherer Beschäftigungswachstumsraten oder in Form höherer zukünftiger Erträge aus wiederholten Kreditgeschäften verursachen. Weiterhin zeigte sich, dass außergewöhnlich hohe psychische oder physische Belastungen des Unternehmers in der Gründungsphase keine signifikant erhöhten Forderungsausfälle nach sich zogen.

Im folgenden Abschnitt analysieren wir den Einfluss der Motivation bei der Gründung auf die Höhe des Forderungsausfalls. Es zeigt sich, dass Unternehmer, die angaben, dass für sie die Fortführung eines bestehenden elterlichen Betriebs ein wichtiges Motiv beim selbständig machen war, signifikant geringere Forderungsausfälle verzeichneten als die übrigen Unternehmer. Auch die Forderungsausfälle bei Unternehmen, für deren Gründer/Geschäftsführer es wichtig war „ihr eigener Chef zu sein“ verzeichneten signifikant niedrigere Ausfallhöhen als die übrigen Unternehmen. Wenn Einkommensziele der Gründer/Geschäftsführer im Rahmen der Unternehmensgründung eher wichtig waren, so verzeichneten diese Unternehmen *ceteris paribus* signifikant höhere Forderungsausfälle als die verbleibenden Unternehmen. Unternehmer, die bei der Gründung keinen

Wert auf die mit der Selbständigkeit verbundene soziale Stellung gelegt hatten, verursachten weniger Forderungsausfälle als die übrigen Unternehmer. Man sieht also sehr deutlich an diesen Ergebnissen, dass bestimmte Motive bei der Unternehmensgründung nicht nur relevante Einflüsse auf die Bestandsfestigkeit, sondern auch auf die Rückzahlungswahrscheinlichkeit von Krediten im Fall des Scheiterns besitzen. Unterschiedliche Motive der Unternehmer führen zu unterschiedlichen Entscheidungspräferenzen und damit auch zu unterschiedlichen Unternehmensentwicklungen.

Zwischen dem Alter des Unternehmers und der Forderungsausfallhöhe können wir keine signifikanten Zusammenhänge nachweisen, auch wenn der Koeffizient der Altersvariable in allen drei Modellen negativ ist. Im Vergleich zu Gründern, die vor der Gründung Angestellte waren, verzeichneten Gründer, die vorher selbständig waren, signifikant höhere absolute Forderungsausfälle. Unternehmer, die vor der Gründung als Arbeiter beschäftigt waren oder die bisher wenig Erfahrung auf dem Arbeitsmarkt erwarben, verursachten hingegen geringere Forderungsausfälle als Unternehmen, die durch ehemalige Angestellte gegründet worden waren. Der entsprechende Koeffizient für die ehemaligen Leitenden Angestellten ist zwar positiv aber insignifikant.

In Modell (2) und Modell (3) ist die abhängige Variable definiert als Anteil der ausgefallenen Kredite an den bewilligten Krediten. In der Schätzung (2) werden alle Unternehmen verwendet. Dagegen basiert die Schätzung (3) ausschließlich auf Unternehmensgründungen (Neuerrichtungen) der Jahre 1990-1996. Wir werden im folgenden die Ergebnisse kurz darstellen und nur an denjenigen Stellen interpretieren, an denen sie sich deutlich von den Ergebnissen der Schätzung (1) unterscheiden. Es zeigt sich in Modell 2, dass zwischen der Zahl der Beschäftigten zum Antragszeitpunkt und dem Anteil des ausgefallenen Kredite am gesamten Kreditvolumen wieder ein kurvilinearer Zusammenhang besteht. Das heißt konkret: Mit zunehmender Unternehmensgröße zum Antragszeitpunkt sinkt zunächst der Anteil der ausgefallenen Kredite am Gesamtkredit, für große Unternehmen steigt er wieder. Dagegen sehen wir, dass bei Neuerrichtungen mit zunehmender Anfangsbeschäftigung der Anteil des ausgefallenen Kreditvolumens am Gesamtvolumen des Kredits kontinuierlich sinkt.

In beiden Schätzungen steigt der Anteil der ausgefallenen Kredite für Unternehmen, je mehr Arbeitsplätze sie mit der geförderten Investition schaffen wollen. In einem Gruppenvergleich der gescheiterten und der nicht gescheiterten Unternehmen zeigt sich, dass bei gescheiterten Unternehmen im Durchschnitt jeder versprochene Arbeitsplatz mit 8.800 Euro gefördert wurde. Bei den nicht gescheiterten Unternehmen wurde jeder versprochene Arbeitsplatz mit 15.500 Euro gefördert. Dieser Unterschied erweist sich in einem T-Test als signifikant. Man könnte sagen, dass sich die gescheiterten Unternehmen häufig sehr optimistische Wachstumsziele setzten und diese nicht solide finanzierten. Für eine abschließende Bewertung der volkswirtschaftlichen Kosten und Nutzen solcher Unternehmen mit ambitionierten Wachstumszielen müssen wir jedoch die Ergebnisse der im nächsten Abschnitt folgenden Wachstumsanalyse warten.

Weiterhin stellen wir in Modell (2) und Modell (3) fest, dass der Anteil der ausgefallenen Kredite relativ zur Gesamtförderung für Unternehmen in haftungsbeschränkenden Rechtsformen signifikant höher liegt als bei Unternehmen in anderen Rechtsformen. Dieses Ergebnis bestätigt unsere Vermutungen, dass spezifische Anreize für diese haftungsbeschränkten Unternehmer bestehen könnten, die die Rückzahlungswahrscheinlichkeit von Krediten sinken lassen. Mit zunehmendem Fördervolumen sinkt in beiden Schätzmodellen dagegen der Anteil des ausgefallenen Kreditvolumens.

Der Anteil des ausgefallenen Kreditvolumens ist für Unternehmen in Ostdeutschland in beiden Schätzungen signifikant höher als für westdeutsche Unternehmen. Möglicherweise verfügen ostdeutsche Unternehmer über geringere Vermögenswerte bzw. Sicherheiten, die zu einer Teilrückzahlung von Darlehen genutzt werden könnten. Vielleicht neigen ostdeutsche Unternehmer aber auch dazu, ihr Unternehmen bei negativem Verlauf später aufzugeben als ihre westdeutschen Kollegen, was mit höheren Verlusten für die Kreditgeber verbunden sein dürfte.

Weiterhin sieht man, dass der Anteil des ausgefallenen Kreditvolumens am Gesamtkreditvolumen bei Neugründungen, Privatisierungen und Stabilisierungen signifikant höher liegt als bei Fortführungen. Wir bestätigen in den Schätzungen (2) und (3) auch die signifikanten Kohorten- und Brancheneffekte des Modells (1).

Männliche Unternehmer verursachen in Abweichung zu den Ergebnissen des ersten Modells in den Schätzungen (2) und (3) keinen signifikant höheren Anteil des ausgefallenen Kreditvolumens. Offensichtlich nehmen männliche Gründer im Durchschnitt höhere Kredit auf als weibliche Gründer. Belastungen in der Gründungsphase wirken sich in beiden Modellen positiv auf die Höhe des Anteils der ausgefallenen Kredite aus. Der entsprechende Effekt ist allerdings nur signifikant auf dem 10 %-Niveau.

Die Motive des Unternehmers bei der Gründung spielen eine wichtige Rolle für die Kreditrückzahlungswahrscheinlichkeit und die Höhe des Anteils des ausgefallenen Kreditvolumens. So zeigt sich, dass Unternehmen, die von Gründern geführt werden, bei denen (1) das Fortführungsmotiv im Rahmen der Aufnahme einer selbständigen Tätigkeit eine wichtige Rolle spielte, (2) für die es wichtig war „sein eigener Chef zu sein“, (3) und für die es *nicht* wichtig war durch die Gründung „an eigenem Freiraum zu gewinnen“ oder „ein höheres Einkommen zu erzielen“, signifikant geringere Anteile ausgefallener Kreditvolumens aufweisen. Insgesamt liefern unsere Ergebnisse wiederum ein deutliches Indiz dafür, dass die unternehmerische Motivation des Gründers/Unternehmers die Rückzahlungsfähigkeit und -bereitschaft als Schuldners und damit die Ausfallrisiken des Gläubigers beeinflussen.

Im Vergleich mit Unternehmen, deren Gründer vor der Gründung einfache Angestellte waren, realisieren Unternehmen, deren Gründer früher selbständig waren, eine signifikant höhere Ausfallquote im Verhältnis zum Fördervolumen. Umgekehrt verhält es sich bei ehemaligen Arbeitern oder Personen mit geringer Erfahrung auf dem Arbeitsmarkt. Der positive Koeffizient für die leitenden Angestellten deutet darauf hin, dass sich auch bei ihnen das prozentual ausgefallene Kreditvolumen im Vergleich zu einfachen Angestellten erhöht, der Koeffizient ist aber nur signifikant auf dem 20 %-Niveau. Die Ausfallquote ehemals Arbeitsloser unterscheidet sich nicht von der ehemaliger Angestellter.

4.4.3 Determinanten der Beschäftigungswachstumsraten

Im folgenden Abschnitt werden die Ergebnisse zu den Wachstumsschätzungen vorgestellt. Wir schätzten einfache OLS Regressionen und Regressionen, mit einer sogenannten Heckman-Selektionskorrektur. Diese Selektionskorrektur soll Verzerrungen der Schätzergebnisse verhindern, die dadurch entstehen, dass nur für einen Teil der Unternehmen Wachstumsraten beobachtet werden konnten. Wenn die Beobachtungswahrscheinlichkeit der abhängigen Variablen systematisch mit erfolgsrelevanten Charakteristika der Unternehmen korreliert ist, entstehen Verzerrungen der Schätzergebnisse. Durch die Verwendung einer Selektionskorrektur gelingt es uns, dieses Schätzproblem zu beseitigen. Da sich nach dem Vergleich der Ergebnisse auf Basis der beiden Schätzmethoden (einfache OLS-Regression und Regression mit Selektionskorrektur) nur minimale Unterschiede herausstellten, berichten wir an dieser Stelle nur die Ergebnisse des Regressionsansatzes mit der Selektionskorrektur. Die Ergebnisse sind in Tabelle 3 in Modell (1) und (2) dargestellt.

Tabelle 3. Regressionsmodelle zur Analyse der Beschäftigungswachstumsrate

	Regression mit Heckman-Selektionskorrektur	
	Alle Unternehmen	**Neuerrichtungen**
	Coef (T-Wert)	**Coef (T-Wert)**
Unternehmensbezogene Variablen		
Beschäftigte bei Antrag (Ln)	–0.40 (-4.89) *	–0.60 (-5.14) *
Beschäftigte bei Antrag² (Ln)	0.19 (7.88) *	0.29 (6.10) *
geplante Arbeitsplätze	–0.01 (-4.87) *	-0.02 (-2.47) *
Rechtsform GmbH	0.52 (6.55) *	0.53 (5.88) *
Anteil Eigenmittel	0.01 (1.84)	0.01 (2.05) *
Bewilligungsvolumen	0.01 (6.35) *	0.01 (5.99) *
Ostdeutschland	0.20 (2.66) *	0.22 (2.71) *
Investitionsphase		
Neuerrichtung	0.11 (2.15) *	-
Fortführungen	Basiskategorie	-
Beteiligung	0.08 (0.30)	-
Privatisierung	–0.04 (-0.39)	-
Wachstum	0.05 (-0.55)	-
Kohorten		
Zusagejahr 1991	-0.24 (-2.79) *	-0.37 (-3.78) *
Zusagejahr 1992	-0.18 (-2.83) *	-0.28 (-3.74) *
Zusagejahr 1993	-0.40 (-4.17) *	–0.46 (3.93) *
Zusagejahr 1994	-0.41 (-6.37) *	-0.41 (-5.50) *
Zusagejahr 1995	-1.10 (-7.05) *	–0.81 (-4.25) *
Zusagejahr 1996	-1.79 (-6.40) *	–1.76 (-5.51) *
Wirtschaftszweig		
Verarbeitendes Gewerbe	0.11 (0.91)	0.16 (1.04)
Baugewerbe	0.47 (5.62) *	0.50 (5.32) *
Handel	-0.14 (-1.86)	-0.10 (-1.13)
Sonstige Dienstleistungen	Basiskategorie	Basiskategorie

Tabelle 3 (Fortsetzung)

	Regression mit Heckman-Selektionskorrektur	
	Alle Unternehmen Coef (T-Wert)	**Neuerrichtungen** Coef (T-Wert)
Motiv		
Fortführungsmotiv	-0.03 (-1.84)	-0.02 (-2.09) *
Höheres Einkommen	0.01 (-0.18)	0.01 (-0.15)
Eigener Chef sein	–0.01 (0.63)	0.01 (0.01)
Selbstverwirklichung	–0.04 (-2.13) *	–0.03 (-2.20) *
Schlechte Arbeitsmarktperspektiven	0.02 (1.44)	0.01 (0.69)
Soziale Stellung	–0.01 (-0.13)	–0.01 (0.45)
Berufsstatus vor geförderter Selbständigkeit		
Leitender Angestellter	0.19 (2.70) *	0.14 (1.89)
Angestellter	Basiskategorie	Basiskategorie
Selbständig	-0.02 (-0.19)	0.01 (0.01)
Arbeiter	-0.02 (-0.31)	0.03 (0.38)
Arbeitslos	–0.13 (-2.11) *	–0.22 (-2.46) *
anderer Berufsstatus	0.09 (1.49)	0.13 (1.84)
Personenbezogene Variablen		
Geschlecht: Mann	0.52 (6.45) *	0.47 (5.12) *
Persönliche Belastungen	-0.08 (-1.67)	-0.04 (-1.43)
Alter des Unternehmers	–0.01 (-0.66)	0.01 (0.11)
cons	0.38 (1.82)	0.58 (2.36)
Chi^2- test Förderdummies	4.31 (4)	-
Chi^2- test Kohortendummies	113.22 (6)	65.82 (6)
Chi^2- test Branchendummies	72.58 (6)	60.82 (6)
Wald Chi^2-test	721.81	573.34 (39)
Zahl der Beobachtungen	1891	1331

* Signifikanzniveau 5 %

Aus den Schätzergebnissen geht hervor, dass die Beschäftigtenwachstumsrate in nicht-monotoner Weise mit der Unternehmensgröße zusammenhängt. Mit zunehmender Unternehmensgröße zum Antragszeitpunkt sinkt in beiden Modellen zunächst die Wachstumsrate. Allerdings mit einer abnehmenden Rate, wie durch den signifikanten quadrierten Koeffizienten ersichtlich wird. Weiterhin können wir zeigen, dass die Erwartung eine hohe Zahl an Arbeitsplätzen zu schaffen, signifikant negativ mit der Beschäftigtenwachstumsrate korreliert ist. Unternehmen, die versprechen viele Arbeitsplätze zu schaffen, halten ihr Versprechen offensichtlich in vielen Fällen nicht ein. Dagegen ist die Höhe der finanziellen Förderung in beiden Schätzungen positiv mit der Beschäftigungswachstumsrate korreliert.

Im Einklang mit unseren theoretischen Überlegungen finden wir heraus, dass Unternehmen mit beschränkter Haftung über signifikant höhere Beschäftigungswachstumsraten verfügen verglichen mit Unternehmen ohne eine Haftungsbeschränkung der Eigentümer. Dieses Resultat wird in beiden Schätzungen bestätigt. Naheliegend ist, dass von den Unternehmern für Projekte mit hohem Verlustrisiko aber gleichzeitig hohen Wachstumschancen bevorzugt eine Rechtsform mit beschränkter Haftung gewählt wird (Horvath/Woywode, 2003).

Weiterhin zeigt sich nun in den Schätzergebnissen, dass der Anteil der Eigenmittel an der Gesamtinvestitionssumme positiv mit der Wachstumsrate korreliert ist. Dieser Effekt ist in Modell 1 signifikant auf dem 7 %-Niveau in Modell 2 dagegen sogar auf dem 5 %-Niveau. Sei es, dass – ähnlich wie bei der GmbH – riskantere Vorhaben mit höheren Wachstumsaussichten einen höheren Eigenmittelanteil erfordern, Investitionen mit einem hohen Eigenanteil höhere Anreizwirkungen und damit höhere Anstrengungsniveaus erzeugen oder dass Unternehmen mit einer hohen Eigenbeteiligung an der Investition im Durchschnitt wirtschaftlich gesünder sind; es resultiert für Unternehmen mit steigendem Eigenmittelanteil an der Investition eine höhere Beschäftigungswachstumsrate. Allerdings ist die Stärke des Zusammenhang recht niedrig, d.h. die mit einem höheren Eigenmittelanteil verbundenen Beschäftigungseffekte sind eher gering.

Unternehmen aus den Neuen Bundesländern weisen in beiden Schätzungen signifikant höhere Wachstumsraten auf als Unternehmen in den Alten Bundesländern. Dieser Effekt ist vermutlich auf die guten Startbedingungen in Ostdeutschland Anfang bis Mitte der 90er Jahre zurückzuführen. Da die Untersuchung Mitte des Jahres 2000 abgeschlossen wurde, kann hier keine Aussage darüber getroffen werden, wie sich die Beschäftigungswachstumsraten in der Zwischenzeit entwickelt haben, beziehungsweise, welche wirtschaftliche Entwicklung die späteren Gründungskohorten genommen haben. Die ungünstige Konjunkturentwicklung in weiten Teilen der Neuen Bundesländer in den letzten Jahren verglichen mit den Alten Bundesländern mag aber bewirkt haben, dass sich die Wachstumschancen ostdeutscher Unternehmen relativ zu denen westdeutscher Unternehmen in der Zwischenzeit bereits angeglichen oder sogar verschlechtert haben.

Weiterhin zeigt sich in den Ergebnissen des Modells (1), dass die Wachstumschancen von geförderten Neuerrichtungen signifikant besser sind als von geförderten Nachfolgeunternehmen – und zwar unabhängig von der Größe oder dem Wirtschaftszweig. Die Wachstumschancen geförderter Beteiligungen, Privatisierungen und Festigungen unterscheiden sich nicht signifikant von denjenigen der Folgeunternehmen. Dieses Ergebnis mag überraschen, denn gerade Unternehmen, die einen Fortführungskredit oder einen Wachstumskredit beantragt haben, sollten eigentlich bessere Wachstumschancen besitzen (Brüderl et al., 1996). Unser Resultat deutet darauf hin, dass es im Falle von Unternehmensfortführungen gar nicht so leicht sein mag, angenommene Wachstumspotentiale auch tatsächlich zu realisieren. Des weiteren könnte es der Fall sein, dass Festigungskredite oft eher zur Konsolidierung als zum Wachstum verwendet werden.

Die Kohortendummies in den Schätzungen sind einzeln und im gemeinsamen Test signifikant auf dem 5 %-Niveau. Man erkennt, dass Unternehmen des Jahrgangs 1990 verglichen mit den Unternehmen der anderen Geburtskohorten signifikant höhere Beschäftigungswachstumsraten besitzen. Im Zeitverlauf verschlechterten sich die Wachstumschancen der einzelnen Gründungskohorten nahezu kontinuierlich. Dies ist unter anderem vermutlich auf die nach 1991 erlahmende Konjunktur zurückzuführen.

Weiterhin konstatieren wir signifikante branchenspezifische Unterschiede in den Wachstumsraten der Unternehmen. Verglichen mit Unternehmen der Basiskategorie (sonstige Dienstleistungen) wuchsen Unternehmen der Baubranche signifikant schneller. Unternehmen aus dem Handel wuchsen dagegen laut Ergebnissen des Modells 1 langsamer als Dienstleistungsunternehmen. Das letztgenannte Resultat wird durch die Schätzergebnisse des Modells 2 nicht bestätigt. Auch in bezug auf dieses Ergebnisse gilt, dass sich hier vermutlich die positiven konjunkturellen Effekte der 90er Jahre und die strukturellen Besonderheiten in Ostdeutschland widerspiegeln. In jüngster Zeit gehört beispielsweise die Baubranche zu denjenigen Branchen, die vermutlich die höchsten Beschäftigungsverluste relativ zum

Beschäftigungsbestand aufweist. So könnten sich die Ergebnisse zu den branchenspezifischen Wachstumseffekten in der Zwischenzeit grundlegend verändert haben.

Unternehmen, die von männlichen Unternehmern gegründet wurden, sind signifikant wachstumsstärker als Unternehmen, die durch Frauen gegründet wurden. Dieses Ergebnis, das sich in beiden Schätzmodellen einstellt, steht im Einklang mit den Untersuchungsergebnissen von Voigt (1994), Brüderl et al. (1996), Dobler (1998) und vielen anderen deutschen Autoren, die nachgewiesen haben, dass das Geschlecht des Unternehmers zwar keinen Einfluss auf die Überlebenswahrscheinlichkeit des Unternehmens besitzt, aber sehr wohl die Wachstumschancen beeinflusst. Konkret wiesen in den genannten Untersuchungen Unternehmen, die von männlichen Unternehmern geführt worden waren, eine höhere Wachstumsrate auf als Unternehmen, die von Frauen geführt wurden. Allerdings weist Johns (2003) darauf hin, dass in verschiedenen internationalen Studien für Norwegen, USA und Schweden nachgewiesen werden konnte, dass dort keine geschlechtsspezifischen Unterschiede in den Wachstumschancen von Unternehmensgründungen vorlagen. Wenn geschlechtsspezifische Unterschiede in den Erfolgschancen von Unternehmensgründungen ein typisch deutsches Phänomen sein sollten, so gilt es zu klären, woran dies liegt. Sei es, dass Frauen in Deutschland über größere Kapitalmarktrestriktionen verfügen als Männer, was in anderen Ländern nicht der Fall zu sein scheint (Coleman, 1998) oder dass die in Deutschland vorherrschenden institutionellen Rahmenbedingungen eine erfolgreiche Selbständigkeit von Frauen stärker beeinträchtigen als in anderen Ländern (Amit et al., 1995; Douglas/Sheperd, 1999; Johns, 2003).

Physische oder psychische Belastungen in der Gründungsphase haben tendenziell ein Absinken der Beschäftigungswachstumsrate zur Folge wie aus den Ergebnissen beider Modelle ersichtlich wird. Zwischen dem Alter des Unternehmers zum Zeitpunkt des Förderantrags und der Beschäftigungswachstumsrate ist kein signifikanter Zusammenhang ersichtlich. Dies ist auch dann nicht der Fall, wenn mit alternativen Spezifikationen des funktionalen Zusammenhangs zwischen Alter und Wachstumsrate gearbeitet wird.

Die Gründungsmotivation beeinflusst nicht nur die Überlebenschancen sondern auch die Wachstumschancen; allerdings in geringerem Ausmaß. So zeigt sich zwischen dem Motiv (1) „Chef zu sein", (2) „eine angesehene gesellschaftliche Stellung einzunehmen" sowie (3) ein hohes Gehalt zu realisieren und der Wachstumsrate kein signifikanter Zusammenhang. Einen negativen Beitrag leistete jedoch das Fortführungsmotiv. Auch das Motiv der Selbstverwirklichung wirkt wachstumshemmend. Die Gründungsmotive und verschiedene Erfolgsparameter der Unternehmen variieren in komplexer Weise miteinander, die unseres Erachtens bisher in der Forschung inhaltlich nicht ausreichend durchdrungen ist.

Auch die beruflichen Vorgründungserfahrungen besitzen einen, wenn auch nur geringfügigen Einfluss auf die Beschäftigungswachstumsrate. Es lässt sich nachweisen, dass Unternehmen, die von Arbeitslosen gegründet worden sind, signifikant geringere Wachstumsraten besitzen als Unternehmen, die durch Angestellte gegründet wurden. Weiterhin stellen wir fest, dass Unternehmen ehemaliger leitender Angestellter sich hinsichtlich ihrer Wachstumsrate in beiden Modellen positiv signifikant von Unternehmen unterscheiden, die durch Angestellte gegründet wurden.

4.4.4 Ergebnisse der Hypothesenprüfung

Zu Beginn der Untersuchung hatten wir zehn Hypothesen aufgestellt. Nachfolgend soll kurz dargestellt werden, welche Hypothesen abgelehnt bzw. bestätigt werden können.

H1: Je größer ein Unternehmen, desto geringer die Beschäftigungswachstumsraten und desto größer die Überlebenschancen des Unternehmens.

$\Rightarrow$ bestätigt.

H2: Verglichen mit originären Unternehmensgründungen besitzen derivative Unternehmensgründungen höhere Beschäftigungswachstumsraten und bessere Überlebenschancen.

$\Rightarrow$ für Überlebenschancen bestätigt, für Wachstum abzulehnen.

H3: Je höher die finanzielle Förderung des Unternehmens mit Krediten, desto höher sind die Wachstumsraten und Überlebenschancen von Unternehmen.

$\Rightarrow$ bestätigt.

H4: Unternehmen mit beschränkter Haftung haben eine überdurchschnittlich hohe Insolvenzwahrscheinlichkeit, überdurchschnittlich hohe Forderungsausfälle und überdurchschnittlich hohe Wachstumschancen.

$\Rightarrow$ bestätigt.

H5: Unternehmen, die in konjunkturell guten Jahren gegründet wurden sind dauerhaft erfolgreicher als Unternehmen, die in konjunkturell schlechten Jahren gegründet wurden.

⇒ bestätigt.

H6: Verglichen mit westdeutschen Unternehmen, besitzen ostdeutsche Unternehmen höhere Wachstumsraten und Überlebenschancen.

⇒ bestätigt für Wachstumsraten, für Überlebenschancen abzulehnen.

H7: Je optimistischer die Wachstumserwartungen des Unternehmers zum Zeitpunkt des Kreditantrags, desto besser ist die Überlebenswahrscheinlichkeit seines Unternehmens und desto höher sind die Wachstumsraten des Unternehmens.

⇒ vollständig abzulehnen.

H8: Je höher das Humankapital eines Unternehmers (bzw. Geschäftsführers) ausfällt, desto besser sind die Überlebenschancen und Wachstumsaussichten des Unternehmens.

⇒ Abzulehnen für Überlebenschancen, anzunehmen für Wachstumsraten.

H9: Schlechte Arbeitsmarktperspektiven als Selbständigkeitsmotiv sowie Arbeitslosigkeit vor der Gründung verschlechtern die Überlebens- und Wachstumschancen.

⇒ abzulehnen für Bestandsfestigkeit. Für Wachstumschancen ehemals Arbeitsloser zu bestätigen.

H10: Je stärker ein Unternehmer zum Zeitpunkt der Gründung durch „unternehmerische“ Motive geprägt ist, desto besser sind die Überlebens- und Wachstumschancen seines Unternehmens.

⇒ für einige Motive bestätigt.

H11: Aufgrund von Unterschieden in den Marktstrukturen und den vorherrschenden Wettbewerbsbedingungen zwischen einzelnen Branchen erwarten wir branchenspezifische Variationen in Bezug auf die Überlebenschancen und Wachstumsraten von Unternehmen.

⇒ bestätigt.

4.5 Zusammenfassung und Ausblick

In dieser Studie wurden die Überlebenschancen und Wachstumsraten von durch die Deutsche Ausgleichsbank mit Eigenkapitalhilfe-Darlehen geförderten Unternehmen untersucht. Es zeigte sich, dass wir eine ganze Reihe von Faktoren identifizieren können, die auf die Erfolgschancen geförderter Unternehmen einwirken. Die Faktorausstattung der Unternehmen in der Kreditantragsphase besitzt nach unseren Erkenntnissen langfristige Effekte auf die Scheiterwahrscheinlichkeit und das Beschäftigtenwachstum der Unternehmen. Allerdings können wir bei der Analyse des Scheiterns nicht zwischen Konkursen und sonstigen Arten des Marktaustritts trennen. Durch die weitere Untersuchung der Kreditausfallhöhe und der Kreditausfallquoten gewinnen wir ein vollständigeres Bild. Faktoren wie die Haftungsbeschränkung der Rechtsform, die Motivation des Gründers und die Förderhöhe wirken auf die absolute Höhe des zu erwartenden Kreditausfalls und die Kreditausfallquoten in signifikanter Weise.

Um ein vollständiges Bild nicht nur über die einzelwirtschaftlichen Kosten des unternehmerischen Scheiterns staatlich geförderter Unternehmen sondern auch über den mit der Förderung einhergehenden Nutzen zu gewinnen, ist es notwendig, auch die erfolgreichen Unternehmen genauer zu analysieren. Es zeigt sich, dass viele der untersuchten Einflussfaktoren nicht nur die Scheiterwahrscheinlichkeit sondern auch die Wachstumsraten beeinflussen. Zwar verursachen Unternehmen, die eine haftungsbeschränkende Rechtsform gewählt haben, höhere Forderungsausfälle und verfügen über niedrigere Rückzahlungsquoten bei ihren Krediten. Im Erfolgsfall wächst die Gruppe haftungsbeschränkter Unternehmen aber auch schneller. Weniger vorteilhaft sind dagegen die Wirkungen, die von ambitionierten, mit der kreditfinanzierten Investition verbundenen Beschäftigungszielen ausgehen. Unternehmen, die sich im Rahmen ihrer Investitionen hohe Beschäftigungswachstumsziele gesetzt hatten, scheiterten häufiger und verursachten dabei zudem höhere Kreditausfälle. Sofern sie überlebten, realisierten sie auch noch unterdurchschnittlich hohe Beschäftigungszuwächse. Während also bei haftungsbeschränkten Unternehmen hohen Kosten im Falle des Scheiterns hohe positive Wohlfahrtseffekte im Falle des Überlebens gegenüberstehen, kann dieser Ausgleich bei Unternehmen mit hohen geplanten Beschäftigungszahlen nicht gefunden werden. Eine Förderbank darf sich also nicht durch üppige Planungen blenden lassen. Ein haftungsbeschränktes Unternehmen mit zurückhaltenden Planzahlen, ist aus volkswirtschaftlicher Sicht bei der Förderung vorzuziehen.

Anders sieht das Risiko/Wachstumsprofil bei übernommenen Unternehmen aus. Einem signifikant niedrigeren Scheiterrisiko und einem geringeren anteiligen Ausfallvolumen (verglichen mit Neuerrichtungen) stehen leicht unterdurchschnittliche Wachstumseffekte in Bezug auf die Zahl der Beschäftigten (verglichen mit Neuerrichtungen) gegenüber. Da bei Übernahmen volkswirtschaftlich gesehen die Sicherung der bestehenden Arbeitsplätze im Vordergrund steht, ist aber die Förderung dieser Zielgruppe sowohl betriebswirtschaftlich als auch volkswirtschaftlich positiv zu bewerten. Unter Wachstumsaspekten sind Neuerrichtungen allen anderen Investitionsanlässen vorzuziehen. Allerdings gilt für neue Unternehmen dasselbe wie für haftungsbeschränkte: Höheres Risiko, aber auch signifikant überdurchschnittliches Beschäftigtenwachstum. Ähnliches trifft auch auf ostdeutsche Unternehmen zu. Allerdings ist bei letzteren das Verhältnis zwischen Scheiterrisiko und Beschäftigtenwachstum etwas ungünstiger als bei haftungsbeschränkten Unternehmen.

Auch im Bereich der Humankapitalvariablen findet sich ein Risiko-/Wachstumsprofil, das dem von haftungsbeschränkten sowie ostdeutschen Unternehmen und Neuerrichtungen vergleichbar ist. Unternehmen vormals leitender Angestellte sind weniger bestandsfest, schaffen dafür aber im Erfolgsfall ein signifikant höheres Beschäftigungswachstum. Einer betriebswirtschaftlich gebotenen Zurückhaltung auf Seiten der Banken steht also ein volkswirtschaftlicher Mehrwert gegenüber.

Überraschen können die Ergebnisse vormals selbständiger und vormals arbeitsloser Unternehmerinnen und Unternehmer. Während bei vormals Selbständigen bei durchschnittlichem Beschäftigtenwachstum das Ausfallrisiko höher ist, wachsen Unternehmen vormals arbeitsloser Personen unterdurchschnittlich, ohne jedoch ein höheres Ausfallrisiko aufzuweisen. Wenn arbeitslose Menschen, die sich selbständig machen, nach DtA-Kriterien ausgewählt werden, ist deren Scheiterrisiko also nicht höher als bei anderen Berufsgruppen.

Unter den Selbständigkeitsmotiven gehen von dem Fortführungsmotiv des (elterlichen) Betriebes insgesamt die positivsten Impulse aus. Mit diesem Motiv ist ein geringeres Ausfallrisiko und eine höhere Wachstumschance verbunden. Es handelt sich also um eine betriebswirtschaftlich wie förderpolitisch/volkswirtschaftlich interessante Zielgruppe. Wer sich selbständig macht, weil er gerne „sein eigener Chef" sein möchte, generiert für die Förderbank ebenfalls geringere Ausfälle. Ein höheres Einkommen verdienen zu wollen mindert hingegen Bestandsfestigkeit und Rückzahlungsfähigkeit gleichermaßen.

Unternehmen, die von männlichen Gründern/Geschäftsführern geleitet werden, wachsen schneller als Unternehmen, die durch weibliche Führungspersonen geleitet werden. Bestandsfestigkeit und Rückzahlungsumfang werden hingegen durch das Geschlecht nicht signifikant beeinflusst. Dieses Ergebnis bestätigt die Erkenntnisse anderer Untersuchungen. Persönliche Belastungen (Krankheit, Tod des Lebenspartners etc) wirken sich in Bezug auf verschiedene Erfolgsmaße negativ auf die Unternehmensentwicklung aus.

Insgesamt gesehen ist die Kreditentscheidung für staatliche Förderbanken deutlich schwieriger als für normale Geschäftsbanken. Während private Geschäftsbanken den erwarteten Kosten eines Kreditengagements lediglich die erwartete Rendite im Rückzahlungsfall (Tilgung + Zinsen) gegenüberstellen müssen, und sich dann für oder gegen eine Kreditvergabe entscheiden können, spielen für staatliche Förderbanken auch übergeordnete volkswirtschaftliche Aspekte bei ihrer Kreditvergabeentscheidung eine wichtige Rolle. Ein erfolgreiches Kreditengagement führt aus Sicht einer staatlichen Förderbank nicht nur dazu, dass ein einzelnes Unternehmen prosperiert. Ein erfolgreich kreditfinanziertes Unternehmen schafft gleichzeitig eine große Zahl an Arbeitplätzen, sorgt für zukünftig höhere Steuereinnahmen, etc.

Für eine öffentliche Förderbank gilt das Prinzip der Maximierung des Shareholder Value ebenso wie für eine private Geschäftsbank. Allerdings besteht er bei einer Förderbank nicht nur aus der direkten Abführung von Gewinnen, sondern (auch) in Form volkswirtschaftlicher Effekte, die durch die Förderung bewirkt werden und durch welche die finanzielle Situation des Anteilseigners, also des Staates, verbessert wird. In der Bilanz einer Förderbank können diese indirekten Gewinne aber nicht enthalten sein. Insofern spiegelt die Bilanz einer Förderbank die erzielte volkswirtschaftliche Rendite nicht adäquat wider. Das eigentliche „Geschäftsergebnis" einer Förderbank ist also nahezu immer günstiger, als dies ihre Bilanz ausweist.

Der Prozess der Kreditvergabe wird durch den andersartigen Shareholder Value, den eine Förderbank zu leisten hat, jedoch nicht einfacher. Im Gegenteil. Während Geschäftsbanken ein gut messbares Zielsystem entwickeln können (z.B. direkte Rendite aus Geschäftstätigkeit zum Zeitpunkt t), können Staat und Förderbank die (angestrebte) Rendite nicht zuverlässig messen. Fragen wie „Wie viel neue oder gesicherte Arbeitsplätze sind auf die Förderung zurückzuführen?“ lassen sich nicht mit Sicherheit beantworten, da man nicht ermitteln kann, wie viele Arbeitsplätze dasselbe geförderte Unternehmen ohne Förderung geschaffen hätte.[1]

4.6 Literatur

Almus, M; Nerlinger, E. (2000): Testing Gibrat's Law for Young Firms – Empirical Results for West Germany. In: Small Business Economics, Vol. 15, Nr. 1, S. 1-12.

Almus, M.; Prantl, S. (2001): Bessere Unternehmensentwicklung durch Gründungförderung? Bonn, Berlin (=Wissenschaftliche Reihe der Deutschen Ausgleichsbank (DtA) Band 15).

Amit, R.; Muller, E.; Cockburn, I. (1995): Opportunity Cost and Entrepreneurial Activity. In: Journal of Business Venturing, Vol. 10, S. 95-106.

Audretsch, D. (1995): Innovation and Industry Evolution. Cambridge, MA.

Bates, T. (1990): Entrepreneur Human Capital Inputs and Small Business Longevity. In: Review of Economics and Statistics, Vol. 72, S. 551-559.

Becker, G.S. (1993): Human Capital: A Theoretical and Empirical Analysis with Special Reference to Education, 3. Auflage. Chicago: The University of Chicago Press.

Birch, D. (1981): Who Creates Jobs? In: The Public Interest, Vol. 65, S. 3-14.

Birch, D. (1987): Job Generation in America. New York.

Boden, R.J.; Nucci, A.R. (1998): On the Survival Prospects of Men's and Women's New Business Ventures. In: Journal of Business Venturing, Vol. 15, S. 347-362.

[1] Näherungsweise hat das ZEW im Jahr 2000 mit den nach neuesten wissenschaftlichen Erkenntnissen zur Verfügung stehenden methodischen und technischen Mitteln per Matchingverfahren diese Frage beantwortet (Almus/Prantl 2001). Geförderte Unternehmen haben sich demnach signifikant besser entwickelt (mehr Arbeitsplätze, bessere Überlebenswahrscheinlichkeit) als vergleichbare nicht geförderte Unternehmen.

Boone, C.; de Brabander, B.; van Witteloostijn, A. (1996): CEO Locus of Control and Small Firm Performance: An Integrative Framework and Empirical Test. In: Journal of Management Studies, Vol. 33, S. 667-699.

Brock, W.; Evans, D. (1986): The Economics of Small Businesses. New York.

Brüderl, J.; Preisendörfer, P. (2000): Fast Growing Businesses. Empirical Evidence from a German Study. In: International Journal of Sociology, Vol. 30, Nr.1, S. 45-70.

Brüderl, J.; Preisendörfer, P.; Ziegler, R. (1992): Survival Chances of Newly Founded Business Organizations. In: American Sociological Review, Vol. 57, S. 227-241.

Brüderl, J.; Preisendörfer, P.; Ziegler, R. (1996): Der Erfolg neugegründeter Betriebe. Berlin.

Coleman, S. (1998): Access to Capital: A Comparison of Men and Women Owned Small Businesses. University of Hartford, Mimeo.

Gimeno-Gascon, J.; Folta, T.; Cooper, A.C. (1997): Survival of the Fittest? Entrepreneurial Human Capital and the Persistence of Performance. In: Administrative Science Quarterly, Vol. 42, S. 750-783.

Deutsche Ausgleichsbank (1988): Warum junge Unternehmen zuweilen keinen Bestand haben. Sonderdruck aus dem DtA-Geschäftsbericht 1988, Bonn.

Döbler, T. (1998): Frauen als Unternehmerinnen. Erfolgspotentiale weiblicher Selbständiger. Wiesbaden.

Douglas, E.J.; Shepherd (1999): Entrepreneurship as a Utility Maximizing Response. In: Journal of Business Venturing, Vol. 15, S. 231-251.

Dunne, T.; Roberts, M.; Samuelson, L. (1989a): Patterns of Firm Entry and Exit in U.S. Manufacturing Industrics. In: Rand Journal of Economics, Vol. 19, S. 495-515.

Dunne, T; Roberts, M.; Samuelson, L. (1989b): The Growth and Failure of U.S. Manufacturing Plants. In: Quarterly Journal of Economics, Vol. 104, S. 671-698.

Evans, D. (1987a): The Relationship between Firm Growth. Size. and Age: Estimates for 100 Manufacturing Industries. In: Journal of Industrial Economics, Vol. 35, S. 567-581.

Evans, D. (1987b): Tests of Alternative Theories of Firm Growth. In: Journal of Political Economy, Vol. 95, S. 657-674.

Evans, D.S.; Leighton, L.S. (1990): Small Business Formation by Unemployed and Employed Workers. In: Small Business Economics, Vol. 2, Nr. 4, S. 319-330.

Finkelstein, S. ; Hambrick, D.C. (1990): Top management team tenure and organizational outcomes: the moderating role of managerial discretion. In: Administrative Science Quarterly, Vol. 35, S. 484-503.

Frank, H.; Korunka, C. (1996): Zum Informations- und Entscheidungsverhalten von Unternehmensgründern. In: Zeitschrift für Betriebswirtschaft, Vol. 66, S. 947-963.

Gibrat, R. (1931) : Les Inegalités Economiques. Paris.

Hall, B. (1987): The Relationship between Firm Size and Firm Growth in the U.S: Manufacturing Sector. In: Journal of Industrial Economics, Vol. 35, S. 583-606.

Horvath, M.; Schivardi, F.; Woywode, M. (2001): Exit Follows Entry: Evidence from the American Brewing Industry. In: International Journal of Industrial Organization, Vol. 19, Nr. 7, S. 1023-1052.

Horvath, M.; Woywode, M. (2003): Entrepreneurs and the choice of liability Statutes, Artikel revised und resubmitted beim Journal of Institutional and Theoretical Economics.

Harhoff, D.; Stahl, K.; Woywode, M. (1998): Legal Form, Growth and Exit of West German Firms – Empirical Results for Manufacturing, Construction, Trade and Service Industires. In: Journal of Industrial Economics, Vol. XVII, S. 23-58.

John, E.-M. (2003): Frauenspezifische Gründungsförderung: politically correct, aber auch betriebswirtschaftlich sinnvoll?, DBW, im Erscheinen.

Johnson, J.; Baldwin, J.; Hinchley, C. (1997): Successful Entrants: Creating the Capacity for Survival and Growth, Ottawas: Statistics Canada, Minister of Industry.

Katsoulacos, Y.S. (1986): The Employment Effect of Technical Change. Brighton.

Rudolph, A.; Welter, F. (2000): Mehr Erfolg für Gründerinnen: wie junge Unternehmen gefördert werden – ein internationaler Vergleich. RWI, Heft 5, Essen.

Seitz, H. (1996): Die Suburbanisierung der Beschäftigung, Eine empirische Analyse für Westdeutschland. In: Jahrbücher für Nationalökonomie und Statistik, Nr. 215, S. 69-98.

Simon, H. A.; Bonini, C. P. (1956): The Size Distribution of Business Firms. In: American Economic Review, Vol. 48, S. 607-617.

Storey, D.J. (1995): Understanding the small business sector. London.

Struck, J. (1999): Eigenkapital als Investitionshemmnis. In: Betriebswirtschaftliche Forschung und Praxis (BFuP) 3/99, S. 293-306.

Struck, J.; Thomsen, U.; Kuhn, C. (1998): Gründungsfinanzierung und Überbrückungsgeld – zwei Förderansätze, eine Zielgruppe? Bonn (=Wissenschaftliche Reihe der Deutschen Ausgleichsbank (DtA) Band 8).

Voigt, M. (1994): Unternehmerinnen und Unternehmenserfolg. Geschlechtsspezifische Besonderheiten bei Gründung und Führung von Unternehmen. Wiesbaden.

Wagner, J. (1994): The post-entry performance of new small firms in German manufacturing industries. In: Journal of Industrial Economics, Vol. XLII, S. 141-154.

Woywode, M. (1998): Determinanten der Überlebenswahrscheinlichkeit von Unternehmen. Baden-Baden: Nomos.

Woywode, M.; Lessat, V. (2001): Les entreprises à croissance rapide en Allemagne – une analyse micro-econometric. In : Journal de P.M.E. international, Vol. 14, Nr. 3-4, S. 17-43.

5 Ursachen des Scheiterns von Technologieunternehmen

Franz Pleschak, Birgit Ossenkopf und Björn Wolf

5.1 Problemstellung

Junge Technologieunternehmen haben für die Erhöhung der Wettbewerbsfähigkeit der Volkswirtschaft einen hohen Stellenwert. Sie erschließen mit ihren neuen Produkten, Verfahren oder Dienstleistungen neue Märkte, tragen zum Strukturwandel bei, beleben den Innovationswettbewerb und stärken die Exportkraft. Sie sind Keime für künftiges Wachstum von Leistung und Beschäftigung. Die Unternehmen durchlaufen dabei selbst eine Entwicklung. Sie sind anfänglich klein. Risiken in der Forschung und Entwicklung, Markt- und Finanzierungsrisiken können ihre Entwicklung gefährden. Die Unternehmen werden nur schrittweise marktwirksam.

Ungeachtet der hohen Wachstumspotenziale bleibt es angesichts der Risiken beim Unternehmensaufbau nicht aus, dass bei einigen Gründungen die Faktoren des Erfolgs weniger zum Tragen kommen als die Risikofaktoren und deshalb Unternehmen scheitern. Der Misserfolg beim Unternehmensaufbau stellt nicht nur ein persönliches Schicksal der Gründer dar, sondern bedeutet auch den Ausfall volkswirtschaftlicher Wachstumspotenziale. Zugleich sind die Kapitalgeber der Unternehmen betroffen, deren Engagement mit dem Scheitern von Unternehmen nicht zur erwarteten Rendite führt; meist aber auch Fördermittelgeber, da die Gründungsfinanzierung junger Technologieunternehmen in vielen Fällen eine Förderung erhält. Wenn auch das Scheitern junger Technologieunternehmen angesichts des Risikocharakters nicht ausgeschlossen werden kann, so ist es doch wichtig, die Ursachen von Krisen und des Scheiterns zu erkennen, um durch geeignete Management- und Umfeldmaßnahmen die Wahrscheinlichkeit eines Misserfolgs einzuschränken bzw. einer erfolgreichen Unternehmensentwicklung zu erhöhen.

Gegenstand der vorliegenden Untersuchung sind die Ursachen des Scheiterns von 85 im ersten Halbjahr 2001 gescheiterten Unternehmen, deren Finanzierung Beteiligungskapital einschloss, das im Rahmen des Programms „Beteiligungskapital für kleine Technologieunternehmen" (BTU) gefördert wurde. Diese Untersuchung wurde von der Forschungsstelle Innovationsökonomik des Fraunhofer-Instituts für Systemtechnik und Innovationsforschung mit Unterstützung des VDI/VDE-Technologiezentrum IT GmbH Teltow im Auftrag des Bundesministeriums für Wirtschaft und Technologie durchgeführt (Pleschak/Ossenkopf/Wolf, 2002). Die Untersuchungen beleuchten die Sicht von Beteiligungsgebern, Gründern und Fördereinrichtungen auf das Scheitern von Unternehmen. Diese sehr komplexe Betrachtung vermittelt tiefere Einsichten in die Ursachen des Scheiterns als eine partielle Analyse einer Akteursgruppe. Die Untersuchungsergebnisse erheben nicht den Anspruch einer repräsentativen, statistisch gesicherten Aussage, sie betreffen nur im Jahr 2001 gescheiterte Unternehmen. Diese waren zu einem hohen Anteil auf den Technologiefeldern Internet/Software tätig.

5.2 Grundlagen für Analysen des Scheiterns von Technologieunternehmen

Krisen können in der Entwicklung eines Technologieunternehmens wiederholt auftreten. Eine Krise liegt vor, wenn die Existenz eines Unternehmens aufgrund einer ungünstigen Konstellation von Störgrößen ernsthaft gefährdet ist (Hemer/Kulicke, 1995; Hemer, 1997). Nicht jede Störgröße oder Zielabweichung stellt dabei eine Krise dar, vielmehr wirken bei Krisen mehrere Ursachen endogener oder exogener Art so zusammen, dass sich eine Existenzgefährdung der Unternehmen ergibt. Erkennen die Unternehmer die Krisenursachen und stellen sie ab, dann kann die weitere Unternehmensentwicklung erfolgreich ablaufen. Das ist insbesondere dann der Fall, wenn prophylaktisch auf krisenauslösende Faktoren Einfluss genommen wird.

Junge Technologieunternehmen sind aufgrund der Vielzahl der auf sie wirkenden Risikofaktoren krisenanfällig. FuE- sowie Marktrisiko und Finanzierungsrisiko treten oft überlagert auf und führen zu kritischen Unternehmenssituationen. *Krisenmerkmale* sind: unstetige, instabile Geschäftsverläufe, diskontinuierliche Umsatzentwicklung, Nichterreichen der Gewinnzone, hohe negative Umsatzrenditen. Die Ursachen dafür liegen im Produkt- und Leistungsprogramm, in nicht ausgereiften Produkten, fehlendem Unternehmensimage, Abwehrreaktionen von Wettbewerbern, abwartendem Kaufverhalten von Kunden, Behinderungen durch staatliche Vorschriften oder Zulassungen, knapper Kapitalbasis, zeitintensiver Kapitalbeschaffung und in einer zum Zeitpunkt der Untersuchungen gegebenen allgemeinen negativen konjunkturellen Situation. Für junge Technologieunternehmen kommen als Krisenursache die fehlenden Erfahrungen der Gründer und die daraus resultierenden Probleme bei der Erarbeitung ihrer Unternehmenskonzeptionen hinzu.

Wenn Krisen für Unternehmen auch unerwartete, scheinbar ausweglose existenzbedrohende Situationen hervorbringen, sind sie jedoch beeinflussbar und von begrenzter Dauer, wenn auch in ihrem Ausgang meist ungewiss (Krystek, 1987). *Krisenmanagement* dient dazu, die Gefahren, Risiken und Probleme in der Entwicklung eines Unternehmens zu erkennen, prophylaktisch darauf Einfluss zu nehmen, dass keine Gefährdung des Unternehmens zustande kommt und bereits auftretende Krisen zu überwinden. Krisenmanagement umfasst demnach alle Aktivitäten zur Vermeidung und Bekämpfung einer Krise. Krisenursachen sollen aufgespürt, im Sinne der Prophylaxe verändert und das Entstehen von Krisen von vornherein vermieden werden. Für die Diagnose von Krisen existiert ein umfangreiches Instrumentarium von Analysemethoden und Kennzahlensystemen (Hauschildt, 2001). Sie haben das Ziel, die Ursache-Wirkungs-Zusammenhänge der Krisen zu erkennen (Hauschildt/Leker, 2000). Checklisten sollen helfen, eine Insolvenzvorsorge zu betreiben (BMWi, 2002).

Krisenmanagement kann strategische Unternehmensentscheidungen betreffen, wenn sich herausstellt, dass Produkt-Markt-Ziele nicht mehr der Wettbewerbssituation entsprechen oder Unternehmenspotenziale nicht in Übereinstimmung mit den Produktstrategien stehen. Krisenbewältigung ist aber auch erforderlich, wenn sich Umsatz- oder Gewinnziele als nicht realisierbar erweisen, zum Beispiel weil Verzögerungen in der Forschung und Entwicklung das Einhalten geplanter Markteintrittstermine unmöglich machen. Daraus kann Illiquidität bzw. Überschuldung folgen, was die Bewältigung der Liquiditätskrise zum bevorzugten Gegenstand des Krisenmanagements macht (Müller, 1984). Krisenmanagement kann aber auch mit dem Austausch von Personal oder dem Einsatz von Interimsmanagern verbunden sein. Es bewegt sich somit auf unterschiedlichen Entscheidungsebenen der Unternehmen.

Die Insolvenz als die andauernde Unfähigkeit eines Unternehmens, seine finanziellen Verpflichtungen erfüllen zu können, ist die stärkste Ausdrucksform einer Krise. Wenn das Unternehmen zahlungsunfähig oder überschuldet ist und deshalb aus gesetzlich vorgeschriebenen Gründen ein Insolvenzverfahren zu beantragen hat, ist meist die Liquidation des Unternehmens der Endpunkt einer Krise. Die Nichtbewältigung von Krisen führt demnach zum Scheitern von Unternehmen. Zwar geben die Gründer meist finanzielle Gründe und Zahlungsunfähigkeit als Grund des Scheiterns an, davor stehen aber in der Regel andere Probleme, die letztlich dazu führen, dass die Unternehmen die Kapital- und Liquiditätsreserven aufbrauchen.

Das Scheitern junger Technologieunternehmen resultiert zumeist daraus, dass die typischen Erfolgsfaktoren für das Wachstum dieser Unternehmen nicht zum Tragen kommen. Dies sind:

- die Alleinstellungsmerkmale der Produkte und Verfahren in Verbindung mit einem zeitlich früheren Markteintritt gegenüber Wettbewerbern,
- das Auftreten auf internationalen Märkten,
- das FuE-Know-how der Beschäftigten,
- die Orientierung auf Zukunftstechnologien.

Diese Wachstumsquellen von Technologieunternehmen entspringen letztlich aus einer auf hohem Niveau durchgeführten Forschung und Entwicklung (FuE) sowie erfolgreichem Marketing. Erfolg und Wachstum von Technologieunternehmen verlangen eine konsequente Orientierung der FuE an den Kundenproblemen und -bedürfnissen sowie marktorientierte Arbeit in allen Phasen des Innovationsprozesses. Die relativ geringen Kapazitäten junger und kleiner Unternehmen sind angesichts der Kompliziertheit und Komplexität der Innovationen durch Kooperation zu ergänzen. Das alles stellt hohe Anforderungen an das Management der Unternehmen (Pleschak, 2001). Dies fällt gerade technologieorientierten Gründern schwer, da ihnen von ihrer Ausbildung und bisherigen Tätigkeit her oft betriebswirtschaftliche und Marketingerfahrungen fehlen.

Junge Technologieunternehmen haben einen hohen Kapitalbedarf für die FuE, den Fertigungsaufbau, die Markteinführung und den Übergang zum Wachstum. Die anfänglich noch unsicheren wirtschaftlichen Erwartungen, das zeitliche Auseinanderfallen von Ein- und Auszahlungen, Informationsdefizite zwischen Kapitalgebern und Unternehmern sowie fehlende dingliche Sicherheiten der Unternehmer erschweren das Finden von Finanzierungslösungen. Gerade in den jungen Lebensphasen können daraus Unternehmenskrisen entstehen, besonders dann, wenn

- der Kapitalbedarf unrealistisch zu niedrig geplant wurde,
- Verzögerungen beim Markteintritt Nachfinanzierungen erforderlich machen, ohne dass Umsätze erwirtschaftet werden,
- die Umsatzentwicklung zu optimistisch eingeschätzt wurde,
- die Kostenentstehung im Unternehmen nicht nachvollziehbar ist,
- die Unternehmensentwicklung auf ein Produkt fokussiert ist und dieses nicht vom Markt angenommen wird,
- das Geschäftsmodell von vornherein fragwürdig ist.

Deutlicher als bei anderen Unternehmen heben sich bei Technologieunternehmen vor allem solche Misserfolgsfaktoren hervor, die in den Risikobereichen FuE, Marketing und Vertrieb sowie bei der Unternehmerpersönlichkeit liegen. Letztlich führen diese Faktoren zu Finanzierungsproblemen, die schließlich das Scheitern auslösen.

Gelingt es Technologieunternehmen, die Erfolgsfaktoren für das Wachstum zur Geltung zu bringen, dann ist ein Scheitern eher unwahrscheinlich. Fallen dagegen die objektiv gegebenen FuE- und Marktrisiken mit Risiken aus mangelnden unternehmerischen Kenntnissen und Erfahrungen sowie Fehleinschätzungen bezüglich der eigenen Wettbewerbs- und Leistungsfähigkeit oder des notwendigen Markteintrittstermins zusammen, dann ist die Gefahr eines Scheiterns hoch. Um dem entgegenzuwirken, erhalten technologieorientierte Gründer umfangreiche Unterstützungsleistungen durch Projektträger, Manager von Technologie- und Gründerzentren, Organisatoren von Business-Plan-Wettbewerben und Managern von Beteiligungsgesellschaften.

Frühere Untersuchungen zum Scheitern von Technologieunternehmen (Wupperfeld, 1993; Kulicke, 1993; Pleschak, 1997) zeigen, dass in allen Fällen ein Geflecht von Ursachen das Scheitern auslöst. Die verschiedenen Ursachen sind nicht eindeutig voneinander abgrenzbar, zwischen ihnen treten Überschneidungen auf. In jedem gescheiterten Unternehmen wirken mehrere Faktoren aus unterschiedlichen Risikobereichen zusammen. Letztlich könnte man alle Ursachen des Scheiterns auf Managementprobleme zurückführen, weil Handlungen und Entscheidungen des Managements die Unternehmensentwicklung bestimmen. Auch der Veränderung externer Bedingungen, wie dem Zusammenbruch eines Zielmarktes, kann durch das Ergreifen geeigneter Management-Maßnahmen, wie der Ausweitung des Leistungsangebotes oder des Zielmarktes, wirkungsvoll entgegengewirkt werden. Es ist deshalb sehr schwierig, eine hauptsächliche Ursache des Scheiterns für die Unternehmen anzugeben. Wenn man dies dennoch versucht, muss man sich im Klaren sein, dass damit eine „Zuspitzung" der Probleme und zugleich eine Vereinfachung der Problemsituationen vorgenommen wird. Zwar treten in gescheiterten Unternehmen immer Finanzierungsprobleme als Scheiterursachen auf, sie sind aber mehr oder weniger das Resultat der Krisen auf anderen Risikogebieten. So haben fast alle gescheiterten Unternehmen niedrigere Umsätze als geplant, die knappe Hälfte der Unternehmen gibt an, dass die Kosten zu hoch gewesen sind.

5.3 Einfluss der Beteiligungsfinanzierung auf das Scheitern von Technologieunternehmen

Das Scheitern von mit Beteiligungskapital finanzierten Unternehmen wird im betrachteten Zeitraum (1. Halbjahr 2001) wesentlich tangiert durch die Entwicklung des Beteiligungskapitalmarktes. Das betrifft folgende Merkmale:

- Einschränkung der Möglichkeiten des Exits der Beteiligungen über einen Gang an die Börse in Verbindung mit deutlich höheren Anforderungen an die Börsenkandidaten,
- Sinken des Wertes der Unternehmen und der Preise für Unternehmensanteile, verbunden mit der Schwierigkeit, einen hohen Kapitalbedarf zu decken,
- genauere Prüfung der Unternehmenskonzepte, bevor Beteiligungsgeber eine Engagement eingehen,
- Rückgang des Anteils der Hightech-Branchen und des Anteils von Seed-Investitionen am Beteiligungsportfolio,
- Vorsicht der Anleger bei Investition in neue Fonds,
- verminderte Liquidität der Beteiligungsgeber,
- stärkere Berücksichtigung von Marktprinzipien bei der Förderung von Beteiligungskapital.

Eine größere Anzahl von Unternehmen wies in den vorhergehenden Jahren des Beteiligungsbooms in ihren Gründungskonzepten ein sehr hohes Umsatz- und Beschäftigtenwachstum aus, ohne dass dieses durch gründliche Marktuntersuchungen fundiert war. Oberflächlich erarbeitete Geschäftskonzepte priesen konkurrenzlose Ideen, im Vergleich zu anderen Unternehmen überdurchschnittliches Wachstum sowie revolutionäres Management an und suggerierten darauf aufbauend einen hohen Unternehmenswert, der bei Verkauf von Unternehmensanteilen an Beteiligungsgeber viel Kapital in das Unternehmen bringen sollte. So entstand eine Situation, dass Unternehmen aufgrund einer angenommenen Marktsituation und beabsichtigter schneller Umsatzsteigerung hoch bewertet wurden, tatsächlich aber auf Jahre hinaus Verluste entstanden und die hohe Unternehmensbewertung aus heutiger Sicht nicht zu rechtfertigen ist (Heilmann, 1999).

Einige Unternehmen bewerteten die Marktentwicklung viel zu optimistisch und unterschätzten, wie lange es dauert, Märkte neu zu erschließen und Kunden für Innovationen zu gewinnen. Zugleich fehlte den Produkten und Dienstleistungen die Marktreife. Bei knapp bemessener finanzieller Ausstattung fehlte es den Unternehmen an Liquidität, um ihre weltweiten Zielsetzungen erfüllen zu können (Frommhold, 2001). Neben den Nachlässigkeiten bei der Hinterfragung der Marktpotenziale und der Kundenakzeptanz für die entwickelten Produkte und Dienstleistungen zeigten sich weitere Problemfelder der jungen Unternehmen in fehlender Professionalität und wissenschaftlicher Qualifikation für die Hightech-Konzepte und für ihre Umsetzung sowie nicht gegebener Integration kaufmännischer und betriebswirtschaftlicher Kompetenz in die Entscheidungsfindung (Stolorz, 2001). Den jungen Unternehmen mangelte es am Überblick über die Ein- und Auszahlungen. Das über die Beteiligungen eingebrachte hohe Kapital verleitete zu großzügigem Wirtschaften, ein den Erfordernissen entsprechendes Controlling war nicht gegeben. Das alles führte dazu, dass zahlreiche Unternehmen in extreme wirtschaftliche Krisen gerieten und schließlich scheiterten. Dabei bestanden meist keine großen Hoffnungen auf Sanierung. Die Produkte waren nur halb fertig, die aus Unerfahrenheit und Selbstüberschätzung resultierenden Hoffnungen auf neue Finanzierungsrunden bestätigten sich nicht (Pfeil, 2001).

Zu berücksichtigen bei den Scheiterursachen ist auch, dass einige VC-Geber sich insofern als unseriös erwiesen, dass sie nicht über Netzwerke, Kontakte und Erfahrungen verfügten, hohe Beraterhonorare einforderten sowie auf eine kurzfristig wirksam werdende hohe Rendite orientiert waren. Für das Scheitern von Technologieunternehmen liegen somit auch Ursachen auf Seiten der Beteiligungsgeber. Dazu zählen (Biedermann, 2001):

- Hoffnung auf schnelle Börsenerfolge, die bei Nichteintritt zu Illiquidität und zum Scheitern der Beteiligungsgesellschaft führen,
- Unerfahrenheit von Beteiligungsmanagern,
- zu hohe Unternehmensbewertungen und überzogene wirtschaftliche Erwartungen,
- Identifikation mit wenig fundierten Geschäftsplänen.

Die Beteiligungsgeber erkannten diese Probleme im Umgang mit jungen Unternehmen und zogen daraus Schlussfolgerungen folgender Art:

- Finanzierung der Unternehmen über einen längeren Zeitraum, bevor ein Gang an die Börse möglich wird,
- gründlichere Prüfung der Geschäftspläne auf nachhaltiges Wachstum, internationale Vermarktung und Marktreife der Produkte,
- intensiveres Coaching der Unternehmen, um einen Erfolg zu sichern,
- Verringerung der Anzahl der durch einen Beteiligungsmanager zu betreuenden Unternehmen infolge höherer Betreuungsintensität,
- Erreichung klar definierter unternehmerischer Ziele als Voraussetzung für den nächsten Finanzierungsschritt,
- konsequentere Überprüfung der Managementfähigkeiten von Gründern.

Aus strategischer Sicht ziehen Beteiligungsgeber die Schlussfolgerung, junge Unternehmen intensiver mit strategischen Partnern zu verknüpfen. Das dürfte das Erschließen neuer Märkte erleichtern, Know-how in die Unternehmen einbringen, unter Umständen auch Markennamen, Kundenbeziehungen und funktionierende Geschäftsprozesse. Der Verkauf von jungen Unternehmen an strategische Partner dürfte auch ein Weg zur Bewältigung von Krisen sein (Biagosch, 2001). Auch der Zusammenschluss von Unternehmen in der Kombination von Technologieanbietern und Produktentwicklern kann die Wettbewerbsfähigkeit junger Unternehmen erhöhen. Ähnliche Wirkungen könnten gemeinsame Investments von klassischen VC-Gesellschaften und Corporate-Venture-Gesellschaften hervorrufen.

Mit dem Sinken der Unternehmenswerte verändern sich die Finanzierungsbedingungen der Unternehmen. Gründer müssen mehr Unternehmensanteile an Beteiligungsgeber abgeben, wenn sie ähnlich viel Kapital erhalten wollen wie bisher. Da VC-Gesellschaften aber auf Minderheitsbeteiligungen orientiert sind, fließt bei den Erstinvestments weniger Kapital in die Unternehmen. Die Bedeutung von Nachfinanzierungen für die Unternehmensentwicklung erhöht sich.

Zu den Schlussfolgerungen für Beteiligungsgeber gehört es, sich mit den Problemen des Krisenmanagements in ihren Portfoliounternehmen mehr auseinander zu setzen. Das Für und Wider des Krisenmanagements und die dabei eingeschlagenen Wege werden von zahlreichen Einflussfaktoren bestimmt, die in Abhängigkeit vom Beteiligungsgebertyp unterschiedlich auftreten. Zu diesen Faktoren gehören:

- die Verlustausgleichsmöglichkeiten im Portfolio und die Exiterlöse bei anderen Beteiligungen,
- die in den Fonds verfügbaren finanziellen Mittel,
- die Anzahl der je Beteiligungsmanager zu betreuenden Unternehmen,
- das Vorhandensein hauseigener Sanierungsspezialisten,
- die Einflussmöglichkeiten auf das Unternehmen in Abhängigkeit von der Form der Beteiligung,
- die Nutzbarmachung von Netzwerken,
- die Förderorientierung der Beteiligungsgeber.

Die nachfolgenden angegebenen Ergebnisse empirischer Untersuchungen zeigen, in welcher Ausprägung und Häufigkeit diese oder jene Ursache des Scheiterns von Technologieunternehmen auftritt.

5.4 Untersuchungen zum Scheitern aus Sicht der Beteiligungsgeber

In Interviews mit 27 Beteiligungsgebern benannten diese Ursachen für das Scheitern von 31 finanzierten Unternehmen. Tabelle 1 gibt die Häufigkeit dieser Ursachen an. In jedem Unternehmen wirken stets mehrere Faktoren des Scheiterns aus den unterschiedlichen Risikobereichen zusammen.

Versucht man trotz der genannten Einschränkungen Hauptgründe für das Scheitern der Unternehmen anzugeben, dann liegen diese bei 13 der 31 untersuchten Unternehmen (42 Prozent) im Bereich des Marketing. Mangel-

Tabelle 1. Scheiterursachen aus Sicht der Beteiligungsgeber (n=31 Unternehmen, Mehrfachnennungen, Häufigkeit in %)

Ursache des Scheiterns	**Häufigkeit**
1. Markt und Marketing, darunter	87
Abwartendes Kundenverhalten	65
Zu späte oder nicht ausreichende Marketingaktivitäten	52
Mangelhaftes Marketingkonzept	45
Kein wettbewerbsfähiges Produkt	23
Zusammenbruch des Zielmarktes	19
Imageprobleme des Unternehmens	13
2. Forschung und Entwicklung, darunter	71
Technische Entwicklungsziele nicht erreicht	61
Zu hohe Entwicklungskosten	35
Unterschätzung der kundenbezogenen Anpassarbeiten	10
Probleme mit Zulieferern bzw. Kooperationspartnern	6
3. Persönlichkeitsmerkmale, darunter	90
Unzureichendes operatives Management, Nichtbeherrschung der Organisationsaufgaben	71
Ungünstige Persönlichkeitsmerkmale	48
Fehlende betriebswirtschaftliche Kenntnisse	48
Unzureichendes strategisches Management	45
Fehlende Marktkenntnisse	39
Konflikte zwischen Gründern	26
4. Finanzierung, darunter	100
Geringere Umsätze als geplant	94
Zu hohe Kosten	42
Unterschätzung des Kapitalbedarfes für Markteinführung und Fertigungsaufbau	35
Fehlerhaftes Finanzierungskonzept	23
Liquiditätsbelastung aus Finanzierung zu hoch	3
Zu geringes Eigenkapital	3
Restriktives Verhalten der Hausbank	3
5. Unternehmenskonzept/Geschäftsplan, darunter	71
Mängel im Controlling	26
Mängel in der Personalpolitik, Weggang wichtiger Akteure	26
Zu enges Produkt- und Leistungsprogramm	13
Abhängigkeit von anderen Unternehmen	3

hafte Marketingkonzepte, zu spätes oder nicht ausreichendes Marketing, abwartendes Kundenverhalten und der Zusammenbruch des Zielmarktes bilden den Hintergrund dieser Wertung. Probleme, die im FuE-Bereich bzw. in der Persönlichkeit der Unternehmer liegen, bilden jeweils zu ungefähr einem Viertel die hauptsächliche Ursache des Scheiterns. Maßgeblich sind dabei das Nichterreichen der geplanten technischen Entwicklungsziele, ungünstige Persönlichkeitsmerkmale sowie unzureichendes Management. Bei zwei Unternehmen ist das fehlerhafte Finanzierungskonzept und bei einem Unternehmen die Abhängigkeit von einem anderen Unternehmen hauptsächlich für das Scheitern verantwortlich.

Bei fast zwei Drittel der gescheiterten Unternehmen signalisieren Beteiligungsgeber *abwartendes Kundenverhalten* als Scheiterursache. Zum überwiegenden Teil sind langwierige Entscheidungsprozesse der Zielkunden dafür die Ursache (Tabelle 2). Oft unterschätzen die Unternehmen die Dauer der Markteinführung, Zahlungsschwierigkeiten der Hauptkunden verhindern den Absatz. Zu einem bedeutenden Anteil führt die Nichterfüllung der Kundenanforderungen, die Unausgereiftheit der Produkte oder eine mangelnde Produktqualität zu abwartendem Kaufverhalten.

Tabelle 2. Gründe für abwartendes Kundenverhalten aus Sicht der Beteiligungsgeber (n=20 Unternehmen, Mehrfachnennungen, Häufigkeit in %)

Gründe für abwartendes Kundenverhalten	**Häufigkeit**
Zielkunden mit langwierigen Entscheidungsprozessen	55
Zahlungsschwierigkeiten der Kunden	20
Nichterfüllung von Kundenanforderungen	15
Mangelnde Produktqualität	15
Unreife Produkte am Markt	10
Keine Produktvorteile	10

Für viele Unternehmen liegen die Ursachen des Scheiterns sowohl in einem mangelhaften Marketingkonzept wie auch in der unzureichenden Durchführung einzelner Marketingaktivitäten. Die Mängel im Marketingkonzept beziehen sich auf die anfängliche Bedarfs- und Bedürfnisermittlung und auf Fehler bei der Wahl der Zielkunden und Vertriebswege. Da in über 50 Prozent der gescheiterten Unternehmen die Entwicklungsprojekte eindeutig technologieinduziert entstanden, hat aber die intensive Wahrnehmung der Marketingaktivitäten besondere Bedeutung. Fast die Hälfte der Unternehmen orientiert sich anfänglich nur auf Deutschland.

Für fast jedes vierte Unternehmen führt nach Auffassung der Beteiligungsgeber auch *die Nichterreichung der FuE-Ziele* hauptsächlich zum Scheitern. Insgesamt erreichen sogar fast zwei Drittel der Unternehmen die FuE-Ziele nicht wie geplant. Über ein Drittel der Unternehmen hat bei der Bearbeitung der FuE-Projekte überhaupt keinen Erfolg. Bei über einem Viertel verzögert sich die FuE-Zielerreichung erheblich. Häufig führt dies zu höheren als den geplanten Entwicklungskosten. Teile des für die Markteinführung eingeplanten Kapitals werden so noch für die FuE benötigt. Dass Unternehmen FuE-Projekte nicht erfolgreich abschließen, gehört zum „normalen" Risiko. Im FuE-Prozess können Umstände auftreten, die zur Verzögerung oder sogar zum Abbruch eines Projekts führen. In der hier angegebenen Häufigkeit erhebt sich jedoch die Frage, ob es sich allein um normale Risiken handelt. Weitere Gründe für die Nichterreichung der Entwicklungsziele sind:

- Unfähigkeit des FuE-Personals,
- geringer Anteil an FuE-Kooperation,
- zu hohe Entwicklungskosten schon vom Projektplan her.

Bei 90 Prozent der gescheiterten Unternehmen weisen die Beteiligungsgeber auf charakterliche Schwächen der Gründer oder *allgemeine Managementdefizite* in den Unternehmen hin. In beinahe der Hälfte der Unternehmen beklagen die Beteiligungsgeber mangelndes strategisches Management der Unternehmer. In zehn dieser 14 untersuchten Fälle ist der Beteiligungsgeber der Auffassung, strategische Unterstützung geleistet und Einfluss auf strategische Entscheidungen genommen zu haben. Dennoch scheiterten die Unternehmen. Dass nicht alle Unternehmer Unterstützung erhielten, deutet auf bestehende Defizite beim Beteiligungsmanagement hin.

Nach Auffassung der Beteiligungsgeber nehmen die Unternehmen nicht ausreichend die erforderlichen Organisationsaufgaben wahr. FuE-Verzögerungen und ungeordneter Unternehmensaufbau sind Ausdruck hierfür. Zudem beklagen die Beteiligungsgeber ungünstige Persönlichkeitsmerkmale der Gründer (vgl. Tabelle 3). Dazu zählen fehlende Offenheit, Selbstüberschätzung und die damit einhergehende Weigerung, externe Vorschläge umzusetzen. Auch einige wenige Betrugsfälle sind zu verzeichnen.

Tabelle 3. Ausprägung ungünstiger Persönlichkeitsmerkmale aus Sicht der Beteiligungsgeber (n=15 Unternehmen, Mehrfachnennungen, Häufigkeit in %)

Persönlichkeitsmerkmale	Häufigkeit
Weigerung der Unternehmer, externe Vorschläge umzusetzen	80
Zurückhaltung von Informationen durch Unternehmer	67
Selbstüberschätzung der Unternehmer	53
Wertentzug durch Unternehmer	20
Falsche Angaben der Unternehmer zur FuE-Zielerreichung	13
Abbruch des Kontaktes in der Krise	13

Bei sieben Beteiligungen geben die Beteiligungsgeber an, dass der *Geschäftsplan* von Anfang an *unrealistisch* war. Darunter befinden sich sechs Internet-/ Software-Unternehmen. Gemessen an den realisierbaren Umsätzen und Gewinnen waren die Kapitaleinträge zu hoch, um eine ausreichende Rentabilität erzielen zu können. Die Beteiligungsgeber begründen ihre damalige Investitionshaltung mit der allgemein gegebenen Euphorie, in diese Unternehmen zu investieren. Geschäftsmodelle und Umsatzplanungen wurden dabei zu wenig hinterfragt.

Bei einem Drittel der Unternehmen wird der Kapitalbedarf für den Fertigungsaufbau und die Markteinführung zu gering angesetzt, insbesondere wird unterschätzt, wie lange der Zeitraum für die Markteinführung währt. Für fast alle Unternehmen entstanden durch die ausbleibenden Umsatzerlöse Finanzierungs- und Liquiditätsengpässe. Das wirkt sich besonders problematisch aus, weil diese Umsatzerlöse Bestandteil der Finanz- und Liquiditätsplanung waren. Gepaart mit hohen laufenden Ausgaben werden die ohnehin nur für kurze Zeiträume bemessenen finanziellen Mittel schnell aufgebraucht. Ein Großteil der Unternehmen verfolgte die Strategie eines schnellen Markteintritts und der zügigen Besetzung des Marktes. Dies war verbunden mit dem Aufbau eines Personalbestandes und dementsprechend hohen Aufwendungen. Das findet die Unterstützung der Beteiligungsgeber, weil sich diese daraus schnelles Wachstum der Unternehmen erhoffen. Dabei erfolgt der Unternehmensaufbau jedoch nicht ausreichend strukturiert. Den Kernaufgaben im FuE-Bereich und beim Marketing widmen die Unternehmen nicht die notwendige Aufmerksamkeit. In einigen Fällen setzen die Unternehmen für die Vorhaltung von Vertriebspersonal sehr viel Kapital ein, obwohl ein Vertrieb der Produkte durch Verzögerungen in der FuE überhaupt noch nicht möglich war.

Die in den Planungen vorgesehenen Folgefinanzierungen kommen ab der zweiten Hälfte des Jahres 2000 nicht mehr wie vorgesehen zustande. Die großzügigen Kapitalvergaben der ersten Finanzierungsrunde werden nicht fortgeführt, was aber wegen der Größe der entstandenen Unternehmenseinheiten zum Fortbestand der Unternehmen notwendig gewesen wäre. Der Kapitalpuffer war häufig zu klein, um die Organisationseinheiten in der zur Verfügung stehenden Zeit verträglich verkleinern zu können. Der maßlose Kapitalverbrauch in zurückliegenden Zeitperioden führt dann zu Finanzierungsproblemen bei der Fertigstellung der technischen Entwicklung und bei der langwierigen Markteinführung der Produkte und Dienstleistungen.

Die dringend notwendigen Folgefinanzierungen kommen in dieser Phase nur noch für Unternehmen zustande, bei denen die Beteiligungsgeber kurzfristige Erfolgspotenziale erwarten können. Beteiligungsgeber beschränken sich bei Folgefinanzierungen auf erfolgversprechende, nur wenig krisenbehaftete eigene Portfoliounternehmen. Zum Einen liegt dies am eingeschränkten Finanzierungsspielraum der Beteiligungsgesellschaften als Folge ausbleibender Verkaufserlöse und geringerer Mittelzuflüsse durch Anleger. Zum Anderen finden kleine Beteiligungsgesellschaften für Folgefinanzierungsrunden keine Partner, können allein die anstehende Finanzierung aber nicht bewältigen. Insbesondere sind Unternehmen aus den Bereichen Internet und Software von den Problemen bei Folgefinanzierungen betroffen. Das hat eine Ursache vor allem in der gesunkenen Bewertung dieser Unternehmen.

In Tabelle 4 ist angegeben, welche *Maßnahmen nach Einschätzung der Beteiligungsgeber* die Unternehmen durchführen, um die Krisen zu beheben und ein Scheitern abzuwenden. Bei vier Unternehmen sind die Beteiligungsgeber der Meinung, dass die Gründer nicht zur Erhaltung der Unternehmen beigetragen hätten. Die Unternehmen versuchen aus Sicht der Beteiligungsgeber vor allem, neues Kapital einzuwerben oder die Vermögenswerte durch den Verkauf an ein anderes Unternehmen zu erhalten. Tatsächlich gelingt dies jedoch nur in wenigen Fällen. Auch Kooperationen mit externen Beratern, Vertriebspartnern oder FuE-Einrichtungen vereinbaren die Unternehmen neu. Acht Unternehmen, davon sechs aus dem Bereich Internet/Software, ändern während der Krise ihre Geschäftsmodelle oder ihre Vertriebsstrategie, einige mehrmals. Dies spiegelt die häufig vorhandenen konzeptionellen Probleme im Marketingbereich wider.

Tabelle 4. Von Unternehmen in der Krise durchgeführte Maßnahmen aus der Sicht der Beteiligungsgeber (n=31 Unternehmen, Mehrfachnennungen, Häufigkeit in %)

Maßnahmen zur Krisenbewältigung	Häufigkeit
Zusammenarbeit mit Kooperationspartnern	35
Änderung der Geschäftsfelder bzw. der Strategie	26
Einwerbung neuen Kapitals bzw. Einbringung eigenen Kapitals	23
Versuch des Unternehmensverkaufs	19
Senkung der Kosten	15

Tabelle 5 enthält die *Maßnahmen der Beteiligungsgeber* zur Krisenbewältigung. Sämtliche Beteiligungsgeber geben an, nach Eintreten der Krise die Ursachen hierfür erkannt zu haben.

Tabelle 5. Von Beteiligungsgebern erbrachte Leistungen in der Krise (n=31 Unternehmen, Mehrfachnennungen, Häufigkeit in %)

Leistungen der Beteiligungsgeber	Häufigkeit
Strategische Maßnahmen zur Umorientierung	61
Einbringen von zusätzlichem Know-how, Vermittlung von Kooperationspartnern	58
Versuch des Verkaufs	35
Einbringen neuen Kapitals	32
Sonstiges	16

Zur Behebung strategischer Fehlausrichtungen empfehlen die Beteiligungsgeber den Unternehmen, sich strategisch umzuorientieren. Insbesondere sollen neue Vertriebsmodelle ein Umsatzwachstum ermöglichen. Für einige Internet-Unternehmen erachten es die Beteiligungsgeber als hilfreich, das Geschäftsmodell vom Anbieten einer Dienstleistung auf den Verkauf der selbst erstellten Software umzustellen. Zur Umsetzung der neuen strategischen Ausrichtung oder auch zur Behebung erheblicher operativer Schwächen bringen die Beteiligungsgeber in fast zwei Drittel der Unternehmen zusätzliches Know-how ein oder vermitteln benötigte Kooperationspartner. Zwei Beteiligungsmanager übernehmen selbst die operative Geschäftsführung. Externe Berater oder ein neues Management sollen unterstützend bei der Krisenbewältigung wirken. Zehn Beteiligungsgeber bringen zumindest zu Beginn der Krise neues Kapital in die Unternehmen ein. Des Weiteren versuchen die Beteiligungsgeber über das Einleiten rechtlicher Schritte, Maßnahmen der Unternehmer rückgängig zu machen, Auffanggesellschaften zu organisieren oder durch Verhandlungen, Gläubiger zum Stillhalten zu bewegen.

Alle betrachteten Unternehmen mussten Insolvenz anmelden. Die von den Unternehmen und den Beteiligungsgebern in den jeweiligen Einzelfällen durchgeführten Maßnahmen zur Krisenbewältigung führten nicht zum Erfolg.

Die Beteiligungsgeber räumen ein, bei der Beteiligungswürdigkeitsprüfung und der anschließenden Vertragsgestaltung, Fehler begangen zu haben. Insbesondere die Gründerfähigkeiten und die Marktpotenziale erweisen sich als unzureichend hinterfragt. In Tabelle 6 wird dies deutlich.

Tabelle 6. Fehleinschätzungen der Beteiligungsgeber aus ihrer eigenen Sicht (n=31 Unternehmen, Mehrfachnennungen, Häufigkeit in %)

Art der Fehleinschätzung	Häufigkeit
Falsche Beurteilung der Gründerfähigkeiten	45
Falsche Marktbeurteilung	26
Mangelhafte Vertragsgestaltung	13
Falsche Beurteilung des Kapitalbedarfs	10
Falsche Beurteilung der technischen Realisierbarkeit	3

Aus den eigenen Fehleinschätzungen und aus den Erfahrungen im Umgang mit Krisenunternehmen ziehen die Beteiligungsgeber verschiedene Schlussfolgerungen. Tabelle 7 gibt diese wider.

5.5 Untersuchungen zum Scheitern aus Unternehmenssicht

Die Ergebnisse der Tiefeninterviews mit 25 gescheiterten Unternehmern sind vor dem Hintergrund der besonderen Entwicklung des Marktes für Internet-/Software-Unternehmen zu bewerten, denn 21 dieser Unternehmen waren im Bereich E-Commerce/Software tätig. Die restlichen vier Unternehmen arbeiteten auf den Gebieten Verfahrens- bzw. Messtechnik.

Bei den gescheiterten Unternehmen handelt es sich vor allem um Dienstleistungsunternehmen und Ein-Produkt-Unternehmen. Dies erhärtet die

Tabelle 7. Schlussfolgerungen der Beteiligungsgeber aus dem Scheitern von Unternehmen (n=27 Beteiligungsgeber, Mehrfachnennungen, Häufigkeit in %)

Art der Schlussfolgerung	**Häufigkeit**
Intensivere Beteiligungswürdigkeitsprüfung, darunter bezüglich	67
Humanressourcen	44
Vertriebs-Know-how	33
Operativer und strategischer Kompetenzen im Team	26
Marktentwicklung	22
Technischer Realisierbarkeit des Konzepts	11
Gründlichere laufende Kontrolle und Betreuung, darunter	48
Zeitigeres Einwirken auf das Handeln des Unternehmens, früheres Einbringen von Know-how	44
Strengeres und zeitnäheres Kosten-, Umsatz- und Liquiditätscontrolling	26
Verbesserte Zwischenzielformulierung und Kontrolle	26
Stärkere Nähe zum Unternehmen, intensiveres Eindringen in Problemstellungen des Unternehmens	19
Intensivere Kostenbetrachtung zur Verringerung der Burn-Rate	11
Einrichten einer Abteilung zur Intensivbetreuung von Krisenfällen	4
Konsequentere Vertragsgestaltung, darunter	44
Striktere Regelungen zu Einflussmöglichkeiten	37
Striktere Bewertungsregelungen	11
Vereinbarung zustimmungspflichtiger Geschäfte	11
Übertragung der Patente der Gründer auf das Unternehmen	4
Veränderungen bei der Kapitalbereitstellung, darunter	41
Auszahlung in Tranchen nach Zwischenzielerreichung	26
Größeren Kapitalbedarf für Markteinführung einplanen	26
Finanzierung von vornherein für längeren Zeitraum absichern	19
Mehr Kapital für Folgefinanzierungen zurückhalten	11
Restriktiveres Herangehen bei der Kapitalbereitstellung in der Krise	11
Kritischere Auswahl von Koinvestoren	7
Veränderung des Beteiligungsfokus, darunter	22
Investments nur noch in späteren Phasen	7
Stärkere Branchenorientierung der Beteiligungsmanager für bessere branchenspezifische Unterstützung	4
Klare Einhaltung des festgelegten Investmentfokus	4

sich bereits aus anderen Untersuchungen ergebende Erkenntnis, dass die Überlebenswahrscheinlichkeit von Gründungen steigt, die mit einem etwas breiter angelegten Geschäftsmodell starten oder nach der Gründung sich durch Verbreiterung der Produktpalette weitere Standbeine aufbauen.

Mehr als zwei Drittel der untersuchten Unternehmen agierte bis zum Scheitern nur auf dem deutschen Markt, allerdings plante ein Fünftel dieser Unternehmen, später auch international aufzutreten, schaffte dies aber bis zum Zeitpunkt des Scheiterns nicht. Nur knapp ein Drittel der gescheiterten Unternehmen erzielte Umsätze im Exportgeschäft. Das ist ein sehr geringer Anteil im Vergleich mit anderen Kohorten technologieorientierter Unternehmen. Andere Untersuchungen belegen, dass es vielen Unternehmen erfolgreich gelingt, nach anfänglicher Konzentration auf den deutschen Markt auch auf den Exportmärkten Fuß zu fassen. Internationalisierung verringert die Abhängigkeit von lokalen Märkten und ist Ausdruck des Willens, sich mit einer Wachstumsstrategie profitable Märkte zu erschließen. Wachsende und exportierende Unternehmen sind durch eine hohe Überlebenswahrscheinlichkeit gekennzeichnet.

Technologieunternehmen geben der Kooperation einen hohen Stellenwert. Auch die gescheiterten Unternehmen waren in Kooperationen eingebunden. Dass jedoch nur 40 Prozent der Unternehmen FuE-Kooperation betrieb, ist Ausdruck einer relativ geringen FuE-Orientierung. Da es sich um kleine Unternehmen handelt, hat das Hervorbringen radikaler Innovationen zumeist die Kooperation mit Einrichtungen der Grundlagen- und angewandten Forschung zur Voraussetzung. Kleine und junge Unternehmen verfügen kaum über diese Potenziale. Insofern stellen sich Zweifel an der Innovationshöhe und an der Komplexität der Innovationen.

Die kritischen Bemerkungen zur FuE in den untersuchten Unternehmen verstärken sich, wenn man analysiert, in wieweit die Unternehmen die in den Pflichtenheften angestrebten Ziele verwirklichen (vgl. Tabelle 8). Über die Hälfte der Unternehmen erreichte die FuE-Ziele nicht. Zwölf Unternehmen hielten den geplanten FuE-Zeitrahmen nicht ein, bei sechs Unternehmen kam es zusätzlich zur Überschreitung des Kostenplans. Fünf Unternehmen erreichten überhaupt nicht die geplanten technischen Ziele. Dabei ließen drei Unternehmen die FuE-Arbeiten – insbesondere die Softwareentwicklung – außer Haus durchführen.

Tabelle 8. FuE-Zielerfüllung in gescheiterten Technologieunternehmen (Häufigkeit in %, Mehrfachnennungen, n=25 Unternehmen)

Probleme bei der FuE-Zielerfüllung	Häufigkeit
Zeitplan nicht eingehalten	48
Kostenplan überschritten	24
Technische Ziele nicht erreicht	20
Marktanforderungen nicht erfüllt	8

Wenn nur zwei Unternehmen angeben, dass sie mit ihrem FuE-Projekt die Marktanforderungen nicht erfüllen, dann ist diese Aussage Ausdruck eines zu engen Marketingverständnisses. Alle anderen Untersuchungen zum Scheitern belegen, dass im Marketing die häufigste Ursache des Scheiterns der untersuchten Unternehmen liegt. Offensichtlich betrachten die Unternehmen die FuE zu isoliert und sehen sie nicht als Bestandteil des komplexen Innovationsprozesses, der die Integration von FuE und Marketing erfordert.

Obwohl sich die Markt- und Wettbewerbsorientierung in der Regel als ein entscheidender Faktor für den Erfolg technologieorientierter Unternehmensgründungen erweist, führten etwa 40 Prozent der befragten Unternehmen bis zum Zeitpunkt des Scheiterns keine ausreichende Wettbewerbsanalyse durch bzw. integrierte keine Kunden in die Entwicklungsarbeiten. Jeweils mehr als ein Drittel der Unternehmen definierte bis zum Scheiterzeitpunkt nicht eindeutig ihren Zielmarkt, betrieb keine Öffentlichkeitsarbeit bzw. kein Controlling. Den Aufbau des Vertriebs leiten nur 68 Prozent der Unternehmen ein.

Tabelle 9 gibt einen Überblick über die Häufigkeit einzelner Scheiterursachen aus der Sicht der Unternehmer. In den meisten Scheiterfällen wirken nach Auffassung der gescheiterten Unternehmer mehrere Faktoren aus unterschiedlichen Risikobereichen zusammen, die sich auch nicht immer klar voneinander abgrenzen lassen. Die Verfasser versuchen dennoch, eine hauptsächliche Scheiterursache auszuwählen. Die im Folgenden genannten Hauptursachen stellen immer eine Vereinfachung bzw. Zuspitzung der Problemsituation dar.

Für 12 der 25 Unternehmen liegt die Hauptscheiterursache auf der Marktseite bzw. dem Gebiet des Marketings. Diese Unternehmen verfügen nach eigener Aussage über kein wettbewerbsfähiges Produkt. Sie gehen in ihrem Geschäftsplan von unrealistischen Markt- und Wachstumszahlen aus, was offensichtlich auf einer fehlerhaften oder unzureichenden Marktanalyse beruht. Möglicherweise wollte ein Teil der Unternehmen und der Beteiligungsgeber, getrieben von der allgemeinen Euphorie, den sich abzeichnenden Internet-Boom nicht verpassen.

Bei fünf Unternehmen erweisen sich nach deren Bewertung Probleme in der FuE als Hauptgrund des Scheiterns. Die FuE-Arbeiten liegen nicht im geplanten zeitlichen bzw. finanziellen Rahmen. Zwei Unternehmen können als junge Unternehmen Probleme mit Zulieferern und Kooperationspartnern nicht bewältigen.

Die Gründer technologieorientierter Unternehmen sind oftmals hochqualifizierte Wissenschaftler, denen jedoch betriebswirtschaftliche Kenntnisse und Managementerfahrungen fehlen. Dieser Umstand stellt sich bei drei Unternehmen als die Hauptscheiterursache dar.

Der Einfluss der Umfeldakteure, vor allem der Beteiligungsgeber, erweist sich bei drei Unternehmen als Hauptursache des Scheiterns. Hier führt in erster Linie die fehlende Bereitschaft der Beteiligungsgeber, die Unternehmen weiter zu finanzieren, zum Scheitern, obwohl aus der subjektiven Sicht der Gründer noch Überlebenschancen bzw. Wachstumspotenziale bestehen. Einige wenige Unternehmer äußern die Vermutung, dass ihre Unternehmen letztendlich scheiterten, damit die Beteiligungsgeber unter Nutzung der Ausfallhaftung eingebrachtes Kapital zurück erhalten.

Für zwei Unternehmen liegen die Hauptscheiterursachen im Bereich der Finanzierung. Lücken in der Unternehmensfinanzierung ergeben sich meist als Folge von Problemen in anderen Unternehmensbereichen. Wenn die anfängliche Finanzplanung allerdings unrealistischen Zahlen folgt und der Kapitalbedarf unterschätzt wird, kann sich daraus eine Hauptursache für das Scheitern der Unternehmen ergeben.

Kritisch bewerten die Unternehmen die Unterstützungsleistungen der Beteiligungsgeber. In welcher Häufigkeit aus der Sicht der Unternehmer die Beteiligungsgeber die Unternehmen über das Finanzielle hinaus unterstützen, zeigt Tabelle 10.

Zehn Unternehmer geben an, von ihren Beteiligungsgebern keinerlei nennenswerte Unterstützung erhalten zu haben. Beachtenswert sind auch acht Unternehmen, in denen der Beteiligungsgeber Maßnahmen durchsetzt, die nicht den Wünschen der Unternehmer entsprechen. Hierbei handelt sich häufig um Eingriffe, die zu einem schnelleren Wachstum führen sollen.

Tabelle 9. Häufigkeit von Ursachen des Scheiterns von Technologieunternehmen aus Unternehmersicht (Häufigkeit in %, Mehrfachnennungen, n=25)

Ursache des Scheiterns	Häufigkeit
1. Markt und Marketing, darunter	80
Abwartendes Kundenverhalten	52
Mangelhaftes Marketing- bzw. Vertriebskonzept	48
Kein wettbewerbsfähiges Produkt	36
Zusammenbruch des Zielmarktes	24
Zu späte oder nicht ausreichende Marketingaktivitäten	20
Imageprobleme des Unternehmens	12
2. Forschung und Entwicklung, darunter	60
Technische Entwicklungsziele nicht erreicht	36
Zu hohe Entwicklungskosten	24
Probleme mit Zulieferern bzw. Kooperationspartnern	16
Unterschätzung der kundenbezogenen Anpassarbeiten	16
3. Persönlichkeitsmerkmale, darunter	80
Unzureichendes strategisches Management	52
Unzureichendes operatives Management/Nichtbeherrschung der Organisationsaufgaben	52
Konflikte zwischen Gründern	28
Fehlende Marketingkenntnisse	28
Ungünstige Persönlichkeitsmerkmale	20
Fehlende betriebswirtschaftliche Kenntnisse	20
4. Finanzierung, darunter	100
Geringere Umsätze als geplant	80
Unterschätzung des Kapitalbedarfs für Markteinführung und Fertigungsaufbau	44
Zu hohe Kosten	32
Zu geringes Eigenkapital	25
Fehlerhaftes Finanzierungskonzept	20
Restriktives Verhalten der Hausbank	12
5. Umfeldakteure, darunter	84
Nichterfüllung der Erwartungshaltungen der Beteiligungsgeber	60
Keine Bereitschaft der Beteiligungsgeber zur Nachfinanzierung, obwohl Wachstumspotenziale aus Sicht des Unternehmers gegeben wären	48
Mangelnde inhaltliche Unterstützung durch Beteiligungsgeber	40
Falsche Beteiligungsstrategie des Unternehmens	28
6. Sonstiges, darunter	64
Mängel in der Personalpolitik	44
Zu enges Produkt- und Leistungsprogramm	20
Mängel im Controlling	12

Tabelle 10. Unterstützungsleistungen der Beteiligungsgeber aus der Sicht der Unternehmen (Häufigkeit in %, Mehrfachnennungen, n=25 Unternehmen)

Art der Unterstützungsleistung	Häufigkeit
Suche nach weiteren Kapitalgebern	48
Unterstützung bei strategischen Entscheidungen	48
Herstellung von Kontakten	48
Öffnung von Netzwerken	28
Unterstützung beim operativen Management	20
Zugang zu Märkten	16
Durchsetzung von Maßnahmen gegen die Wünsche der Unternehmensführung (n=22)	36

Die Gespräche hinterlassen den Eindruck, dass die Gründer sich von den Beteiligungsgebern zu einem sehr schnellen Wachstum gedrängt sahen. Die Ursache könnte darin liegen, dass vor allem die Beteiligungsgesellschaften innerhalb von 24 bis 36 Monaten einen Börsengang anstrebten. Ein solcher Exit mit einer entsprechend kurzfristigen Finanzierung lässt sich jedoch nur durch ein schnelles Wachstum der Unternehmen verwirklichen. Aus Unternehmersicht sind Unterstützungsleistungen bei Beteiligungen von privaten VC-Gesellschaften bzw. Privatpersonen häufiger als bei Beteiligungen von öffentlichen bzw. halböffentlichen Gesellschaften.

Die Krise in der Unternehmensentwicklung äußert sich letztlich in Finanzierungslücken, wenngleich die wirklichen Gründe tiefer liegen (vgl. Abschnitt 5.2). So stechen unter den Maßnahmen der Unternehmen zur Krisenbewältigung solche zur Überwindung von Finanzierungslücken hervor (vgl. Tabelle 11).

Nahezu alle gescheiterten Unternehmen bemühen sich, neues Risikokapital einzuwerben, um die aufgetretenen Finanzierungslücken zu schließen. Da sich die Lücken in der Regel im Verlauf des Jahres 2000 ergaben, zu einem Zeitpunkt, zu dem sich die allgemeinen Geschäftserwartungen im Internet-Bereich deutlich abschwächten, war es für die Unternehmen sehr schwer, ihre bisherigen Beteiligungsgeber für eine Nachfinanzierung oder sogar neue Geldgeber zu gewinnen. In zehn Fällen gelingt es den Unternehmen aber tatsächlich, zusätzliches Kapital durch neue Investoren bzw. meist Gesellschafterdarlehen der bisherigen Investoren einzuwerben. Allerdings kann dieses neu eingeworbene Kapital den gesamten Kapitalbedarf nicht in voller Höhe abdecken und die Finanzierungsprobleme daher nur zeitweise lösen.

Tabelle 11. Maßnahmen der Unternehmensführung zur Krisenbewältigung (Häufigkeit in %, Mehrfachnennungen, n=25 Unternehmen)

Maßnahmen zur Krisenbewältigung	Häufigkeit
Suche nach zusätzlichem Risikokapital/Käufern für das Unternehmen	96
Kostenreduzierung	44
Grundlegende Änderung der Unternehmenskonzeption	44
Verstärkung der Marketing- und Vertriebsaktivitäten	40
Einstellung von Spezialisten für Marketing/Vertrieb	20
Einstellung von Spezialisten für FuE	12
Sonstiges	32

In der Regel reicht es in einer Unternehmenskrise nicht aus, allein frisches Kapital zu beschaffen, um das Überleben des Unternehmens zu sichern. Meist sind auch die Marketing- und Vertriebsaktivitäten zu verstärken sowie die Kosten zu reduzieren. Tabelle 11 verdeutlicht dies. Letztendlich lässt sich die Schere aus wachsenden Kosten und verhaltenen Umsätzen wohl nur auf der Grundlage eines wettbewerbsfähigen Produktes schließen. Gut zwei Fünftel der Unternehmen bemühen sich um eine Änderung der Unternehmenskonzeption, was als Hinweis auf die mangelnde Wettbewerbsfähigkeit des bisherigen Geschäftsmodells zu werten ist.

Tabelle 12 führt die Schlussfolgerungen an, die die Unternehmer aus ihrem Scheitern ziehen. Im Vordergrund stehen Schlussfolgerungen, die sich auf Unternehmensprozesse nach der Gründung und auf externe Partner beziehen. Dass eine bessere Gründungsvorbereitung die Erfolgschancen vergrößert hätte, sehen nur wenige. Nur zwei Gründer kritisieren den Kern ihrer eigenen Geschäftsmodelle. Die häufige Nennung des Beteiligungsgebers bzw. des zu schnellen Wachstums deutet auf ein gewisses Selektionsdefizit der Beteiligungsgeber hin. Offenkundig gingen Beteiligungsgeber auch Engagements in Unternehmen ein, die von ihren eigenen Ansprüchen her weder die technologische Substanz noch das nötige Wachstumspotenzial besaßen, um den Anforderungen renditeorientierter Beteiligungsgesellschaften entsprechen zu können.

Es erhielten auch Unternehmen Beteiligungskapital, die auf mangelhaften Geschäftsmodellen aufbauen. Ausdruck dessen sind u. a. das Fehlen wettbewerbsfähiger Produkte, die häufige Modifikation der Geschäftspläne im Laufe der Unternehmensentwicklung sowie die zum Teil stark überhöhten Planzahlen für Umsatz und Beschäftigung. Aus diesem Grunde ist eine kritischere Prüfung der Geschäftskonzepte durch die Beteiligungsgeber und öffentlichen Fördergeber notwendig. Diesem Anspruch stellen sich die Förderbanken bereits. Es sollte vor allem auf ausführliche Marktanalysen, nachhaltige Wachstumsplanungen sowie ausreichende Managementfähigkeiten der Gründer Wert gelegt werden. Gegebenfalls sind die Gründer bei der Erstellung der Geschäftspläne zu unterstützen.

Tabelle 12. Schlussfolgerungen der Unternehmer aus dem Scheitern ihrer Unternehmen (Anteile in %, Mehrfachnennungen, n=24 Unternehmen)

Schlussfolgerungen aus dem Scheitern	Häufigkeit
Wahl eines anderen Beteiligungsgebers	58
Langsamer wachsen	54
Anderes Geschäftsmodell	38
Finanzierung aus anderen Quellen	29
Früherer Aufbau des Vertriebs	25
Stärkere Kundenorientierung	21
Andere Personalpolitik/ausgewogene Kompetenz im Geschäftsführerteam	21
Höheres Kostenbewusstsein/bessere Kostenkontrolle	21
Schnellere/drastischere Reaktion auf die ersten Krisenanzeichen	21
Bessere Marktanalyse	13
Stärkere Nutzung externer Beratung	13

Unternehmer geben in einigen Fällen aus ihrer Sicht an, dass die Beteiligungsgeber durch fehlende Unterstützungsleistungen, durch Forderungen nach einem zu schnellen Wachstum sowie durch Ausnutzung der Ausfallhaftung zum Scheitern der Unternehmen beitrugen. Deshalb müssen sowohl Unternehmen als auch öffentliche Akteure bei der Auswahl der Beteiligungsgeber härtere Selektionskriterien ansetzen. Durch längerfristige Finanzierungskonzepte könnten die Beteiligungsgeber den Druck auf ein zu schnelles Wachstum der Unternehmen verringern, den bewussten Umgang mit den Ressourcen fördern und die kontinuierliche Entwicklung der Unternehmen über alle frühen Phasen der Unternehmensentwicklung sichern. Die kurzfristige Bereitstellung von Kapital entsprechend der längerfristigen Finanzierungskonzepte sollte an bestimmte Meilensteine der Unternehmensentwicklung gebunden werden.

Die Managementprobleme und fehlenden unternehmerischen Erfahrungen der Gründer zeigen, dass die Unternehmen auf die Unterstützung der Beteiligungsgeber angewiesen sind. Die einzelnen Gruppen von Beteiligungsgebern weisen dafür unterschiedliche Voraussetzungen auf und sie bedienen differenzierte Segmente im Beteiligungskapitalmarkt.

5.6 Zusammenfassung

Bezieht man in die Auswertung die Unterlagen der Fördermittelgeber und Stellungnahmen zwischen den Akteuren des Beteiligungsgeschehens ein, so festigen sich die bisher getroffenen Aussagen. Folgende Ursachen für das Scheitern der 85 betrachteten Unternehmen werden gehäuft sichtbar:

- geringere Umsätze als geplant (65 Prozent),
- abwartendes Kundenverhalten (40 Prozent),
- unzureichendes strategisches und operatives Management (22 Prozent),
- mangelhaftes Marketing- bzw. Vertriebskonzept (18 Prozent),
- Nichterreichen der technischen Entwicklungsziele (15 Prozent).

Eine Aktenauswertung von existierenden Unternehmen macht gleichzeitig deutlich, dass gescheiterte Unternehmen im Vergleich zu dieser Kontrollgruppe

- deutlich höhere Planzahlen für die Entwicklung des Umsatzes und der Beschäftigtenzahl vorsehen (offensichtlich planten die existierenden Unternehmen zurückhaltender und realistischer),
- zu einem geringeren Anteil von vornherein internationale Märkte anstreben,
- eine geringere FuE-Orientierung der Gründer aufweisen,
- überdurchschnittlich oft dem Technologiegebiet Internet/Software zuzuordnen sind.

Stellt man die Ergebnisse aller drei Teiluntersuchungen gegenüber, so zeigen sich sehr deutliche Übereinstimmungen in der Rangfolge der Häufigkeit angegebener Ursachen des Scheiterns. Tabelle 13 zeigt die durchschnittliche Rangfolge einzelner Scheiterursachen entsprechend der Häufigkeit ihrer Nennung in den drei Teiluntersuchungen. Hat in Tabelle 13 eine Scheiterursache den Rang 1, dann bedeutet dies, dass im Durchschnitt aller drei Teiluntersuchungen diese Ursache am häufigsten benannt wird.

Am häufigsten kommen im Ergebnis aller drei Teiluntersuchungen Finanzierungsprobleme als Scheiterursache zur Sprache. Das ist natürlich, denn Probleme in der Unternehmensfinanzierung sind der offensichtlichste Ausdruck von Krisen. Die Ursachen für Finanzierungsprobleme bzw. für Unternehmenskrisen liegen jedoch tiefer in anderen Bereichen des Unternehmens. Darauf weisen vor allem die fehlenden Umsätze und die zu hohen Kosten hin, welche die Finanzierungsprobleme meist auslösen. Wenn dazu noch fehlerhafte Finanzierungskonzepte und unrealistische Einschätzungen des Kapitalbedarfs kommen, wie dies aus Tabelle 13 hervorgeht, vervielfachen sich die Finanzierungsschwierigkeiten.

Probleme auf der Marktseite bzw. im Bereich des Marketings stehen an zweiter Stelle der Häufigkeit der Scheiterursachen. Sie äußern sich in Unternehmenskonzepten, die auf nicht wettbewerbsfähigen Produkten beruhen. Aufgrund mangelhafter Marktanalysen müssen Geschäftspläne mehrmals geändert werden und es entstehen unrealistische Pläne der wirtschaftlichen Entwicklung. In allen drei Teiluntersuchungen sind mangelhafte Marketing- bzw. Vertriebskonzepte als Scheiterursache erkennbar. Zum Zeitpunkt des Scheiterns hat mehr als ein Drittel der Unternehmen wichtige Marketingaktivitäten noch nicht ausreichend wahrgenommen.

Verschiedene Aspekte der Unternehmerpersönlichkeit als Scheiterursache werden vor allem in den Tiefeninterviews deutlich. Obwohl sich bei der Aktenauswertung ein höherer Anteil an Gründern mit Unternehmenserfahrung und mit einer Ausbildung im kaufmännischen bzw. Marketingbereich als bei anderen Gründungskohorten herausstellte, sind Mängel im strategischen bzw. operativen Management die häufigste Ursache des Scheiterns der Unternehmen. Dies bekräftigt den hohen Unterstützungsbedarf von Gründern technologieorientierter Unternehmen. Offensichtlich wurde er nicht im ausreichenden Maße gedeckt.

Probleme im FuE-Bereich als Scheiterursache der Unternehmen artikulieren besonders häufig die Beteiligungsgeber. An erster Stelle der durchschnittlichen Häufigkeit steht das Nichterreichen bzw. das verspätete Erreichen der FuE-Ziele. Geringe Erfahrungen in der FuE, ein geringes Qualifikationsniveau auf naturwissenschaftlich technischem Gebiet und nicht ausreichende Marktorientierung der FuE sind dafür häufige Gründe.

In sechs Fällen befragten die Autoren sowohl die Unternehmer als auch die dazu gehörigen Beteiligungsgeber gescheiterter Unternehmen. Dies lässt einen direkten Vergleich der Einschätzungen beider Seiten zu. Die Angaben

Tabelle 13. Durchschnittliche Rangfolge des Scheiterns BTU-geförderter Unternehmen (Mehrfachnennungen)

Ursache des Scheiterns	**Durchschnittliche Rangfolge**
Finanzierung, darunter	1
Geringere Umsätze als geplant	1
Zu hohe Kosten	2
Unterschätzung des Kapitalbedarfs für Markteinführung und Fertigungsaufbau	3
Fehlerhaftes Finanzierungskonzept	4
Zu geringes Eigenkapital	5
Restriktives Verhalten der Hausbank	6
Markt und Marketing, darunter	2
Abwartendes Kundenverhalten	1
Mangelhaftes Marketing- bzw. Vertriebskonzept	2
Kein wettbewerbsfähiges Produkt	3
Zusammenbruch des Zielmarktes	4
Zu späte oder nicht ausreichende Marketingaktivitäten	5
Imageprobleme des Unternehmens	6
Persönlichkeitsmerkmale, darunter	3
Unzureichendes operatives Management/Nichtbeherrschung der Organisationsaufgaben	1
Unzureichendes strategisches Management	2
Fehlende betriebswirtschaftliche Kenntnisse	3
Konflikte zwischen Gründern	4
Ungünstige Persönlichkeitsmerkmale	5
Fehlende Marktkenntnisse	6
Forschung und Entwicklung, darunter	4
Technische Entwicklungsziele nicht erreicht	1
Zu hohe Entwicklungskosten	2
Probleme mit Zulieferern bzw. Kooperationspartnern	3
Unterschätzung der kundenbezogenen Anpassarbeiten	4
Sonstiges (nur in den Tiefeninterviews erfasst), darunter	5
Mängel in der Personalpolitik	1
Mängel im Controlling	2
Zu enges Produkt- und Leistungsprogramm	3

der Unternehmer und der Beteiligungsgeber sowohl bezüglich der Scheiterursachen als auch der Betreuungsleistung stimmen in der Tendenz überein. Die Einschätzungen beider Partner weichen jedoch dort voneinander ab, wo die Unternehmer angeben, keinerlei nicht-finanzielle Unterstützungsleistungen von den Beteiligungsgebern erhalten zu haben, obwohl die Beteiligungsgeber dies bejahen. Die Beteiligungsgeber sind der Auffassung, dass sie die Unternehmen im ausreichenden Maße unterstützt haben. Dagegen sehen vier der sechs Unternehmer die nicht ausreichende Unterstützung als eine Ursache des Scheiterns an.

Die Beteiligungsgeber nehmen deutlich häufiger für sich in Anspruch, Unterstützung zu leisten, als dies die Unternehmer empfinden. Besonders auffällig ist der hohe Anteil der Unternehmer, die angeben, bis zum Eintritt der Krise keine nennenswerte Unterstützung erhalten zu haben. 40 Prozent der Gründer benennen die mangelnde inhaltliche Unterstützung durch die Beteiligungsgeber als mitursächlichen Scheitergrund. Viele Unternehmer verfolgten das Ziel, mit Hilfe der Beteiligungsgeber betriebswirtschaftliche Kompetenz in ihre Unternehmen einzubinden, wurden von der Qualität der versprochenen Unterstützung aber enttäuscht. Weder die Beratung durch die Beteiligungsmanager noch die Kontaktnetzwerke betrachtet ein großer Teil der Unternehmer als entscheidende Hilfen. Dass 58 Prozent der Unternehmer die Schlussfolgerung ziehen, aus heutiger Sicht einen anderen Beteiligungsgeber zu wählen, bestätigt diese Enttäuschung. Offensichtlich überschätzt ein Teil der Beteiligungsgeber die eigene Unterstützungstätigkeiten und die verfügbaren Netzwerke. Tabelle 14 gibt den Vergleich der Beteiligungsgebersicht mit der Unternehmersicht für einzelne Unterstützungsleistungen wider.

Tabelle 14. Unterstützungsleistungen der Beteiligungsgeber aus Sicht der Beteiligungsgeber und der Gründer (Mehrfachnennungen, Häufigkeit in %)

Gewährte Unterstützungsleistungen	**Beteiligungs-gebersicht (n=27)**	**Unternehmer-sicht (n=25)**
Unterstützung bei strategischen Entscheidungen	78	48
Bereitstellung von Netzwerken, Kontakten	74	48
Suche nach weiteren Kapitalgebern	67	48
Unterstützung beim operativen Management	26	20
Keine nennenswerte Unterstützung	7	40

Besonders deutlich kommt die unterschiedliche Sicht auf die gewährten Unterstützungsleistungen in der Unternehmenskrise zum Ausdruck. Lediglich 10 Prozent der Beteiligungsgeber geben an, die Unternehmen in der Krise nicht unterstützt zu haben. Diese Beteiligungsgeber sind der Auffassung, durch ihre Stellung als stiller Gesellschafter oder nachrangiger Gläubiger keinen Einfluss auf die Unternehmen ausüben zu können. Dagegen meinen 40 Prozent der Unternehmer, in der Krise keine Unterstützung erhalten zu haben. Diese große Differenz in der Wertung könnte wie folgt erklärt werden: Ein Teil der Beteiligungsgeber intensiviert zum Beginn der Krise seine Unterstützung. In der Endphase der Krise stellen sie aber die Unterstützung der Unternehmer ein, da keine Hoffnung auf eine Lösung der Krise mehr besteht. Die Unternehmer nehmen diese rückläufige Unterstützung in der Endphase der Krise als Anlass zu einer generell kritischen Aussage über die Leistungen der Beteiligungsgeber. Zudem scheinen auch hier die Beteiligungsgeber die eigene Unterstützung wieder zu überschätzen.

Von den insgesamt zwölf Beteiligungsgebern, die aus eigener Sicht oder aus Sicht der Unternehmer vor Eintritt der Krise die Unternehmen nicht unterstützen, versuchen immerhin acht sich zumindest in der Krise einzubringen und ein Scheitern zu verhindern. Der Zeitpunkt der Unterstützung ist jedoch in diesen Fällen eindeutig zu spät. Diesen Fehler erkennen Beteiligungsgeber selbst. Die laufende Betreuung und Kontrolle soll verstärkt und drastischere Maßnahmen beim Auftreten von Krisensituationen schneller durchgesetzt werden.

Für 48 Prozent der Gründer liegt ein Grund für das Scheitern des eigenen Unternehmens in der fehlenden Nachfinanzierungsbereitschaft der Beteiligungsgeber in den Krisensituationen. Die Beteiligungsgeber können jedoch nachvollziehbare Gründe nennen und plausible Erklärungen abgeben, warum keine Bereitschaft zur Nachfinanzierung gegeben ist. Erreichen Unternehmen trotz mehrfacher Anpassung und mehrmaligem Aufschieben die Zwischenziele bei der Fertigstellung der Entwicklung und bei der Erzielung von Umsatz nicht, dann ist es richtig, kein weiteres Kapital zu vergeben. Die Gründe für das Nichterreichen dieser Ziele liegen in erster Linie im Einflussbereich der Unternehmer. Sie entspringen sowohl aus der Gründungskonzeption und den Mängeln der strategischen Planung als auch aus einem nicht den Anforderungen entsprechendem operativen Management, natürlich auch aus solchen Faktoren, wie dem FuE-Risiko und dem allgemeinen Marktrisiko.

Zu den fehlerhaften strategischen Entscheidungen tragen natürlich auch die Beteiligungsgeber bei. Übertriebene Wachstumskonzepte im Hinblick auf beabsichtigte Börsengänge und mangelhafte Finanzierungsplanungen sind zum Teil das Ergebnis des Einflusses der Beteiligungsgeber. Auch die Selektionsfunktion bei der Auswahl solcher Geschäftskonzepte, die durch fähige Gründer realisierbar sind, könnten die Beteiligungsgeber besser ausfüllen. Das Scheitern von Unternehmen mit nicht wettbewerbsfähigem Leistungsangebot und fehlerhaften Marketingstrategien ist folgerichtig. Gleiches gilt für die Nichterreichung von FuE-Zielen, wenn die FuE-Kompetenzen nicht ausreichen. Derartige Mängel sind nicht durch das Ergreifen von Krisenmaßnahmen behebbar. Allein die sorgfältige Auswahl der Projekte und die kritische Überprüfung der Gründermerkmale kann die Ursachen für ein Scheitern einschränken. Das bedeutet nicht, dass das Scheitern technologieorientierter Unternehmensgründungen völlig ausschließbar ist. Das Risiko der FuE und des Marktes ist objektiv gegeben. Ein Scheitern lässt sich nicht vermeiden, wenn keine realen Chancen für eine erfolgreiche wirtschaftliche Entwicklung der Unternehmen mehr gegeben sind. Es existieren aber Möglichkeiten, die Erfolgswahrscheinlichkeit zu erhöhen.

Die Untersuchungen zeigen insgesamt, dass die Ursachen des Scheiterns in erster Linie in den Gründungs- und Entwicklungskonzepten der Unternehmen zu suchen sind. Schon bei der Gründung der Unternehmen muss konsequenter darauf geachtet werden, dass die Konzepte auf den typischen Erfolgsfaktoren FuE-intensiver Unternehmen beruhen und Wachstumspotenziale in sich tragen (Pleschak u. a., 2002). Das ist zwar die ureigenste Aufgabe der Gründer und späteren Unternehmer, stellt aber unter den Bedingungen der Beteiligungsfinanzierung auch Anforderungen an die Beteiligungsgeber. Im Einzelfall wirken immer zahlreiche fördernde und hemmende Faktoren des Wachstums in Abhängigkeit von den Unternehmensmerkmalen, den FuE-Projekten und den Bedingungen beim Aufbau und der Entwicklung der Unternehmen. Es ist Ausdruck des schöpferischen Wirkens jedes Unternehmers, die gerade für sein Unternehmen günstigste Konstellation aller Faktoren zu finden und bei der Führung des Unternehmens umzusetzen.

5.7 Literatur

Biagosch, A. (2001): Lange nicht am Ende. Manches E-Commerce-Unternehmen hat seine Zukunft erst noch vor sich. In: Neue Deutsche Wirtschaft, Verlagsbeilage der Frankfurter Allgemeinen Zeitung, Nr. 205 vom 4. September 2001.

Biedermann, W.J. (2001): Wer überlebt den Shake-out? Die Venture-Capital-Industrie in Deutschland wird ordentlich durchgekämmt. In: Finance, Mai 2001.

BMWi (2002): Insolvenz und Neustart. Gründerzeiten Nr. 14, Aktualisierte Ausgabe 2/2002, Berlin.

Frommhold, M. (2001): Ende oder Wende? Ein „Dotcom“ – Unternehmen in der Insolvenz. In: Neue Deutsche Wirtschaft, Verlagsbeilage der Frankfurter Allgemeinen Zeitung, Nr. 205 vom 4. September 2001.

Hauschildt, J.; Leker, J. (Hrsg.) (2000): Krisendiagnose durch Bilanzanalyse, 2. Auflage. Köln.

Hauschildt, J. (2001): Krise, Krisendiagnose und Krisenmanagement. In: Frankfurter Allgemeine Zeitung, Nr. 100 vom 30. April 2001.

Heilmann, D.H. (1999): Deutschland wird zur Venture-Capital-Hochburg. In: Handelsblatt, Nr. 231 vom 29. November 1999.

Hemer, J.; Kulicke, M. (1995): Krisen in jungen Technologieunternehmen. Karlsruhe: Fraunhofer-Institut für Systemtechnik und Innovationsforschung.

Hemer, J. (1997): Krisen junger Technologieunternehmen. In: Koschatzky, K. (Hrsg.): Technologieunternehmen im Innovationsprozeß. Heidelberg: Physica-Verlag.

Krystek, U. (1987): Unternehmenskrisen: Beschreibung, Vermeidung und Bewältigung überlebenskritischer Prozesse in Unternehmungen. Wiesbaden: Gabler Verlag.

Kulicke, M. (1993): Chancen und Risiken junger Technologieunternehmen. Ergebnisse des Modellversuchs „Förderung technologieorientierter Unternehmensgründungen“. Heidelberg: Physica-Verlag.

Müller, R. (1984): Krisenmanagement als organisatorisches Gestaltungsproblem. In: ZFO (1984), Nr. 4, S. 229-237.

Pfeil, D. (2001): Schöne Grüße, wir stellen unsere Geschäfte ein. In: VDI-Nachrichten vom 17. August 2001.

Pleschak, F. (1997): Scheiterursachen von im Modellversuch TOU-NBL geförderten Unternehmen. Karlsruhe/Freiberg: Fraunhofer-Institut für Systemtechnik und Innovationsforschung.

Pleschak, F.; Ossenkopf, B.; Wolf, B. (2002): Ursachen des Scheiterns von Technologieunternehmen mit Beteiligungskapital aus dem BTU-Programm. Stuttgart: Fraunhofer IRB Verlag.

Pleschak, F. (2001): Management von Technologieunternehmen. Wie Führungskräfte erfolgsorientiert entscheiden. Wiesbaden: Gabler Verlag.

Pleschak, F.; Berteit, H.; Ossenkopf, B.; Stummer, F. (2002): Gründung und Wachstum FuE-intensiver Unternehmen. Heidelberg: Physica-Verlag.

Stolorz, Ch. (2001): Die Zukunft von Technologie- und Innovationsfirmen. In: Unternehmensbeteiligungen, Verlagsbeilage der Frankfurter Allgemeinen Zeitung, Nr. 211 vom 11. September 2001.

Wupperfeld, U. (unter Mitarbeit von Kulicke, M.) (1993): Mißerfolgsursachen junger Technologieunternehmen. Karlsruhe: Fraunhofer-Institut für Systemtechnik und Innovationsforschung.

6 Der „DtA-Runde Tisch“ als Instrument des Krisenmanagements

Margarita V. Tchouvakhina und Nicole Lehnert

6.1 Einleitung

Steigende Unternehmensinsolvenzen sorgten in vergangenen Monaten verstärkt für eine Diskussion darüber, ob man nun freien Kräften des Marktes eine Bereinigung des Unternehmensbestandes überlassen sollte oder ob eine Steuerung der Unternehmensfluktuation seitens der wirtschaftspolitischen Träger notwendig sei. Die Deutsche Ausgleichsbank hat diese Frage für sich bereits vor acht Jahren beantwortet. Die Antwort lautet „DtA-Runde Tische“, deren Zielsetzung es ist, die in eine Krise geratenen Unternehmen in Kooperation mit den Partnern vor Ort – Industrie- und Handelskammern und Handwerkskammern – zu beraten, Verhandlungen mit den Gläubigern, insbesondere mit den Banken, zu führen sowie den Unternehmer und die Unternehmerin bei einem Turn-around zu unterstützen. Dieses Instrument wurde in der Überzeugung aufgebaut, dass die Mechanismen einer Bereinigung des Unternehmensbestandes unter den Bedingungen eines unvollkommenen Marktes nicht immer funktionieren können. Daher kann eine frühzeitige Erkennung von Unternehmenskrisen und erfolgreiches Gegensteuern zur Reduzierung des volkswirtschaftlichen und persönlichen Schadens führen.

Die Runden Tische der Deutschen Ausgleichsbank sind jedoch nicht die einzige Initiative, die Krisenmanagement anbietet. Eine ganze Reihe öffentlicher Stellen haben Instrumente entwickelt, die sowohl Krisenfrüherkennung als auch Insolvenzvorsorge anbieten. Einige werden im Abschnitt 6.2 kurz vorgestellt. Außerdem werden im vorliegenden Beitrag die Funktionsweise des Instrumentes, die Kunden des Runden-Tisches sowie typische Ursachen für Unternehmenskrisen erläutert. Abschließend werden Erfahrungen aus den Runden Tischen zusammengefasst und Kernelemente als Vorschläge für die Weiterentwicklung ähnlicher Instrumente und den Aufbau neuer Initiativen vermittelt.

6.2 Instrumente des Krisenmanagements

Unternehmenskrisen lassen sich je nach Stärken und Phase in verschiedene Kategorien einteilen, die von einer strategischen Krise bis zur Insolvenz reichen (vgl. Abbildung 1).

Die ersten Signale für vorliegende Unternehmensprobleme äußern sich vor allem in strategischen Krisen und Führungskrisen (vgl. BMWA, 2002). Hierbei handelt es sich allgemein um eine kaum spürbare Behinderung von Zielen und Werten des Unternehmens, Fehlallokationen und Fehldispositionen. Erfolgspotenziale (Geschäftsideen, neue Produkte und/oder Dienstleistungen, Kundengruppen) sind gefährdet oder sogar aufgebraucht. Gründe hierfür können u.a. das Verpassen technologischer Entwicklungen oder eine unangepasste Marketingstrategie sein. Krisenmerkmale in dieser Situation sind sinkende Marktanteile, geringere Kapazitätsauslastung, sinkende Umsätze, Verschlechterung der Ergebnisse (Qualitätsverluste) oder rückläufige Investitionen durch Auftragsrückgänge.

In einer fortgeschrittenen Phase einer Unternehmenskrise werden bereits substanzielle Verluste erwirtschaftet, es handelt sich um eine leistungswirtschaftliche, operative Krise und im weiteren Verlauf um eine Erfolgs- bzw. Ergebniskrise. Leistungen gehen real zurück, Kosten steigen an und die Ergebnisse gehen ebenfalls spürbar zurück. Es kommt also zu Verlusten, Abwanderung von Mitarbeitern und Führungskräften, Kurzarbeit und Entlassungen. Hiermit werden jedoch lediglich Kosten eingespart. Das Unternehmen zeichnet sich durch eine sinkende Kreditwürdigkeit aus. Weiterhin werden in dieser Krisenphase Abschreibungen reduziert und Bestände zu hoch bewertet. Gründe liegen u.a. in einer ungenügenden Effizienz im operativen Bereich oder Management.

Die dritte Phase der Unternehmenskrise ist mit nachhaltigen Vermögens- und Liquiditätsverlusten verbunden, die die Unternehmensexistenz extrem gefährden. Krisensymptome sind hier vielfältiger und vor allem finanzieller Natur: veränderte Zahlungsweisen, Zahlungsstockungen, Kürzungen außerordentlicher Leistungen, die Verschuldung steigt an. Hieraufhin wird häufig nicht betriebnotwendiges Vermögen verkauft und mit Banken verhandelt. Der Endpunkt dieser krisenhaften Entwicklung ist, wenn keine erfolgreichen Gegenmaßnahmen getroffen wurden, der Insolvenzantrag.

Für eine erfolgreiche Krisenbewältigung ist es wichtig, Krisensymptome frühzeitig zu erkennen und zu managen. Mittlerweile gibt ein breites An-

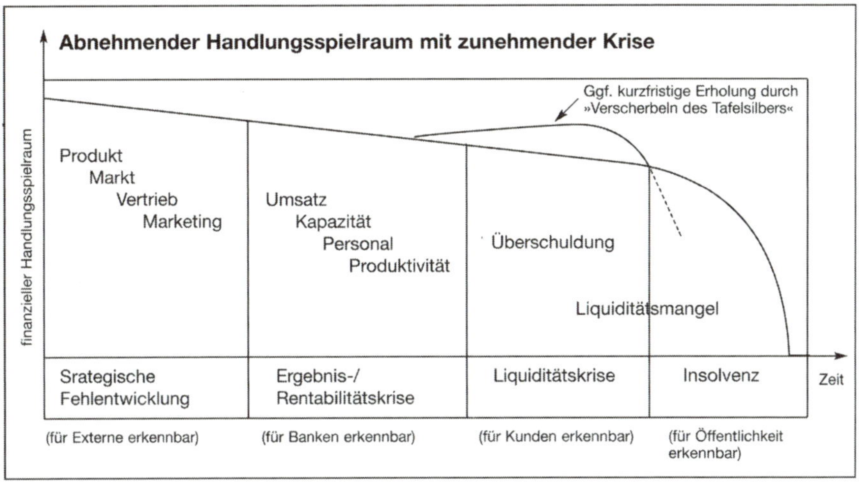

Abbildung 1. Typischer Krisenverlauf

Quelle: DtA-Ratgeber Krisenmanagement 2002

gebot von privaten Anbietern – Unternehmensberatern und Steuerberatern – die sich auf die Unternehmenssanierung und Krisenberatung spezialisieren. Jedoch können sich insbesondere Klein(st)unternehmer diese Dienste häufig nicht leisten. Daher versuchen öffentliche Stellen gerade diese Zielgruppe anzusprechen und zu unterstützen. Die Zielsetzung der Initiativen ist ähnlich gelagert: Möglichst früh Unternehmerinnen und Unternehmer auf die Krisenerkennung zu sensibilisieren und Handlungsalternativen aufzuzeigen. Der Weg ist unterschiedlich – dieser geht von einer schriftlichen Ansprache wie Handbüchern über eine telefonische und internetbasierte Anlaufstelle bis zur „physischen“ Unterstützung durch Beratungs- und Begleitungsangebote.

Ein Instrument der schriftlichen Ansprache stellt das Arbeitsheft „Früherkennung von Chancen und Risiken in kleinen und mittleren Unternehmen“ vom Bundesministerium für Wirtschaft und Arbeit dar. Es hat die Zielsetzung, einem Unternehmer bzw. einer Unternehmerin eine Checkliste von Krisensymptomen sowie Handlungsmöglichkeiten in der jeweiligen Phase der Unternehmenskrise an die Hand zu geben. Das Arbeitsheft bietet einen guten Einstieg in die Thematik und erlaubt dem Unternehmer zunächst, eine Art von Selbstcheck durchzuführen, um einen möglichen Handlungsbedarf und -umfang zu identifizieren. Dieses Instrument spricht Unternehmen in allen Krisenphasen an – von früh erkannten bis zu weit fortgeschrittenen. Auch in anderen Publikationen für Gründerinnen und Gründer weist das BMWA auf die Notwendigkeit einer frühzeitigen Krisenerkennung und Vorbeugung mit entsprechenden Hinweisen auf die öffentlichen Unterstützungsmassnahmen für Unternehmerinnen und Unternehmer hin.[1]

Gleichzeitig gibt es eine Reihe von Initiativen auf Ebene der Länder, die ebenfalls die Zielsetzung haben, Unternehmern das notwendige Wissen für Krisenmanagement zu vermitteln. So veranstaltet beispielsweise die Gesellschaft für Innovative Beschäftigungsförderung GmbH (G.I.B) in Kooperation mit dem Wirtschaftsministerium NRW Seminare für ehrenamtliche Berater im Bereich Krisenmanagement.[2] Auch in Hamburg ist seit Anfang 2001 eine Telefonhotline für Unternehmer in der Krise im Einsatz, die mit der Unterstützung der Wirtschaftsbehörde Hamburg und des Europäischen Strukturfonds aufgebaut wurde. Das Instrument wurde unter dem Namen „Firmenhilfe“ vom Beratungsunternehmen Evers&Jung eingerichtet. Gegenstand ist die telefonische Beratung von kleineren Unternehmen mit dem Ziel, Hilfe zur Selbsthilfe zu leisten. Die nachfragenden Unternehmerinnen und Unternehmer sollen zu planvollem und sachorientiertem Handeln angeregt werden, um so entweder den Turn-around oder eine geordnete Aufgabe des Unternehmens zu schaffen. „Firmenhilfe“ geht auf die „debt-line“ in Großbritannien zurück, die dort mit Erfolg landesweit angeboten wird. Die Firmenhilfe leistet ein erstes Screening von Krisenursachen und ist vom Konzept her auf ein oder zwei Telefongespräche und im Einzelfall einen e-mail-Kontakt beschränkt.[3]

Außerdem gibt es Internetdienste wie beispielsweise den Krisennavigator, der ein Internet-Angebot für Krisenmanagement, Krisendiagnose, Krisenkommunikation, Issues Management und Risikomanagement darstellt. Er wird vom Institut für Krisenforschung in Kiel betrieben und durch einen Beirat mit Vertretern aus Unternehmen und Universitäten aus dem gesamten Bundesgebiet überwacht und gesteuert.[4]

---

[1] http://www.bmwa.bund.de

[2] http://www.mwmev.nrw.de

[3] http://www.firmenhilfe.org

[4] http://www.krisennavigator.de

Zusammenfassend lässt sich festhalten, dass die dargestellten Instrumente eine sinnvolle und wichtige Hilfestellung sind, da diese eine frühe Sensibilisierung von kleinen und mittleren Unternehmen auf mögliche Krisensituationen leisten. Die DtA-Runden Tische haben jedoch im Vergleich zu den oben geschilderten Instrumenten einige Alleinstellungsmerkmale, die zum einen auf die konzeptionelle Ausrichtung und zum anderen auf deren Entstehungshistorie zurückzuführen sind. Keine der Initiativen bietet eine umfassende und flächendeckende Beratung und Unterstützung für Unternehmen, die sich in einer Krise befinden, wie die DtA-Runden Tische.

Der erste Runde Tisch wurde 1996 in Leipzig aus der Erfahrung eingerichtet, dass gerade in den neuen Bundesländern die Finanzierung allein nicht ausreicht und eine Beratung in Sinne der Krisenvorsorge notwendig ist. Der Siegeszug der Runden Tische im Osten Deutschlands weckte eine große Nachfrage an einer solchen Krisenberatung auch in den alten Bundesländern. Daher wurde 1998 der erste Runde Tisch in Kassel eingerichtet. Mittlerweile verfügt die DtA über ein bundesweites Netz von 48 Runden Tischen, davon 17 in den neuen und 31 in den alten Bundesländern. Das jüngste Kind ist ein Runder Tisch für Vertreter der Freien Berufe, der in NRW als Pendant zum Runden Tisch für Freie Berufe in Mecklenburg-Vorpommern als Pilotprojekt läuft.

Die Rahmenbedingungen für die Gestaltung und Durchführung der Runden Tische werden von der DtA vorgegeben, die Partner vor Ort (IHKs und HWKs) führen Gespräche, Organisation der Runden Tische und Betreuung eigenverantwortlich durch. Daher hat jeder Runde Tisch einen individuellen Charakter. Es gibt jedoch Elemente, die für jeden Runden Tisch typisch sind; diese werden im folgenden Abschnitt vorgestellt.

6.3 Die Funktionsweise eines Runden Tisches

Wie läuft nun ein Verfahren ab, das mit dem Begriff ‚Runder Tisch' bezeichnet wird? Der erste Schritt besteht darin, dass ein Unternehmen erste Anzeichen einer Krise in der eigenen Firma bewusst wahrnimmt und sich nach einer Hilfestellung umsieht. In dieser Situation kann sich der Unternehmer an die zuständige Kammer (Industrie- und Handelskammer oder Handwerkskammer) wenden. Dabei stellt sich die Frage, wie ein Unternehmer überhaupt vom Runden Tisch erfährt. Prinzipiell gibt es zwei Möglichkeiten: Der Unternehmer wendet sich ohne genauere Vorstellungen an die Kammer und erfährt dort vom Runden Tisch, oder er weiß bereits von diesem Instrument (aus Zeitungsartikeln, Broschüren, von seiner Hausbank oder anderen Unternehmern) und wendet sich deshalb an eine teilnehmende Kammer. Unabhängig von der Informationsquelle ist der Organisator des Verfahrens die Kammer, die mit dem Unternehmer zusammen die Notwendigkeit eines Runden Tisches einschätzt.

Als erste und sehr schnelle Hilfsmaßnahme wählt die Kammer einen Unternehmensberater aus, der eine vertrauliche Analyse über die aktuelle Lage der betreffenden Firma erstellt, die sogenannte Ist- oder Schwachstellenanalyse. Für die Auswahl des Beraters steht der Kammer eine Datenbank mit von der DtA-Agentur zertifizierten Unternehmensberatern zur Verfügung.

Wie die Erfahrungen der Praktiker zeigen, ist bei der Erstellung der Schwachstellenanalyse eine enge und aktive Kooperation zwischen Berater und Unternehmer sehr wichtig. Eine solche Zusammenarbeit ermöglicht es, tatsächlich alle Schwachstellen im Unternehmen aufzudecken, so dass eine realistische Bewertung der Zukunftschancen und der notwendigen Maßnahmen möglich und auch vom Unternehmer überzeugt vertreten wird.

Im Anschluss an diese Unternehmensdiagnose kann die Kammer die relevanten Beteiligten für den Runden Tisch zusammen rufen. Neben dem Unternehmer, seinem Berater und den Gläubigern (Banken, Lieferanten) können das je nach Verfahren auch Steuerberater, Rechtsanwälte, Vertreter der Krankenkassen, Finanzämter oder Verbände sowie Mitarbeiter der DtA sein. Alle Teilnehmer setzen sich zusammen und erarbeiten unter der Moderation der Kammer ein Lösungskonzept – währenddessen gehen die Gläubiger ein Stillhalteabkommen ein, um den Prozess der Erarbeitung einer Lösung und ihrer Umsetzung überhaupt zu ermöglichen. Beide Leistungen (Schwachstellenanalyse und Runder Tisch) sind kostenlos und beinhalten die Arbeitstage des Unternehmensberaters, die in Form einer Aufwandsentschädigungspauschale von 160 Euro pro Tag von der DtA finanziert werden.

Die Abteilung ‚Markt- und Mittelstandsforschung' der DtA hat im Frühjahr 2002 eine umfassende qualitative Studie durchgeführt, um Entwicklungspotenziale der Runden Tische für die Zukunft zu untersuchen. Anhand von Gruppendiskussionen und Tiefeninterviews mit Unternehmern, Kammer-, Banken- und Unternehmensberatern sowie DtA-Mitarbeitern, die jeweils Erfahrungen mit dem Runden Tisch haben, wurde dieses Krisenbewältigungsinstrument im Detail exploriert.[5] Dabei ergaben sich auch Ergebnisse hinsichtlich des Prozesses der Runden Tische, nämlich dass die gerade beschriebenen Schritte als zwei separate Module angewandt werden.

Der erste Schritt – das Analysemodul – endet mit der Schwachstellenanalyse, die der Unternehmensberater in Berichtsform vorlegt. Nach Abschluss dieser Phase wird auf Grundlage des Berichts und von Gesprächen mit den relevanten Beteiligten entschieden, inwieweit der zweite Schritt – nämlich die Einberufung eines ‚körperlichen' Runden Tisches, also das Modul der Diskussion und Umsetzung einer Lösung – notwendig bzw. möglich ist. Ein Teil der Unternehmer durchläuft ausschließlich die Schwachstellenanalyse. Gründe dafür können z.B. sein, dass die Probleme des Unternehmens auf Basis allein der Analyse ohne Unterstützung weiterer Personen gelöst werden können, aber etwa auch, dass nicht alle relevanten Beteiligten – insbesondere die Banken, aber auch andere Gläubiger – zu einer Teilnahme am Runden Tisch bereit sind. Zwingende Voraussetzung für einen zweiten Schritt ist es natürlich außerdem, dass der Unternehmer intensiv am Verfahren mitarbeitet und den Beteiligten alle notwendigen Informationen zur Verfügung stellt.

Ergebnis des Runden Tisches ist ein Lösungskonzept, meist bestehend aus Vorschlägen für notwendige Maßnahmen und durch einen Finanzierungsplan flankiert. In den Fällen, wo eine Rettung ganz offensichtlich nicht möglich ist, kann auch die Beantragung einer Insolvenz die geeignete Lösung sein. Um die beschlossenen Maßnahmen umzusetzen, braucht der Unternehmer häufig längerfristige Unterstützung. In diesem Fall kann bei der DtA eine sogenannte ‚Nachsorge' beantragt werden, also eine weitere Begleitung durch den Unternehmensberater oder einen anderen geeigneten Partner aus der Datenbank der DtA-Agentur. Je nach Fall kann die DtA dann für zehn Arbeitstage bis zur Hälfte der Kosten für die Beratung übernehmen; die restlichen Kosten trägt der Unternehmer selbst.

Über die Rolle der am Prozess beteiligten Personen kann man zusammenfassend sagen, dass die Kammer der Angelpunkt für die Koordination ist. Zwar läuft die zentrale Betreuung und die Organisation des Instrumentes über die DtA-Agentur in Berlin, die z.B. die Datenbank der zur Verfügung

5 Auf Grundlage der qualitativen Studie wird in der zweiten Jahreshälfte 2002 eine quantitative Studie durchgeführt, die die Ergebnisse zu Entwicklungspotenzialen in der Grundsgesamtheit testet und Repräsentativität sicher stellt.

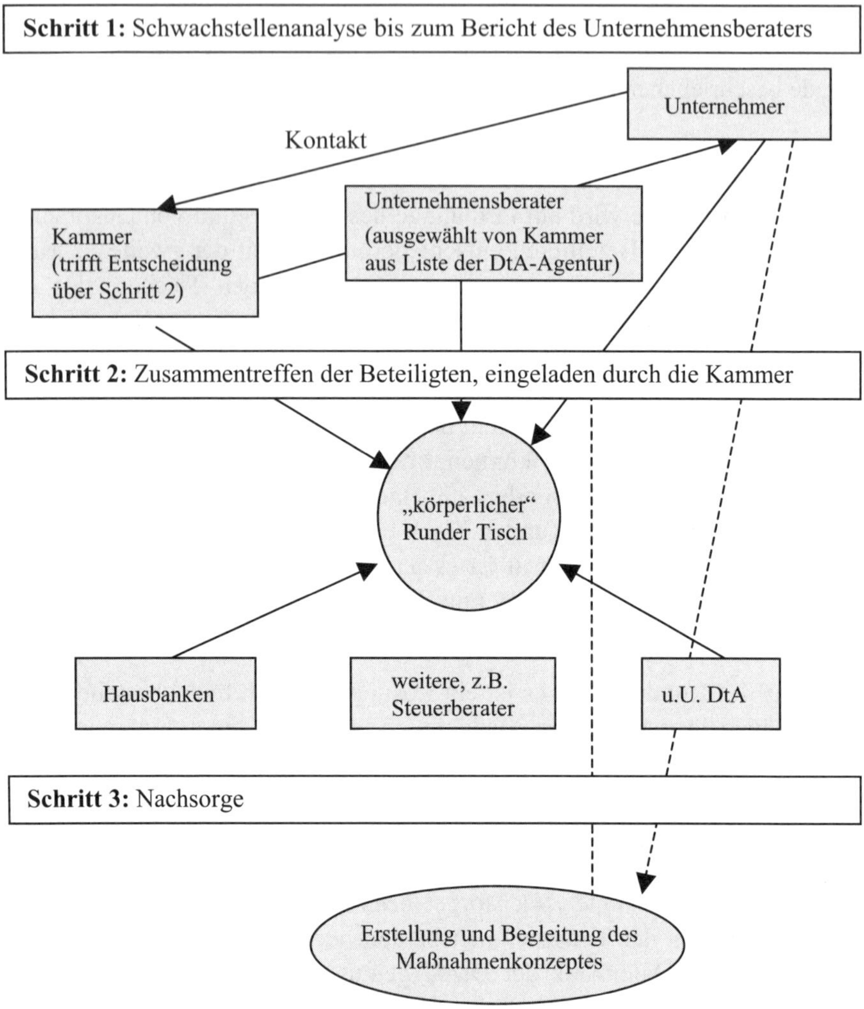

Abbildung 2. Ablauf eines Runden Tisches

stehenden Berater pflegt und erweitert. Für den konkreten Einzelfall ist es aber die Kammer, die mit dem Unternehmer das weitere Vorgehen abspricht, die den Berater auswählt und die Teilnehmer zum Runden Tisch einlädt.

Die Bankmitarbeiter, die mit dem Kredit befasst sind, schaffen durch ihre Teilnahme am Runden Tisch erst die Voraussetzungen dafür, dass nach einer gemeinsamen Lösung gesucht werden kann – das Gleiche gilt für andere

Gläubiger. Und ohne eine engagierte Einbringung des Unternehmers bestehen selbstverständlich keine Chancen auf eine Weiterführung der Firma.

In der erwähnten empirischen Studie zeigte sich außerdem, dass für die Unternehmer der Berater der wichtigste Beteiligte im Verfahren ist: Er ist ihr direkter Kontakt, er strukturiert das Verfahren und er übernimmt zu einem Teil auch den Kontakt mit den Gläubigern bzw. unterstützt seine Mandanten bei den Gesprächen mit den anderen Beteiligten. Bei einem idealen Verlauf gibt der Berater als Fachmann dem Unternehmer Sicherheit über die Lage und die Aussichten der Firma und motiviert sie oder ihn, sich trotz der Krisensituation weiter für die selbstständige Existenz einzusetzen.

Für die Entwicklung eines Maßnahmenkonzeptes und für seine Begleitung kann bei einem gewachsenen Vertrauensverhältnis zwischen Berater und Unternehmer dann die angesprochene Nachsorge Gewinn bringend eingesetzt werden. Die Nachsorge kann als dritter Schritt bezeichnet werden, der zwar nicht zwingend ist, aber eine sinnvolle Ergänzung der ersten beiden Phasen darstellt.

6.4 Welche Unternehmen nehmen am Runden Tisch teil?

Seit 1996 haben über 12.500 Unternehmen eine Krisenberatung im Rahmen der Runden Tische in Anspruch genommen. 84 Prozent der Kunden kamen aus den neuen und 16 Prozent aus den alten Bundesländern. Die hohe anfängliche Teilnahme der Unternehmen aus dem Osten ist auf die Historie der Runden Tischen zurückzuführen. Wie in der Einführung zu diesem Beitrag bereits erwähnt, wurden die ersten Runden Tische in den neuen Bundesländern eingerichtet. In den ersten drei Jahren wurden insgesamt 5.160 Unternehmen unterstützt, fast alle waren im Osten ansässig. Seit der Einführung der Runde Tischen 1998 im Westen Deutschlands (Runder Tisch in Kassel) konnten fast 2.000 Unternehmen aus den alten Bundesländern unterstützt werden. Mittlerweile sind DtA-Runde Tische ein etabliertes Instrument des Krisenmanagements, das eine hohe Akzeptanz nicht nur seitens der Kunden sondern auch der Hausbanken genießt.

Der Anteil der DtA-geförderten Unternehmen innerhalb der einzelnen Betreuungsjahrgänge ist rückläufig. Waren 1996 noch etwa 58 % der betreuten Unternehmen DtA-Kunden, so hat sich deren Anteil in 2001 auf 43,4 % verringert. Damit hat die DtA eine Grundlage geschaffen, jedem Unternehmer und jeder Unternehmerin eine Chance zur Krisenbewältigung zu geben.

Im folgenden wird aufgezeigt, wie sich die teilnehmenden Unternehmen hinsichtlich der Umsatz- und Beschäftigtenzahl, Branchenzugehörigkeit und anderer Merkmale im Verlauf der Jahre darstellen. Die Grundlage der Auswertungen stellen sogenannte „Betreuungskurzberichte“ dar, die von den Unternehmensberatern nach Abschluss ihrer Tätigkeit ausgefüllt und der DtA zur Verfügung gestellt werden. Diese Kurzberichte enthalten Informationen zu den betreuten Unternehmen, über die Problemursachen des jeweiligen Unternehmens und den Verlauf der Betreuungsarbeit inklusive der weiteren Empfehlungen und einzuleitenden Maßnahmen zur Krisenbewältigung.

6.4.1 Umsatz und Beschäftigte

Die betreuten Unternehmen haben insgesamt geringe Umsätze zu verzeichnen, was angesichts ihrer Krisenlage nicht verwunderlich erscheint. Sie sind – gemessen am Indikator Jahresumsatz – in der Regel als Kleinunternehmen einzustufen. Der durchschnittliche Jahresumsatz der betreuten Unternehmen ist von 1996 bis April 2002 nahezu kontinuierlich gesunken. Betrug er beim Betreuungsjahrgang 1996 noch 1.811 T€ (Median: 511 T€) waren es 2001 nur noch 999 T€ (Median: 395 T€). Für 2002 deutet sich ein weiterer Rückgang an.

Auch bezogen auf die Anzahl der Beschäftigten sind die Runden-Tisch-Teilnehmer als Kleinunternehmen einzustufen: Der überwiegende Teil der betreuten Unternehmen hat unter 50 Beschäftigte.

Die durchschnittlichen Beschäftigtenzahlen sind von 1997 bis 2002 ebenfalls rückläufig: Hatte der Betreuungsjahrgang 1997 noch durchschnittlich 16 Vollzeitbeschäftigte (Median: 8), waren es 2001 nur noch durchschnittlich etwa 13 (Median: 7). Auch hier deutet sich 2002 eine weitere Verringerung auf etwa 10 Vollzeitbeschäftigte (Median: 6) an.

Zusammenfassend lässt sich festhalten, dass die Unternehmen am Runden Tisch von ihrer Größenstruktur – bezogen auf Umsatz und Beschäftigtenzahl – klein sind. Es ist auch ein Trend von Klein- zu Kleinstunternehmen deutlich, die den Service der DtA-Runden Tische in Anspruch nehmen. Gründe für diese Entwicklung können darin liegen, dass Kleinstunternehmen besonders krisenanfällig sind bzw. diese auf staatlich geförderte Beratung und Unterstützung aufgrund der geringen Umsätze und mangelnden liquiden Mittel angewiesen sind.

6.4.2 Alter, Branchenzugehörigkeit und Rechtsform

Die betreuten Unternehmen sind zu über zwei Dritteln 1990 oder später gegründet worden. Damit sind sie in der Regel noch recht jung. In den alten Bundesländern ist der Anteil der betreuten Unternehmen, die zwischen 1990 und 1995 gegründet wurden, mit 18,1 % weniger als halb so groß als in den neuen Bundesländern (40,7 % – „Gründerboom“ in Ostdeutschland nach der Wiedervereinigung). Dafür übertrifft der Anteil jüngerer Unternehmen in Westdeutschland (Gründung nach 1995) den ostdeutschen Wert dieser Kategorie mit 40,8 % um mehr als 12 Prozentpunkte. Dieses Ergebnis lässt sich durch die Analyse des Durchschnittsalters der betreuten Unternehmen bestätigen. Während das durchschnittliche Unternehmensalter (Median) 2001 in Westdeutschland bei 6 Jahren lag, betrug es in Ostdeutschland bereits 8 Jahre.

Die am häufigsten betreute Branche ist das Handwerk. Hier ist der Anteil von 35 % 1996 auf etwas über 40 % 2001 gestiegen. Nahezu kontinuierlich zugenommen hat der Anteil des Dienstleistungssektors an den jeweiligen Betreuungsjahrgängen. 1996 lag er noch bei ca. 21 %, 2001 lag er bereits bei rund 27 %. Leicht rückläufig ist der Anteil der Handelsunternehmen (von 25 % auf 20 %) sowie der Anteil der Industrieunternehmen. Bei Freien Berufen ist die Tendenz wiederum steigend. Der starke Anstieg beim Handwerk deutet auf eine Verschlechterung der Situation des Handwerks hin: Die Handwerkskonjunktur verläuft seit 1997 verhaltener als die Konjunktur der Nicht-Handwerker (vgl. RWI-Handwerksberichte, 1995, S. 10 ff.). Die Einschätzung der Geschäftslage bei den Handwerkern ist seitdem immer unterhalb der Einschätzungen außerhalb des Handwerks geblieben (vgl. Skambracks/Tchouvakhina, 2002).

Häufigste Rechtsform ist das Einzelunternehmen. Hier liegt der Anteil seit dem Betreuungsjahrgang 1997 bei etwa 55 %. Zweithäufigste Rechtsform ist die GmbH, ihr Anteil ist jedoch rückläufig. Von etwa 44 % in 1996 ist ihr Anteil auf ca. 32 % in 2001 gefallen. Einen leichten Anstieg hingegen verzeichnet die Rechtsform der OHG (von etwa 4,5 % 1996 auf fast 10 % in 2001) und die Kategorie „andere“.

6.5 Was sind die typischen Ursachen für eine Unternehmenskrise?

Diese Frage kann mithilfe der erfassten Daten aus den Betreuungskurzberichten beantwortet werden. Die Einschätzung der Krisenursachen wird seitens des betreuenden Unternehmensberater vorgenommen, nicht seitens des Unternehmers bzw. der Unternehmerin selbst. Eine kontinuierliche Erfassung der Krisenursachen für jeden einzelnen Fall führt die DtA seit 1996 durch. Seit diesem Zeitpunkt werden durch Berater durchgehend die Problemfelder „Absatz", „Management" und „Liquidität- und Kostenstruktur" auf den ersten drei Plätzen genannt. Platz 4 und 5 wechseln beständig zwischen dem Problemfeldern „Finanzstruktur" und „Betriebskosten". An 6. Stelle hält sich konstant das Problemfeld „hohe Außenbestände", wechselnd gefolgt von den „Standortproblemen" und „Erweiterungsinvestitionen" (Abbildung 3). Was verbirgt sich hinter diesen Problemfeldern konkret?

Das Problemfeld „Absatz" wird durchgehend von der Kategorie *„Verschärfter Wettbewerb"* dominiert (Abbildung 4). Ihr Anteil an allen Nennungen

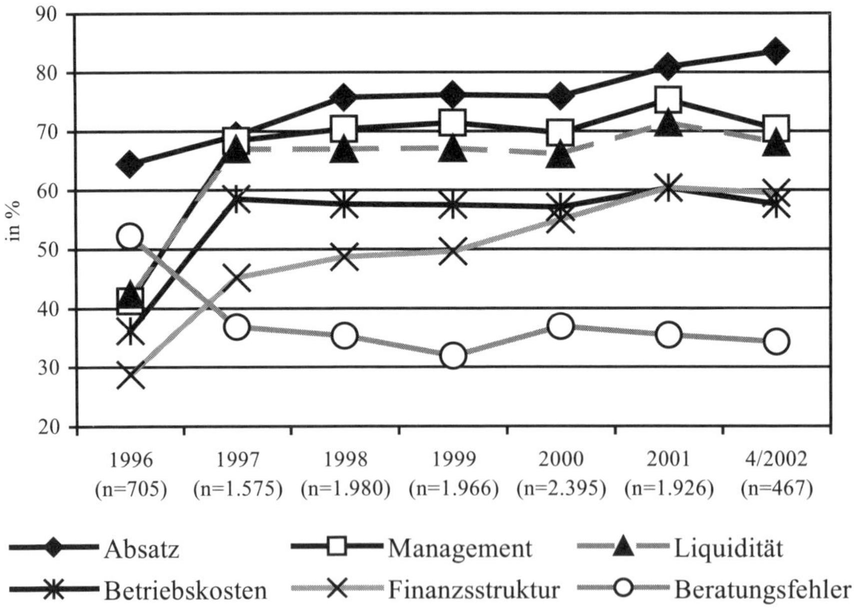

Abbildung 3. Entwicklung der Anteile der 6 am häufigsten genannten Problemfelder bei den RT-Unternehmen (1996 – 4/2002)

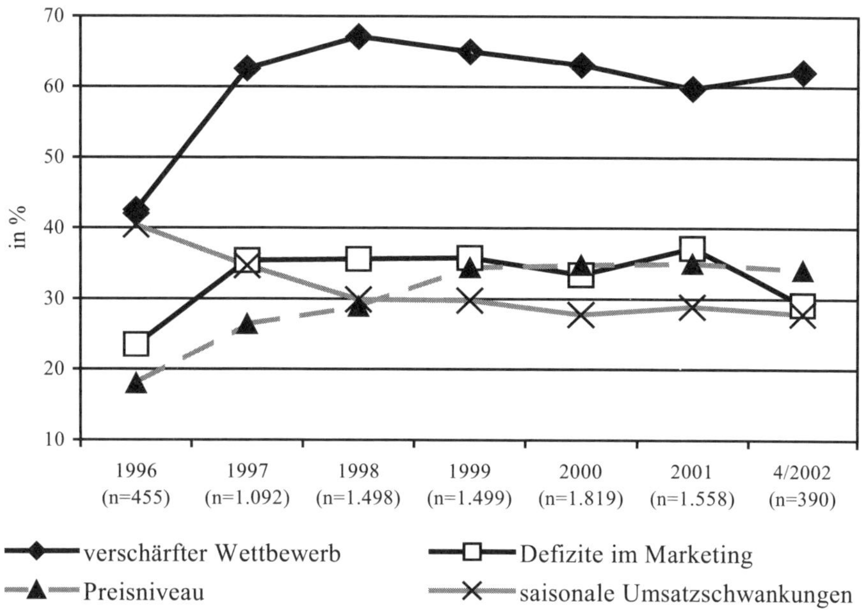

Abbildung 4. Entwicklung der Anteile der 4 häufigsten Kategorien im Problemfeld „Absatz“

im Problemfeld „Absatz“ liegt seit dem Betreuungsjahrgang 1997 über 60 Prozent, ist seitdem allerdings leicht rückläufig. *„Defizite im Marketing“* werden in der Regel am zweithäufigsten in diesem Problemfeld genannt. Der Anteilswert lag zwischen 1997 und 2001 relativ beständig bei etwa 36 Prozent. Auf Platz 3 befinden sich die Kategorien *„saisonale Umsatzschwankungen“* und *„erforderliches Preisniveau“*. Während die Bedeutung „saisonaler Umsatzschwankungen“ rückläufig ist, ist der Anteil der Problemkategorie „Preisniveau“ gestiegen. D. h. hier geht es sowohl um externe Faktoren, die verschärfte Wettbewerbssituation und saisonale Umsatzschwankungen, aber auch um unternehmensinterne Einflussgrößen wie unzureichendes Marketing oder falsche Preispolitik. Die externen Faktoren haben in der Einschätzung der Berater einen größeres Gewicht.

Das Problemfeld „Management“ wird maßgeblich von der Kategorie „unzureichendes betriebswirtschaftliches Know-how geprägt. Ihr Anteil liegt recht konstant bei 70–75 Prozent. An zweiter Stelle folgt das Problem „unzureichendes Controlling“, dessen Bedeutung seit dem Betreuungsjahrgang 1996 zugenommen hat. Der Anteil liegt hier zwischen 66–76 Prozent, Tendenz steigend. An dritter Stelle befand sich durchgehend die Kategorie

„unzureichendes Rechnungswesen“. Ihr Anteil ist von 1996 bis April 2002 jedoch um fast 10 Prozentpunkte auf etwa 30 Prozent zurückgegangen. Alle drei Kategorien sind eng miteinander verbunden: Defizite im betriebswirtschaftlichen Know-how führen zu unzureichendem Rechnungswesen und demzufolge auch unzureichendem Controlling. Sie geben klare Anhaltspunkte für Weiterbildungs- und Qualifizierungsbedarf der mittelständischen Unternehmer.

Das Problemfeld „Liquidität“ korrespondiert stark mit Managementproblemen. Die meisten Nennungen in diesem Problemfeld beziehen sich auf eine „fehlende Liquiditätsplanung“. Obwohl das Problemfeld „Liquidität“ erst an dritter Stelle der Rangfolge der Problemfelder steht, liegt die Kategorie „fehlende Liquiditätsplanung“ an erster Stelle bei Betrachtung aller Problemursachen, und zwar durchgängig seit 1997! Ihr Anteil im Problemfeld „Liquidität“ ist kontinuierlich angewachsen, und zwar von etwa 73 Prozent 1996 auf 84 Prozent 2001. Weniger bedeutsam ist der Anteil der Kategorie „zu enger Kontokorrentrahmen“, die seit 1997 etwa zwischen 42 und 45 Prozent schwankt.

Ein lange bekanntes Problem des deutschen Mittelstandes – zu geringes Eigenkapital – spiegelt sich in dem Problemfeld „Finanzstruktur“ wider. Dieses wird stark von der Kategorie „zu hoher Fremdkapitalanteil“ geprägt, die von 70 Prozent 1997 auf 81 Prozent 2001 deutlich angestiegen ist. Rückläufig hingegen ist die Kategorie „zu hohe Zinsbelastung“, welche 1997 noch bei einem Anteil von etwa 72 Prozent lag, 2001 nur noch bei 65 Prozent. Leichte Schwankungen zwischen 55 und 60 Prozent hat der Anteil der Kategorie „zu hohe Tilgungsleistungen“. Die beiden Kategorien sind eine logische Folge eines zu geringen Eigenkapitals von Kleinunternehmen.

Unter dem Problemfeld „Betriebskosten“ werden insbesondere „hohe Personalkosten“ subsumiert, deren Anteil recht konstant bei 62 – 64 Prozent liegt. Weniger bedeutsam, aber ebenfalls seit 1997 recht konstant, sind die Problemkategorien Materialkosten (28-30 Prozent), Mietkosten (25-28 Prozent) und Kosten für Vorratshaltung (etwa 24 Prozent) sowie Fertigungskosten (9-10 Prozent).

Ein weiteres Problemfeld stellen „hohe Außenstände“ dar. Es wird durch die Kategorie „hohe Forderungsausfälle“ dominiert, welche jedoch seit 1996 (ca. 81 %) rückläufig ist (2001 etwa 77 %). Bei den Problemursachen „unzureichendes Mahnwesen“ und „zu lange Zahlungsziele“, die ebenfalls in diesem Problemfeld erfasst werden, ist die Tendenz, zwar auf einem niedrigen Niveau von 30 Prozent, auch steigend.

Auch falsche bzw. schlechte Beratung wird als eine Krisenursache gesehen. Besonders kritisch werden Steuerberater beurteilt. Ihnen wird der höchste Anteil der Beratungsfehler zugeschrieben. Ihr Anteil lag bis 2000 konstant bei etwa 60 % und ist seitdem weiter angestiegen.

Zusammenfassend lässt sich festhalten, dass bezogen auf einzelne Problemkategorien der Aspekt *„fehlende Liquiditätsplanung“* dominiert, wechselnd gefolgt von *„unzureichendem betriebswirtschaftlichen Know-how“* und *„unzureichendem Controlling“*. Diese sind vor allem auf fehlendes Wissen im kaufmännischen Bereich der Unternehmer und Unternehmerinnen zurückzuführen. Daraus ergibt sich Handlungsbedarf für Unternehmen und Bildungsträger insbesondere in der Weiterbildung und Qualifizierung in diesen Kompetenzbereichen. Auch der starke Anstieg der Kategorie *„zu hoher Fremdkapitalanteil“* und das Vorrücken in der Liste „Top Ten“ der Krisenursachen“ von Platz 10 auf Platz 4 zeigt, dass sowohl an den Instrumenten von Aufbaus der Eigenkapital und der besseren Nutzung bereits vorhandener Instrumente gearbeitet werden muss. Gleichzeitig sollen Unternehmen selbst stärker in die Pflicht genommen werden, die Eigenkapitalreserven in Verbindung mit der Gründungsplanung rechtzeitig aufzubauen und zu sichern. Die dafür notwendigen Rahmenbedingungen können durch entsprechende steuerrechtliche Maßnahmen wie beispielsweise eine Steuerbefreiung für Rückstellungen in den ersten 3 bis 5 Jahren der unternehmerischen Tätigkeit oder abgestufte Sätze für Gewerbesteuer je nach Unternehmensalter geschaffen werden.

Die im Rahmen der Runder-Tisch-Maßnahmen gewonnen Erkenntnisse über die typischen Ursachen der Unternehmenskrisen können für den Aufbau und die Weiterentwicklung ähnlicher Initiativen genutzt werden. Wertvoll sind auch Erfahrungen der am Runden Tisch beteiligten Parteien, die auf Basis der qualitativen Studie ermittelt wurden und im folgenden Abschnitt vorgestellt werden.

6.6 Fazit: Learnings für Instrumente des Krisenmanagements

Die bereits in Kapitel 6.3 erwähnte qualitative Studie liefert wichtige Ansatzpunkte dafür, auf welche Aspekte besondere Aufmerksamkeit verwandt werden sollte, wenn Instrumente zur Krisenüberwindung entwickelt werden. Nicht nur für das DtA-Instrument, sondern auch für ähnlich gelagerte Initiativen lassen sich Handlungsempfehlungen ableiten, um optimale Voraussetzungen für die Rettung von Unternehmen zu schaffen.

Die Befragten schilderten ihre Wahrnehmung von Stärken und Entwicklungspotenzialen des Verfahrens. Aus diesen Informationen lässt sich zum einen schließen, welche Elemente zentral berücksichtigt werden sollten, zum anderen aber auch, wo Tücken bei der Krisenbewältigung lauern.

6.6.1 Stärken der Runden Tische als Instrument zur Krisenbewältigung

Was sind die Stärken des Runden Tisches? Für alle Teilnehmer der empirischen Studie ist es ein herausragendes Ergebnis der Runden Tische, dass die Kommunikation unter den Beteiligten wieder in Gang kommt, dass ein Abstimmungsprozess und die gemeinsame Suche nach Lösungen angestoßen wird.

Besonders für die Unternehmer und die Unternehmensberater ist es daneben sehr wichtig, dass eine schnelle, neutrale und kostenlose Ist-Analyse des Unternehmens angefertigt wird, die eine systematische Beschreibung der Lage liefert und erste Fundamente für Verbesserungen bietet. Ein befragter Berater der Studie fasst diese Punkte im folgenden Zitat prägnant zusammen:

„Und unterm Strich ganz einfach eine betriebswirtschaftliche Analyse von sachverständigen Experten in kurzer Zeit mit den begrenzten Ressourcen auf ein vernünftiges Niveau gebracht, das auch allen Beteiligten den tatsächlichen Ist-Stand mit gleichem Kenntnisstand für alle offenbart und Lösungsansätze vorlegt.“

Wie bereits im Zusammenhang mit der Funktionsweise des Verfahrens beschrieben, ist für die Unternehmer die Begleitung durch den Berater eine große Hilfestellung, wenn er den Prozess strukturiert, den Unternehmer motiviert und Sicherheit vermittelt, indem er Ansprechpartner für alle Probleme ist und u.a. durch seine kaufmännische Kompetenz die Position gegenüber den Gläubigern stärkt. Dies illustriert auch das folgende Zitat einer Unternehmerin:

„Für mich war das Wichtigste, dass ich einen sogenannten Paten an der Seite hatte. Das war der Mann, wo ich das Gefühl hatte, dem kannst du vertrauen, der steht dir auch wirklich zur Seite. Wenn ich den nicht dabei gehabt hätte, hätte ich viel zu viel Angst gehabt, dass die Kleinholz machen. Denn er war kompetent, konnte mit den Zahlen jonglieren, wusste, wie er sich dem gegenüber verhalten sollte, der macht so was jeden Tag.“

Für Initiativen zur Krisenbewältigung bedeutet dies zum einen, dass auf die Kommunikation der Beteiligten und auf eine Bestandsaufnahme der Situation zentral Wert gelegt werden sollte. Zum anderen müssen solche Initiativen, die in ihrem Konzept Berater einplanen, die Auswahl geeigneter Personen besonders sorgfältig treffen.

Des weiteren wird in den Gesprächen betont, dass der Unternehmer durch den Runden Tisch das Gefühl bekommt, die Geschicke seiner Firma wieder selbst unter Kontrolle zu haben. Er agiert und initiiert mit Hilfe der Kammer ein Treffen, während er vorher meist nur reagiert und bei den Gläubigern um jeden Termin kämpfen muss, wie dies auch einer der befragten Unternehmer selbst schildert:

„Wichtig war, dass das Zuarbeiten auf den Runden Tisch mir das Gefühl gegeben hat, dass ich das wieder in die Hand kriege. Nicht mich hat die Bank bestellt, sondern ich habe sie bestellt.“

Dieser Faktor der psychologischen Stützung des Unternehmers illustriert, wie wichtig es ist, sie oder ihn aktiv in alle Phasen des Prozesses einzubinden.

Für die Unternehmer und die begleitenden Unternehmensberater hat der Runde Tisch außerdem den Vorteil, dass sich ihr Standing bei den Banken verbessert, da das Renommee eines bundesweit anerkannten Instruments ihre Position stärkt.

6.6.2 Gestaltungsansätze und Entwicklungspotenziale für Instrumente zur Krisenbewältigung

Wo liegen im Gegenzug Aspekte, die vor dem Hintergrund der Erfahrungen mit dem Runden Tisch bei einer neuen Initiative beachtet bzw. bei bestehenden Instrumenten noch stärker entwickelt werden sollten? In allen Gesprächsrunden wird es als ein elementares Problem der Runden Tische bezeichnet, dass die Unternehmer zu spät externe Hilfe beanspruchen. Gründe hierfür sind in mehreren Faktoren zu suchen.

Da ist zuerst das zu späte Erkennen der Krise durch die Unternehmer. Auch eine fehlende Bekanntheit der Runden Tische trägt dazu bei, dass Hilfe nicht früher wahrgenommen wird. Zu den zentralen Aufgaben eines Instrumentes zur Krisenbewältigung gehört es aus diesem Grunde, dass die Unternehmer zum einen über Veröffentlichungen und Informationsveranstaltungen für Krisenanzeichen sensibilisiert werden. Um sie in einem frühen Stadium der Krise zur Teilnahme zu bewegen, sollte zum anderen eine verstärkte Öffentlichkeitsarbeit betrieben, sollten Multiplikatoren wie Banken, Steuerberater und Finanzämter für eine Verbreitung von Informationen über Initiativen zur Krisenbewältigung gewonnen werden.

Neben dem späten Erkennen der Krise und der mangelnden Bekanntheit von Anlaufstellen zur Krisenbewältigung gibt es auch eine ausgeprägte Schwellenangst vieler Unternehmer, anderen gegenüber die eigenen Schwierigkeiten offen zu legen. Zum einen wird befürchtet, dass bei einer ehrlichen Darstellung der Unternehmenslage weitere Probleme von Seiten der Banken auftauchen, zum anderen scheut man sich, eigene Fehler zu benennen. Es ist für viele Unternehmer ein beschwerlicher Schritt, die Hemmungen zu überwinden und die eigene prekäre Lage auszubreiten, wie in den folgenden Zitaten eines Beraters und eines Unternehmers zum Ausdruck kommt:

„Die Unternehmer tun sich natürlich auch ganz schwer, das nach außen zu tragen und sich auch selber einzugestehen, das habe ich nicht so geschafft, wie ich mir das vorgestellt habe. Das ist ein ganz schweres Thema."

„Wenn man selber so weit ist, dass man so was nach außen gibt und sich an die Handwerkskammer wendet, dann ist es so, dass man sich einen gewaltigen Kopf schon von vorneweg gemacht hat."

Diese Schwellenangst ist natürlich verständlich, denn die Unternehmer befinden sich in einer extrem schwierigen und emotional belastenden Situation, die auch in der Studie bis hin zu Anspielungen auf Selbstmordreaktionen führte:

„Ich hab mir dann gesagt, eigentlich kann ich mir nur noch einen Strick nehmen."

Langfristig muss in Deutschland auch aus diesem Grunde daran gearbeitet werden, dass eine starke Kultur der Selbstständigkeit etabliert wird. Dazu gehört es, dass das Scheitern eines Unternehmens nicht mehr mit einer Katastrophe und persönlichem Versagen gleich gesetzt wird. Stärker als z.B. in den USA begleitet die Schließung einer Firma immer noch die Erwartung, sozial stigmatisiert zu werden. Dies zeigt auch der Global Entrepreneurship Monitor, der jährlich in einer bevölkerungsrepräsentativen Studie Unternehmensgründungen weltweit vergleicht: In Deutschland gaben 52,9 % der Befragten an, dass die Angst zu scheitern sie von einer Unternehmensgründung abhalten würde – in allen anderen der 29 untersuchten Länder ist dieser Anteil der Befragten niedriger (vgl. Sternberg et al., 2001).

In engem Zusammenhang mit dem Aspekt der Information bzw. der Öffentlichkeitsarbeit steht auch die Aufgabe, Instrumente wie den Runden Tisch vor allem für die Unternehmer transparenter zu machen. Beispielsweise anhand einer umfassenden Broschüre können strukturierte Informationen über die einzelnen Schritte der Initiative zur Krisenbewältigung, über Beteiligte, Standards und Ziele vermittelt werden. Dies scheint umso wichtiger zu sein, als die Unternehmer nach den Erkenntnissen aus der empirischen Studie gerade das *systematisierende* Handeln des Unternehmensberaters wert schätzen und als wichtige Unterstützung auf dem Weg aus der Krise würdigen. In diese Unterlagen, die den Unternehmern zu Beginn des Verfahrens zur Verfügung stehen müssen, sollten auch die zwischen allen Beteiligten (im Fall der Runden Tische zwischen Vertretern der DtA, der Kammern, der Banken und der Unternehmensberater) abgestimmten Qualitätsstandards für die einzelnen Elemente wie etwa die Unternehmensanalyse eingehen. Alle Beteiligten der Krisenbewältigung können auf diese Weise zu Beginn des Verfahrens gleiche Erwartungen über die zu erzielenden Ergebnisse entwickeln.

Ein Manko von Krisenbewältigungs-Instrumenten ist es nämlich auch, wenn es zu wenig bekannte Qualitätsstandards gibt, wenn also für einzelne Elemente wie etwa die Ist-Analyse keine verbindlichen Anforderungen festgelegt sind. Die Beteiligten wissen dann nicht, welche Ergebnisse sie genau erwarten können; z.B. haben die Unternehmensberater keine verbindlichen Vorgaben für die Anfertigung eines Berichts. Dies kann dazu führen, dass die Erwartungen von Unternehmer, Berater und Bankvertreter nicht korrespondieren und die Lösungsfindung erschwert wird.

Ein zweiter bedeutsamer Hebel für eine effektive Gestaltung bzw. Optimierung von Instrumenten zur Unternehmensrettung ist neben der Information eine Verstärkung der kontinuierlichen und aktiven Einbeziehung der Unternehmer in alle Phasen des Verfahrens, angefangen von der Erstellung und Abstimmung einer Ist-Analyse über die Kontakte mit den Gläubigern bis hin zur gemeinsamen Erarbeitung einer Lösung. Damit kann nicht nur sicher gestellt werden, dass alle unternehmensinternen Faktoren berücksichtigt werden, sondern es wird auch das Vertrauen der Unternehmer in das Verfahren gestärkt sowie Ohnmachtgefühle vermieden. Die Überzeugung der Unternehmer bezüglich der erarbeiteten Maßnahmen wird gesteigert und ein Lernprozess für die zukünftige Führung ihrer Firma in Gang gesetzt. Flankiert werden sollte diese Fokussierung auf den Unternehmer durch eine intensive und erkennbar zielorientierte Betreuung und bei Bedarf eine umfassende Nachsorge.

Für jedes Instrument zur Krisenbewältigung ist es eine Bedrohung, wenn Beteiligte, besonders Gläubiger, die Teilnahme verweigern. Eine solche Ablehnung ist besonders bei den Banken vor dem Hintergrund des Spannungsfeldes zwischen dem Zwang zur Wirtschaftlichkeit und – besonders im Sparkassen- und Genossenschaftssektor – dem Auftrag, die eigene Region zu stärken, verständlich. Ein Entscheidungskriterium für Teilnehmer aus Banken ist es daher auch, ob dem Gewinn der Bank mehr damit gedient ist, ein betroffenes Unternehmen weiter zu betreuen, oder ob durch einen Ausstieg aus dem Engagement wirtschaftlich ein besseres Ergebnis erzielt werden kann. Ebenso können Umstrukturierungen, Fusionen und Rationalisierungen zu einer geringeren Teilnahmebereitschaft führen, wenn u.a. die zeitlichen Ressourcen der Mitarbeiter knapper und der Erfolgsdruck stärker werden. Kommt in dieser Situation noch hinzu, dass ein Kreditnehmer die für die Bank notwendigen Informationen nicht laufend zur Verfügung stellt, so ist eine Ablehnung des Runden Tisches programmiert.

Bei der Entwicklung und Pflege von Instrumenten sollte daher verstärkt Wert darauf gelegt werden, die Banken von Beginn an in die Initiative einzubinden und darauf zu achten, dass der Nutzen der verschiedenen Schritte zur Krisenbewältigung auch für die Gläubiger offensichtlich wird.

6.7 Literatur

RWI (1995): Handwerksberichte 1995.

Friedrich, R.; Lubos, G. (1997): Aus der Krise zum Erfolg. Turn-Around-Management, RKW-Studie, Eschborn.

Harz, M.; Hub, H.-G.; Schlarb, E. (1999): Sanierungs-Management. Unternehmen aus der Krise führen, 2. Auflage. Wirtschaft und Finanzen, Düsseldorf.

Schuchman, M. L.; White, J. S. (1995): Die Kunst des Turnarounds. Wie Sie ein Unternehmen retten. ECON, Düsseldorf.

Skambracks, D.; Tchouvakhina, M. (2002): Gehen dem Handwerk Gründer aus? Eine Analyse auf Basis der DtA-Förderdaten. DtA-Studie, Bonn.

Sternberg, R.; Bergmann, H.; Tamásy, C. (2001): Global Entrepreneurship Monitor. Länderbericht Deutschland 2001. Ohne Verlag, Köln.

Tchoucakhina, M. (2003): Turn-around durch Krisenmanagement? Ergebnisse der Evaluation DtA-Runde Tische. DtA-Studie, Bonn.

http://www.bmwa.bund.de

http://www.mwmev.nrw.de

http://www.firmenhilfe.org

http://www.krisennavigator.de

7 Anhang: Praktische Informationen für Selbstständige

<u>Anmerkung</u>: Zu beachten ist, dass hier genannte Quellen / Checklisten zu den Themen lediglich eine kleine Auswahl darstellen und keinen Anspruch auf Vollständigkeit erheben.

7.1 Geschäftskonzept / Business Plan

Das Unternehmenskonzept ist die Grundlage für eine Existenzgründung und wird als Business Plan – wörtlich übersetzt: Geschäftsplan – bezeichnet. Der Business Plan beschreibt die Ziele und Strategien des Unternehmens, die Innovation, den Markt und die Aufgabenpakete für alle Unternehmensbereiche. Im Mittelpunkt stehen dabei qualitative und quantitative Aussagen zur Unternehmensentwicklung, zu den Potenzialen, aber auch zu den Risiken.

Aufgrund der großen Bedeutung des Businessplans für die erfolgreiche Gründung und Entwicklung des Unternehmens sollte die gründliche Erarbeitung und regelmäßigen Aktualisierung dieses Dokuments höchste Priorität haben.

Der Businessplan dient einerseits unternehmensintern als Instrument der strategischen Unternehmensplanung:

1. Strukturierung und Darstellung der eigenen Gedanken und Konzepte,
2. verbindliche Definition von Zielen, Strategien und Maßnahmen,
3. als Richtschnur für die tägliche Arbeit des Managements und der Mitarbeiter,
4. als Instrument für den Soll-Ist-Vergleich und damit das frühzeitige Erkennen von Engpässen (z.B. Personal, Kapital, Zeit).

Andererseits wird er unternehmensextern als wichtige Grundlage sowohl für Finanzierungsgespräche bei Eigen- und Fremdkapitalgebern als auch für die Beantragung von Fördermitteln aus öffentlicher Hand (EU, Bund, Länder) verwendet.

Im Allgemeinen besteht der Businessplan aus folgenden Elementen:

Tabelle 1. Elemente eines Businessplans

Businessplan	**Tipps und Erläuterungen**
	Unternehmenskonzept
Executive Summary	Zusammenfassung der Geschäftsidee. Kurzbeschreibung des Produktes, der Dienstleistung oder des Verfahrens. Kapitalbedarf und vorgesehene Finanzierungsquellen. Chancen-Risiko-Analyse: Erläuterungen wesentlicher Erfolgsfaktoren und Risiken.
Produkt, Dienstleistung, Verfahren	Funktionsbeschreibung. Nutzen, Anwendungsbereiche und Zielgruppen. Substitutions- und Konkurrenzprodukte. Prozess der Leistungserstellung. Fertigungskapazität, Engpassfaktoren. Kalkulation der Herstellkosten. Verkaufspreise, Preisfindung. Entwicklungsstand, weiterer Entwicklungsaufwand. Schutzrechtssituation. Patente, Gebrauchsmuster, Marken. Rechte Dritter.
Branche, Markt	Abgrenzung des relevanten Marktes. Zielgruppenanalyse Marktpotential. Marktentwicklung und Branchentrends. Markt- und Wettbewerbsanalyse. Verteilung der Marktanteile.
Marketing, Vertrieb	Gestaltung des Vertriebs. Zeitpunkt und Gestaltung der Markteinführung. Werbemaßnahmen und Werbeaufwendungen. Andere marketingpolitische Instrumente: Angebots-, Kommunikations- und Preispolitik. Absatzprognose im Zeitablauf.
Unternehmensform & Standort	Rechtsform der Unternehmung. Gesellschafterkreis des Unternehmens. Kapitalausstattung des Unternehmens. Standortwahl.
Management & Personal	Organigramm. Personalausstattung und Schlüsselpersonen im Unternehmen. Qualifikationen der Schlüsselpersonen. Anforderungsprofil und Personalsuche. Vergütungsstruktur. Personalplanung im Zeitablauf.
	Planungsbausteine
Umsatzplanung	Absatz- und Erlösplanung unter Berücksichtigung saisonbedingter Schwankungen. Planung monatlich auf 3 Jahre.

Tabelle 1 (Fortsetzung)

Businessplan	**Tipps und Erläuterungen**
	Planungsbausteine
Investitionsplanung	Planung des betriebsnotwendigen Anlagevermögens sowie der Anfangsausstattung an Umlaufvermögen mit Angabe der entsprechenden Nutzungs- und Abschreibungszeiten.
Rentabilitätsplanung	Erfolgs- und Aufwandsrechnung. Sensitivitätsanalyse. Planung monatlich auf 3 Jahre.
Liquiditätsplanung	Ableitung aus der Investitions- und Rentabilitätsplanung. Betrachtung von Einnahmen und Ausgaben. Planung monatlich auf 3 Jahre.
	Ergänzende Informationen für Finanzierungsgespräche
Informationen zu Gesellschaftern und Geschäftsführern	Werdegang und Zeugnisse. Fachliche und persönliche Qualifikation. Selbstauskunft über finanzielle Verhältnisse (unterzeichnet) und letzte Steuererklärung.
Informationen zu bestehenden Unternehmen	Historie. Aktuelle betriebswirtschaftliche Auswertungen. Jahresabschlüsse der letzten zwei Jahre. Handelsregisterauszug, Auszug aus der Gesellschafterliste. Wesentliche Gesellschaftsverträge (Satzung, Dienstverträge Geschäftsführung etc.).

Quelle: http://www.ksk-koeln.de/do/de/InhalteBusinessplan.asp (Downloads und Links)

Internet

Das **BMWA** stellt ein ausführliches Analyse-Tool kostenlos bereit. Der Business Plan kann online erstellt werden unter:

http://www.bmwi-softwarepaket.de

Außerdem bietet das BMWA im Infoletter „Gründerzeiten“ kostenlose Informationen über das Thema an: Gründungskonzept/Businessplan (11/2002):

http://www.bmwa.bund.de/Navigation/Service/Bestellservice/publikationen-infoletter-gruenderzeiten.html

Tabelle 2. Checklisten

IHK24 Pfalz	http://www.pfalz.ihk24.de/
KfW-Mittelstandsbank	http://www.kfw-mittelstandsbank.de („Gründerzentrum“ → „Tipps & Adressen“)
DVC – Deutsche Venture Capital	http://www.dvcg.de („Der Businessplan“)
akademie.de	http://www.akademie.de („Start“ → „Business“ → „Links“ → „Gründung“ → „Businessplan“)
Grundeberg Management Consultants	http://www.grunenbergconsulting.de („Specials“ → „Checkliste: Businessplan“)
vorlagen.de (kostenpflichtig)	http://www.vorlagen.de („Verzeichnis“ → „Top Themen“ → „Selbständigkeit und Existenzgründung“ → Businesspläne“)

Literatur

Hundt, I.; Neitz, B. (2001): Businesspläne für kleine und mittlere Unternehmen, Verlag Vahlen, ISBN 3-800-62719-1

Stutely, R. (2002): Der professionelle Businessplan : Ein Praxisleitfaden für Manager und Unternehmensgründer, Financial Times Prentice Hall, ISBN 3-827-27076-6

Ludolph, F.; Lichtenberg, S. (2001): Der Business-Plan. Professioneller Aufbau und erfolgreiche Präsentation. Econ-Verlag, ISBN 3-430-16203-3

7.2 Problemfrüherkennung und Krisenmanagement

Um eine Krise zu vermeiden, müssen sich Unternehmen ständig mit ihrer aktuellen Situation, aber auch in strategischer Hinsicht mit der zukünftigen Entwicklung beschäftigen. Zur Unternehmensanalyse gibt es vielfältige Instrumente, die sich auf verschiedenen Unternehmensbereiche beziehen.

7.2.1 Unternehmensanalysen

Eine schematische Darstellung von wichtigen Kennzahlen zusammengestellt von der **NetSkillAG** findet sich unter:

http://www.competence-site.de

im Bereich Wissenspool und Leitfäden/Checklisten.

Gängige betriebswirtschaftliche **Kalkulationsverfahren** können abgefragt werden unter:

http://www.mkonetzny.de

Das **BMWA** stellt kostenlos in verschiedenen Ausgaben der „Gründerzeiten" relevante Themen zur Unternehmensanalyse sowie zur Problembehandlung dar:

- Controlling (01/2003)
- Liquiditätsplanung (5/2002)
- Kostenrechnung (8/2003)

Die Infoletter „Gründerzeiten" sind kostenlos online zu beziehen unter:

http://www.bmwa.bund.de/Navigation/Service/Bestellservice/publikationen-infoletter-gruenderzeiten.html

Literatur

Nagel, K.; Stalder, J. (2001): Unternehmensanalyse: schnell und punktgenau, Verlag Moderne Industrie, ISBN 3-478-38790-6

Hier werden einzelne Instrumente und Methoden übersichtlich dargestellt, sowie Beispiele für zusammenhängende Unternehmensanalysen: „Die ganzheitliche Unternehmensanalyse", „Der Unternehmens-Check-up" und das „Modell zur Ertragssteigerung".

7.2.2 Unternehmenskrisen

Unternehmenskrisen lassen sich in verschiedene Krisenarten je nach Stärken einteilen, die von einer strategischen Krise bis zu Insolvenz reichen.

Grob können drei Phasen unterschieden werden:

1. die Früherkennung
2. die Späterkennung
3. die Zuspäterkennung (Krisenmanagement)

Unter Phase I werden vor allem **strategische Krisen und Führungskrisen** gefasst. Hierbei handelt es sich im Allgemeinen um:

- kaum spürbare Behinderung von Zielen und Werten des Unternehmens,
- Fehlallokationen und Fehldispositionen,
- Erfolgspotenziale (Geschäftsideen, neue Produkte und/oder Dienstleistungen, Kundengruppen) sind gefährdet oder sogar aufgebraucht.

Eine detaillierte „**Schwachstellenanalyse**" verhilft zur Identifikation von möglichen Problemfeldern:

http://www.heckmann-trier.de/material/checklist/Schwachstellenanalyse.htm

Für ein erfolgreiches Krisenmanagement ist es wichtig, dass Krisensymptome frühzeitig erkannt werden. Dabei handelt es sich vor allem um strategische Aufgaben, welche i.d.R. auf alle Unternehmensbereiche zielen.

Bestandteile der Früherkennung sind:

- Erkennen und Überprüfen von Unternehmens- (Mitarbeiter-), Markt- und Krisenpotenzialen,
- Zufriedenheit von Kunden und Lieferanten,
- die richtige (finanzielle) Bewertung von Veränderungen,
- die Durchführung von kontinuierlichen Korrekturmaßnahmen.

In **Phase II** werden schon substantielle Verluste erwirtschaftet, es handelt sich um eine leistungswirtschaftliche, operative Krise und im weiteren Verlauf eine **Erfolgskrise**:

- Leistungen gehen real zurück,
- Kosten steigen an,
- die Ergebnisse gehen spürbar zurück, Verluste treten auf,
- Abwanderung von Mitarbeitern und Führungskräften,
- Kurzarbeit und Entlassungen.

Hiermit werden jedoch lediglich Kosten eingespart. Das Unternehmen zeichnet sich durch eine sinkende Kreditwürdigkeit aus. Weiterhin werden in dieser Krisenphase Abschreibungen reduziert und Bestände zu hoch bewertet. Gründe können in der mangelnden Früherkennung liegen, aber auch in ungenügender Effizienz im operativen Bereich oder Management.

Sollte sich das Unternehmen in Phase II befinden, sind in folgenden Bereichen nachstehende Schritte als „Kurskorrektur in der Krise" angebracht:

- *Produkt- bzw. Dienstleistungsmanagement*, wobei Bereiche, die den Erfolg des Unternehmens gefährden, identifiziert werden müssen und gegebenenfalls abgestoßen werden (nicht nur veraltete Produktgruppen).
- *Kostenmanagement und Konsolidierungsstrategie*, das heißt, die Bereiche, in denen das Unternehmen aktiv bleibt, müssen einer Prüfung auf Kosten, Qualität und Angebot unterzogen werden. Die finanzielle Analyse des Unternehmens mittels spezieller Kennzahlen (Ertragslage, Rentabilität, Liquiditätsreserve, Liquiditätsgrad, Eigenkapitalquote) ist dabei von besonderer Bedeutung.
- *Tätigkeitsfelder-Erweiterung*, also neue Geschäftsfelder (Erweiterung der Produktpalette, Erreichung neuer Märkte und Konsumentengruppen) sollten ermittelt und gegebenenfalls erschlossen werden. Diese setzt eine laufende Leistungskontrolle voraus.
- *Personalmanagement*, der Personalbestand muss überprüft und den neuen Gegebenheiten angepasst werden. Dabei sollte Motivation der Mitarbeiter und Einbeziehung in die Unternehmenskommunikation eine wichtige Rolle spielen.

Als eine mögliche Lösung wird ein **Turn-around** vorgeschlagen, der sich auf drastische Kursänderungen des Unternehmens mit dem Ziel richtet, die lang- und mittelfristige Wettbewerbsfähigkeit des Unternehmens zu sichern.

Eine prägnante Zusammenfassung findet sich unter:

http://www.4managers.de

im *Themenbereich T* unter dem *Stichwort* Turn-around Management.

In der **Vermögens- und Liquiditätskrise (Phase III)** ist die Zahlungsfähigkeit wegen nachhaltiger Verluste des Unternehmens extrem bedroht oder nicht mehr vorhanden. Krisensymptome sind hier vielfältiger und vor allem finanzieller Natur:

- veränderte Zahlungsweisen,
- Zahlungsstockungen,
- Kürzungen außerordentlicher Leistungen,
- durch dauerhafte Kapazitätsauslastungen kommt es zu weiteren Erlösminderungen,
- die Verschuldung steigt an,
- häufig wird nicht betriebnotwendiges Vermögen verkauft und mit Banken verhandelt.

Der Endpunkt dieser krisenhaften Entwicklung ist, wenn keine erfolgreichen Gegenmaßnahmen getroffen wurden, der Konkursantrag. Zahlungsunfähigkeit oder Überschuldung des Unternehmens verhindern eine weitere Unternehmenstätigkeit, da innerbetriebliche Reserven ausgeschöpft sind.

In Phase III kann nur mit einer Sanierung im engeren Sinne die eingetretene Illiquidität oder Überschuldung bewältigt werden. Die angestrebten Maßnahmen richten sich auf die kurzfristige Wiederherstellung der Zahlungsfähigkeit, so dass vor allem finanzwirtschaftliche Maßnahmen von Bedeutung sind.

Internet

Eine Sammlung von nützlichen Checklisten zum Krisenmanagement ist in der folgenden Tabelle dargestellt (http://checkliste.de/).

Tabelle 3. Checklisten zu Krisenmanagement

Themen	Inhalt der Checkliste	Startseite des Anbieters
Auffälligkeiten	Alarmsignale / Auffälligkeiten im Unternehmen und bei Geschäftspartnern	www.finanzen.focus.de
Krisen-Check	Ein kostenloser Krisen-Check für Handwerker mit Auswertung	www.handwerk.com
Krisenintervention	Kompakter Artikel mit mehreren Checklisten zum Themenkreis Krisenmanagement & Krisenintervention	www.lemon.at

Tabelle 3 (Fortsetzung)

Themen	Inhalt der Checkliste	Startseite des Anbieters
Krisenkommunikation	Handlungsanleitungen für die Unternehmenskommunikation bei Krisen	www.rhetorik.ch
Krisenmanagement – 1 -	Krisen: Früherkennung – Sanierung – Insolvenzrecht	http://focus.msn.de/
Krisenmanagement – 2 -	Ursachen von Krisen und Hinweise auf Lösungsschritte	www.infoquelle.de
Krisenmanagement – 3 -	Indikatoren der Krise auf Basis Rechnungswesen und Handlungsprogramm des Krisenmanagers	http://home.t-online.de/home/dbm.Dirk.Brauckmann/homepa~1.htm
Unternehmenssanierung	Analyse der Situation und Regeln für die Vorgehensweise bei einer Unternehmenssanierung	www.focus-online.de
Krisensymptome	Zusammenstellung von Frühindikatoren von Krisen	www.alisys.ch

Kostenlose Informationen sind auch dem Infoletter „Gründerzeiten“ des **BMWA** zu entnehmen:

- Insolvenz und Neustart (8/2003)
- Krisenmanagement (8/2003)

Die Infoletter „Gründerzeiten“ sind kostenlos online zu beziehen unter:

http://www.bmwa.bund.de/Navigation/Service/Bestellservice/publikationen-infoletter-gruenderzeiten.html

Ebenso werden in dem Arbeitsheft „Früherkennung von Chancen und Risiken in kleinen und mittleren Unternehmen“ einzelne Schritte des Krisenmanagements sehr übersichtlich erläutert und kostenlos in einem **Software-Paket** online zu Verfügung gestellt,

http://www.bmwa.bund.de/Redaktion/Inhalte/Downloads/br-frueherkennung-von-chancen,property=pdf.pdf http://www.bmwi-softwarepaket.de/gruender/Chancen/HTML/start.html

Das **Institut für Krisenforschung** veröffentlicht vielfältige Informationen, Adressen, Fallstudien unter:

http://www.krisennavigator.de

Außerdem wird unter „Literatur" eine umfangreiche Präsentation von Fachliteratur zu den verschiedenen Gebieten angeboten.

Eine sehr ausführliche Quelle zum **Insolvenzrecht** (In- und Ausland), sowie eine sehr ausführliche Link-Liste ist zu finden unter:

http://www.insolvenzrechtonline.de/

Literatur

Insbesondere an kleine und mittlere Unternehmen wendet sich der von der DtA herausgegebene Ratgeber:

Salm, M. (2002): Krisenmanagement: Strategien gegen die Insolvenzgefahr in kleinen und mittleren Unternehmen, ISBN 3-89843-088-X

Zu bestellen bei: www.faz-institut.de oder www.amazon.de

Der allgemeinen Planung und Entwicklung von Unternehmen dient folgendes Buch:

Brinkmann, M. (2002): Strategieentwicklung für kleine und mittlere Unternehmen. Tools, Konzepte, Praxisbeispiele, orell füssli Verlag

7.3 Kundenzufriedenheit / Marketing

Ein nicht zu vernachlässigender Faktor für den Erfolg eines Unternehmens ist die wirksame Kundenbindung bzw. deren ständige Analyse (siehe auch Krisenmanagement).

Internet

Zu diesen Themen informiert das **BMWA** kostenlos:

- Kunden gewinnen (5/2002)

http://www.bmwa.bund.de/Redaktion/Inhalte/Downloads/br-infoletter-kunden-gewinnen,property=pdf.pdf

- Marketing (6/2003)

http://www.bmwa.bund.de/Redaktion/Inhalte/Downloads/br-infoletter-marketing,property=pdf.pdf

Das Internet-Magazin **„mittelstand-spezial.de"** bietet sehr ausführliche Informationen zum Thema Marketing speziell für den Mittelstand an und zwar mit immer aktuellen Beiträgen zu CRM (Customer Relationship Management), Marktforschungsmethoden, Direktmarketing, Public Relations

http://www.mittelstand-spezial.de/index2.html

Literatur

Dieses Buch liefert einen guten Überblick über Konzepte und Strategien.

Martin, I.; Sperling, U. A. (1998): Erfolgreiches Marketing: Ein Praxis-Ratgeber für kleine und mittlere Unternehmen, Haufe Verlag, ISBN 3-448-03799-0

7.4 Professionelles Forderungsmanagement

Mittelständische Unternehmen haben häufig mit Liquiditätsengpässen zu kämpfen, die von zahlungssäumigen Kunden verursacht werden. Professionelles Forderungsmanagement ist daher ein wichtiger Bestandteil der Unternehmensplanung, welches aus drei Teilen besteht:

1. Bonitäts-Check
2. straffes Forderungsmanagement
3. Factoring und Kreditversicherung

7.4.1 Bonitäts-Check

Wirtschaftsauskunfteien und sonstige Informationen

Einen kurzen Überblick über die Arbeitsweise und allgemeine Hinweise zu Wirtschaftsauskunfteien gibt die Broschüre des **Landesdatenschutzbeauftragten** von Bremen, Hamburg, Niedersachen und Nordrhein-Westfalen unter:

http://www.lfd.niedersachsen.de/functions/downloadObject/0,,c645115_s20,00.pdf

Tabelle 4. Unternehmen für Wirtschaftsauskünfte*

- Creditreform	http://www.creditreform.de
- weiterführende Links von Creditreform	http://www.creditreform.de/unternehmen/partner/index.php
- Bürgel	http://www.buergel.de/
- ROBIN Rosenögger Business Information GmbH	http://www.robin-ffm.de

*weitere Wirtschaftsauskunfteien sind den gelben Seiten zu entnehmen

Der **Weserverlag** gibt außerdem eine CD-ROM heraus: „Geprüfte Unternehmen und Vereine (e.V.) Deutschland 2003“. Insgesamt wurden 3.600.000 Unternehmen geprüft, 2.200.000 Firmen und Vereine (e.V.) hielten den Kriterien stand. Mehr Informationen und ein Bestellformular stehen zur Verfügung unter:

http://www.dbgermany.com/Weserverlag/Formular.doc

Hinsichtlich des „Kunden Ratings“ ist eine **Checkliste** mit 31 Fragen zum Bonitäts-Check unter:

http://www.gruendercom.de

im Bereich *Finanzierung* und *Kunden-Rating* veröffentlicht.

7.4.2 Straffes Forderungsmanagement

10 Strategien für ein erfolgreiches Forderungsmanagement der SFG Forderungsmanagement GmbH:

http://www.sfg-forderungsmanagement.de/

1. Richtiges Erfassen der Kundendaten.
2. Festlegen konsistenter Kreditrichtlinien.
3. Kunden zum Bezahlen motivieren (Skonto, Bankeinzug etc.).
4. Rechnung sofort nach Erbringung der Leistung oder Lieferung zustellen.
5. Gut organisiertes und straffes Mahnwesen: regelmäßigen Mahnrhythmus einhalten.
6. Maximal drei schriftliche Mahnungen (nicht durchnummerieren).
7. Zum richtigen Zeitpunkt mahnen (Monatsmitte oder -ende).
8. Rechtzeitiges Einschalten eines kompetenten Partners für Forderungseinzug.
9. Kreditlimit bei Zielüberschreitung prüfen und ggf. Lieferungen stoppen.
10. Klare Vertragslage schaffen.

Weitere **Tipps** zu Mahntaktiken, Schuldnertricks, Vorbereitung der Zwangsvollstreckung finden sich in:

Janzen, U.; David, P. (2000): Forderungsmanagement: So vermeiden Sie Außenstände, in: Profirma, S. 56-60.

7.4.3 Factoring und Kreditversicherung

Beim **Factoring** werden Forderungen aus Waren- und Dienstleistungsgeschäften durch ein Factoringinstitut (genannt Factor) angekauft. Vor Beginn der Zusammenarbeit legt der Factor mit seinem Kunden vertraglich fest, für welche Debitoren in welchem Umfang fortlaufend Forderungen übernommen werden. Hierbei prüft der Factor die Bonität der Debitoren seiner Factoringkunden vor Vertragsbeginn und fortlaufend während der Vertragsdauer.

Weitere allgemeine Informationen zum Thema Factoring und Kreditversicherung von Ausfallrisiko bis Zukunftsperspektiven bietet der **Deutsche Faktoring-Verband e.V.**:

http://www.factoring.de/

Factoring

traditionell: http://www.crefo-factoring.de, www.deutsche-factoring.de

fortgeschritten: http://www.infoscore.de

– diese kaufen zahlungsgestörte Forderungen an

http://www.dnb.com

– eine spezielle Score-Card gibt Auskunft über die Insolvenzwahrscheinlichkeit von bestimmten Branchen und Unternehmen an

international: http://www.factors-chain.com

Kreditversicherung

Hermes Versicherung bietet neben konkreten Dienstleistungen zu Forderungsausfall und Kreditversicherung kostenloses Informationsmaterial für Unternehmen an:

www.hermes-kredit.com

Allgemeine Hinweise

Eine umfassende Betreuung bietet die **GSG** (Gläubiger Schutz Gemeinschaft) unter:

http://www.gsg-system.de/

Außerdem gibt es auf Forderungsmanagement spezialisierte **Unternehmensberatungen**. Eine gute Übersicht stellt der **Bundesverband Deutscher Inkasso-Unternehmen** bereit:

http://www.bdiu.de/

Das **BMWA** stellt im Infoletter „Gründerzeiten" das Thema Forderungsmanagement kostenlos im Überblick zusammen.

– Forderungsmanagement (7/2002)

http://www.bmwa.bund.de/Redaktion/Inhalte/Downloads/br-infoletter-forderungsmanagement,property=pdf.pdf

Literatur

Meyer, B. H.; Heinz, C. P. (Hrsg.): Forderungsmanagement im Unternehmen – Sicherung von Außenständen im In- und Ausland, Economica Verlag, ISBN 3-87081-312-1

Bestellbar unter: http://www.cfmueller-verlag.de/shop

Bfinance hat dieses umfassende Buch rezensiert:

http://content.bfinance.de/bfinance/de/BFContent.nsf/TopicDocuments2/N4528?OpenDocument

Kokalj, L.; Pfaffenholz, G.; Schröer, E. (2000): Zahlungsverzug und Forderungsmanagement in mittelständischen Unternehmen, Deutscher Universitäts Verlag, ISBN 3-8244-7173-6

7.5 Wissensmanagement

Wissensmanagement ist nicht nur ein Erfolgsfaktor für große Konzerne, sondern gewinnt zunehmend an Bedeutung für kleine und mittlere Betriebe. Jeder Geschäftsprozess kann als Art Wissensplattform gesehen werden und repräsentiert somit Kernkompetenzen eines Unternehmens. Gerade im Rahmen des Basel II-Konzeptes gewinnt eine gute Dokumentation der Leistungskraft und Perspektiven an Wichtigkeit.

In kleinen und mittleren Unternehmen spielt es nun eine große Rolle, wie dieses Wissen erworben, entwickelt, bewahrt und bewertet wird. Hier bieten vor allem geförderte Pilotprojekte zum Testen der verschiedensten Instrumente und spezifische Förderprogramme interessante Möglichkeiten.

Internet

Allgemeine Informationen über Wissensmanagement gibt es in komprimierter Form auf folgenden Internetseiten:

http://www.c-o-k.de/

http://www.wissensmanagement-gesellschaft.de/

http://www.cck.uni-kl.de/wmk/papers/public/Bausteine/

Auf den Seiten des Projektes KluG (beendet 2001) finden sich umfassende Informationen zum Thema (Checklisten, Links, Literatur etc.)

http://www.iw-klug.de/index.htm

Das **BMWA** bietet kostenlos einen Infoletter über Wissensmanagement an, unter:

http://bmwi-softwarepaket.de/gruender/pdf/efacts/e-facts10.pdf

Eine gute Linkliste stellt das Portal **themenmanagement.de** bereit:

http://www.themanagement.de/Knowledgebase/Management/Wissen.htm

Die Unternehmensberatung **LearnAct** stellt auf ihrer Internetseite vielfältige Fachinformation zu Verfügung und sendet monatlich einen Newsletter mit neusten Themen, Seminarangeboten und interessanten Links.

http://www.learnact.de/

Literatur

Herbst, D. (2000): Erfolgsfaktor Wissensmanagement, Cornelsen, ISBN 3-464-49072-6

Ein ausführliche Literaturliste sortiert nach Studien, Büchern und Abstracts mit direkter Bestellmöglichkeit findet sich unter:

http://www.wissensmanagement.net/service/fachliteratur/fachliteratur.shtml

Instrumente des Wissensmanagements

Die Übersicht auf der folgenden Seite stellt die Probleme des Wissensmanagements in verschiedenen Typen von Klein- und Mittelbetrieben und die zugehörigen Instrumente dar:

Tabelle 5. Instrumente des Wissensmanagements nach Unternehmenstypen

Unternehmenstyp	Wissensprobleme	Instrument
Traditionelles kleines Familienunternehmen	Generationswechsel Unternehmer-Nachfolge Ausscheiden von Mitarbeitern	gleitende Übergabe Mentoren-Modell Berater-/Trainerfunktion Coaching Mitarbeiter-schulen-Mitarbeiter
KMU in reifen Märkten mit großem technischen Know-how	unzureichende Nutzung und Sicherung des Spezialwissens mangelnde Verfügbarkeit des Know-how für den Betriebsalltag	Dokumentation des Spezialwissens: Datenbanken, Intranet, Lessons Learnt Mitarbeiter-schulen-Mitarbeiter Gelbe Seiten Job Rotation
Schnell wachsendes KMU in einem sich rasch wandelnden Umfeld	Intransparenz der Wissensbestände Kapazitätsengpässe unterschiedliche Auslastung der Mitarbeiter Wissenslücken durch Umstrukturierungen mangelnde Projektdokumentation, mangelnde Nutzung von Erfahrungswissen mangelnde Kommunikation zwischen den Teams unsystematische Neugewinnung von Branchen-, Kundenwissen	Skill-Profile Wissenslandkarten Gelbe Seiten informelle Treffen; Förderung der innerbetrieblichen Kommunikation, Gestaltung der Räumlichkeiten zur Förderung der Kommunikation Mitarbeiter-Info, Mitarbeiterzeitschrift Intranet, Kapazitätsplanung Projektdatenbanken, Lernen aus Projekten, Lessons Learnt, Job-Rotation Einbeziehung externer Wissensquellen Benchmarking intern und extern
KMU mit Kundenbetreuung als entscheidender Wettbewerbsfaktor	mangelnde Verwertung von Kundenwissen, Reklamationen etc. mangelnder Zugriff auf Kundenwissen lückenhafte Neugewinnung von Kunden-, Branchenwissen	Kundendatenbank Projektdatenbank Ableitung von Lernerfahrungen externe Wissensquellen einbeziehen: Kundeninformationen, -reklamationen, Marktwissen evtl. Customer Relationship Management (CRM)

Quelle: www.wissensmanagement.net

7.6 Kurzprofile von Institutionen und Portalen

Einige Internetportale liefern gebündelte Informationen zu den oben genannten Bereichen:

Das **Bundesministerium für Wirtschaft und Arbeit (BMWA)** bietet eine Menge an praktischen Informationen für Unternehmen. In der **Förderdatenbank** kann nach Förderprogrammen des Bundes, der Länder und der Europäischen Union gesucht werden.

Für **Existenzgründer** und **Unternehmen** gibt es jeweils eine eigene Rubrik mit Kurzinformationen zu spezifischen Themen, sowie zugehörige weiterführende Links oder Literatur.

Die **Publikationen** sind nach Zielgruppen geordnet. Der Infoletter „Gründerzeiten" liefert wertvolle Informationen für Existenzgründer und bestehende Unternehmen:

http://www.bmwa.bund.de/Navigation/Service/bestellservice.html

Der **Servicebereich** bietet eine Vielzahl von Links zu nationalen und internationalen Institutionen und Organisationen, eine Ausschreibungsdatenbank (national und europäisch), sowie eine umfassende Zusammenfassung von Rechtsgrundlagen der Wirtschafts-, Mittelstands-, Außenwirtschaftspolitik u.a. und von Studien, die seit 1999 vom Bund in Auftrag gegeben worden sind.

www.bmwa.de

Adresse:	Scharnhorststr. 34-37
	10115 Berlin
Telefon:	01888-615-0
E-Mail:	info@bmwa.bund.de

Die Internetseiten des **Deutschen Industrie- und Handelskammertages (DIHK)** sind vor allem auf allgemeine Wirtschaftsinformationen ausgelegt.

So werden unter **Standortpolitik / Wirtschaftspolitik** einerseits die Ziele der Bundesregierung dargestellt, andererseits die aktuelle, konjunkturelle Lage mit Zahlen und Fakten, sowie aus Sicht des DIHK mit eigenen Umfragen und Studien präsentiert.

In der Rubrik **Starthilfe und Unternehmensförderung** finden sich Hinweise auf Förderprogramme und Literatur bezüglich Unternehmensgründung, -führung und –nachfolge.

Des weiteren bietet der DIHK ausführliche Informationen zu **Aus- und Weiterbildungen** sowie Beratungen an.

Sehr ausführlich werden Möglichkeiten zu **internationalen** Wirtschaftsaktivitäten beschrieben (bspw. einzelne Länderanalysen, Rechtsgrundlagen, EU-Themen etc.).

Auch zu den Themengebieten **Innovation und Umwelt**, sowie **rechtliche** Belange (Handels- und Gewerberecht, Wettbewerbsrecht usw.) finden sich umfangreiche Präsentationen.

www.dihk.de

Adresse:	Breite Straße 29
	10178 Berlin
Telefon:	030/20308-0
Telefax:	030/20308-1000
E-Mail:	dihk@berlin.dihk.de

Die **Bundesagentur für Außenwirtschaft (BFAI)** bietet umfassende Informationen speziell für Unternehmen, die sich im Ausland engagieren möchten.

Hier findet man detaillierte Markt- und Länderanalysen, Ausschreibungen, Fördermöglichkeiten zu Investitions- und Entwicklungsvorhaben und Geschäftswünsche ausländischer Unternehmen.

Daneben werden ausführliche Informationen zu Rechts- und Zollbestimmungen angeboten. Die Informationen sind teilweise kostenpflichtig.

www.bfai.de

Adresse:	Agrippastr. 87-93
	50676 Köln
Telefon:	0221 2057-0
Telefax:	0221 2057-212
E-Mail:	webkontakt@bfai.de

Spezielle Informationen für handwerkliche Betriebe bietet das Infoportal der Schlüterschen GmbH & Co. KG: **handwerk.com** an.

Die Inhalte der Rubriken **Nachrichten, Management, Handwerk online Fahrzeuge, Spezial und Termine** umfassen aktuelle Hintergrundartikel, Analysen, Check-Listen speziell für das Handwerk.

http://www.handwerk.com

Die **akademie.de asp GmbH** ist spezialisiert auf Dienstleistungen und Services im Bereich Wissensvermittlung via Internet-Technologien (E-Learning). Die Website ist nach drei inhaltlichen Schwerpunkten organisiert: **Basiswissen, Website-Aufbau und Business**. In jedem dieser Channel findet der Nutzer themenspezifische Online-Kurse zum Selbstlernen, von Experten betreute Online-Workshops, Tipps&Tricks und Diskussionsforen. Eine Sammlung von ausgesuchten kommentierten und in Kategorien (Bundesländer, Themengebiete etc.) geordneten Links rundet das jeweilige Angebot ab.

http://www.akademie.de/business/

Die Internetzeitung **mittelstand-spezial** informiert jeden Monat über Themen zu Management, Finanzen, Marketing, Kommunikation und Internet.

http://www.mittelstand-spezial.de/index2.html

Auf **business-wissen.de** findet sich ein großes Angebot an **Checklisten, Lernbausteinen und Präsentationsvorlagen** zu betriebswirtschaftlichen Themen.

Sinnvoll ergänzt wird das Angebot durch aktuelle Wirtschaftsnachrichten, neueste Studien und Dossiers zu Managementthemen. Um dieses Angebot nutzen zu können, ist jedoch eine Mitgliedschaft erforderlich.

http://www.business-wissen.de/

4managers.de, „das Nutzenportal rund um die Strategieverwirklichung" der Unternehmensberatung Iltis GmbH bietet eine umfangreiche und aktuelle Sammlung von betriebswirtschaftlichen Informationen und fertigen Präsentationen zu verschiedenen Themen und Schlagworten.

http://www.4managers.de

Tabelle 6. Weitere hilfreiche Institutionen und Portale

Institution / Portal	**Link**
Europäische Union	http://europa.eu.int
CORDIS – Forschungs- und Entwicklungsinformationsdienst der Gemeinschaft	http://www.cordis.lu/de/home.html
Bundesregierung mit Links zu den einzelnen Ministerien	http://www.bundesregierung.de
KfW Mittelstandsbank	http://www.kfw-mittelstandsbank.de
Bundesverband Deutscher Kapitalbeteiligungsgesellschaften	http://www.bvk-ev.de/
Statistisches Bundesamt	http://www.destatis.de
revierstartup	http://www.revierstartup.de
Business Angels Netzwerk Deutschland	http://www.business-angels.de/

Die KfW Bankengruppe. Markenzeichen für Zukunft.

Die KfW Bankengruppe gibt weltweit Impulse für Wirtschaft, Politik und Gesellschaft. Als Banker arbeiten wir jeden Tag effizient. Als Förderer stehen wir für den Sinn und die Nachhaltigkeit unseres Tuns. Dabei fließt der Verdienst unserer Arbeit zurück in die Förderung und die langfristige Sicherung unseres Förderpotenzials. Als einfallsreiche Bank fördern wir nicht nur Innovationen, sondern entwickeln selbst verstärkt neue Finanzierungsinstrumente für unsere Kunden und Partner. Unsere Kompetenz und Erfahrung bündeln wir in fünf starken Marken.

Die KfW Förderbank: Sie ist die richtige Adresse für alle Maßnahmen der Produktbereiche Bauen, Infrastruktur, Bildung, Soziales und Umwelt. Durch zinsgünstige Kredite fördern wir den Wunsch vieler Bürger nach privatem Wohneigentum genauso wie den Willen zu umweltbewussten Modernisierungsmaßnahmen. Als KfW Förderbank unterstützen wir ebenfalls Unternehmen, die in Umwelt- und Klimaschutz investieren, kommunale Infrastrukturmaßnahmen sowie Aus- und Weiterbildung.

Die KfW Mittelstandsbank: Der Name ist Programm. So konzentrieren wir hier alle unsere Förderaktivitäten für Gründer und mittelständische Unternehmen. Zum einen sind das die klassischen, langfristigen Kredite, zum anderen sind es innovative Programme, deren Ziel es ist, die Eigenkapitalbasis der Unternehmen zu stärken. Beides offerieren wir unseren Kunden über deren Hausbanken. Zielorientierte Beratung gehört selbstverständlich zum Geschäft.

Die KfW IPEX-Bank: Unsere Export- und Projektfinanzierung tritt unter dem Dach der KfW Bankengruppe als KfW IPEX-Bank auf. Sie ist eine eigenständige Geschäftsbank und agiert kunden- und wettbewerbsorientiert zu marktüblichen Bedingungen. International tätigen Unternehmen steht sie als langfristiger, verlässlicher Partner mit passgenauen Finanzierungen zur Seite. Ihren eigenen Erfolg misst die KfW IPEX-Bank am Erfolg ihrer Kunden.

Die KfW Entwicklungsbank: Im Auftrag der Bundesregierung finanziert sie Investitionen und Beratungsleistungen in Entwicklungsländern. Dabei arbeitet sie in der Regel mit staatlichen Institutionen in den entsprechenden Ländern zusammen. Ihr Ziel ist der Auf- und Ausbau einer sozialen und wirtschaftlichen Infrastruktur, die Schaffung leistungsfähiger Finanzinstitutionen, aber auch die Sicherung von Ressourcen und einer gesunden Umwelt.

Die DEG: Als Partner der Privatwirtschaft unterstützt sie Unternehmen, die in Entwicklungs- und Reformländern investieren wollen. Gefördert werden rentable, umweltverträgliche und entwicklungswirksame Projekte in allen Wirtschaftssektoren. So schafft sie die Grundlage für nachhaltiges Wirtschaftswachstum – und eine Verbesserung der Lebensqualität für die Menschen vor Ort.

Die KfW Bankengruppe hat sich darüber hinaus zum strategischen Partner von Wirtschaft und Politik entwickelt. Als Berater des Bundes liefern wir das Know-How bei der Privatisierung von Bundesunternehmen. In seinem Auftrag führen wir auch die Bundesanstalt für vereinigungsbedingte Sonderaufgaben (BvS) und die Entschädigungseinrichtung der Wertpapierhandelsunternehmen.

Druck: Strauss GmbH, Mörlenbach
Verarbeitung: Schäffer, Grünstadt